电工微视频自学丛书

电工快速入门

杨清德　葛争光　祖明明　编著

内容提要

本书内容丰富，条理清晰，语言通俗，实用性和可操作性都很强，并充分利用图、表、口诀等形式讲述如何巧学、巧用电工技术。本书嵌入几十个微视频，方便读者学习。

本书重点介绍电路基础知识及应用、电磁感应及应用、电工基本操作技能、常用高低压电器及应用、常用电工材料及应用、照明电路安装与检修、电动机及其控制电路、PLC 和变频器应用基础等电工技术入门必须具备的基础知识和基本技能。

本书可作为广大电工技术初学者的自学读物，也可作为电工短期培训班教材、电工岗前培训教材，还可作为中职、高职院校相关专业学生辅导教材。

图书在版编目（CIP）数据

电工快速入门 / 杨清德，葛争光，祖明明编著. —北京：中国电力出版社，2023.7
（电工微视频自学丛书）
ISBN 978-7-5198-7617-3

Ⅰ. ①电…　Ⅱ. ①杨…②葛…③祖…　Ⅲ. ①电工技术–教材　Ⅳ. ①TM

中国国家版本馆 CIP 数据核字（2023）第 042378 号

出版发行：中国电力出版社
地　　址：北京市东城区北京站西街 19 号（邮政编码 100005）
网　　址：http://www.cepp.sgcc.com.cn
责任编辑：马淑范（010-63412397）
责任校对：黄　蓓　王海南
装帧设计：赵姗姗
责任印制：杨晓东

印　　刷：北京雁林吉兆印刷有限公司
版　　次：2023 年 7 月第一版
印　　次：2023 年 7 月北京第一次印刷
开　　本：787 毫米×1092 毫米　16 开本
印　　张：18.25
字　　数：414 千字
印　　数：0001—2000 册
定　　价：68.00 元

前 言

电工是电力系统工作人员的统称，一般是指从事配电柜、开关柜等电气设备，电气元件及电气线路的安装、调试、运行、维护、检修、试验、保养、修理等工作的一线技术人员。电工技术是一门需要理论知识和实践经验高度结合的专业技术。电工基础知识越牢固，技术人员的进步空间就越大；离开了基础知识，什么都无从谈起。实践经验除了在工作中积累，也可以多向老师傅请教，向书本学习。学习技术是一个长期的持续过程，没有人可以通过一句话、一个视频就掌握一种技能，更别说是电工技术了。

电工工种的分支有很多，分支不同，其负责的电工作业范畴就不同。初学者不可能面面俱到学习全部的电工技术。电工初学者往往会遇到先学什么，再学什么，怎么学，怎样才能轻轻松松快速入门，怎样才能学以致用等一系列问题。鉴于此，我们组织有关专家学者和技术人员进行了深入系统的研究，并根据广大初学者的特点和实际需要，结合《国家职业标准——维修电工》（初级、中级）的要求，以及国家《低压电工作业人员安全技术培训大纲和考核标准（2011年版）》的要求，编写了这本《电工快速入门》。

本书采用通俗的语言，大量的图、表、口诀重点讲如何巧学、巧用，回避了一些实用性不强的理论阐述，以便让读者通过直观、快捷的方式学好电工技术，为今后工作和进一步学习打下基础。

本书嵌入了几十个教学微视频，重点介绍电工技术入门必须具备的基础知识和基本技能，包括电路基础知识及应用、电磁感应及应用、电工基本操作技能、常用高低压电器及应用、常用电工材料及应用、照明电路安装与检修、电动机及其控制电路、PLC和变频器应用基础等内容。

本书由杨清德、葛争光、祖明明编著。其中，第1、2章由杨清德编写，第3~5章由葛争光编写，第6、7章由祖明明编写，全书由杨清德负责统稿和审稿。

本书可作为电工短期培训班的教材、电工岗前培训教材，也可作为中职、高职院校相关专业学生辅导教材，还可作为广大电工技术初学者的自学读物。

限于编者水平，加之时间仓促，书中难免存在不足之处，敬请广大读者批评指正。关于对本书的任何意见和建议，请发电子邮件至370169719@qq.com。

编 者

2023年3月

目 录

第1章

电工技术基础理论

1.1 直流电路基础知识

1.1.1 电路与电路图

1. 电路

（1）电路的组成。

所谓电路，是指由金属导线和电气以及电子部件按照一定规则或要求连接起来组成的导电回路。电路至少由电源、导线和用电器组成。一般电路还有开关和其他控制与保护器件，简单的电路如图 1－1 所示。

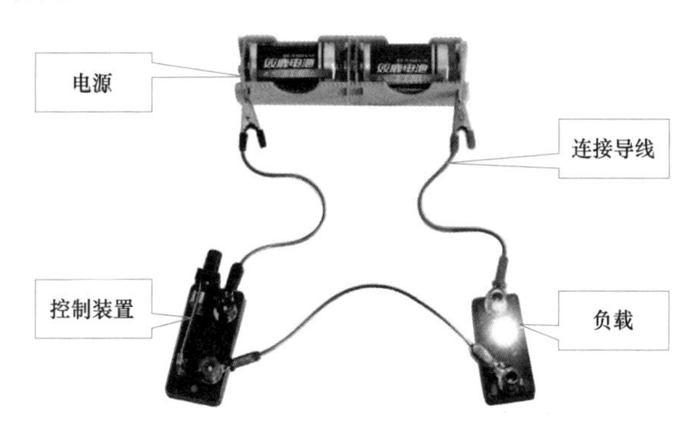

图 1－1　简单电路的组成

电路各个组成部分的作用如表 1－1 所示。

表 1－1　电路各个组成部分的作用

组成部分	作用	举例
电源	供应电能的设备，属于供能元件，其作用是为电路中的负载提供电能	干电池、蓄电池、发电机等
负载	各种用电设备（即用电器）的总称，属于耗能元件，其作用是将电能转换成所需其他形式的能量	灯泡将电能转化为光能，电动机将电能转化为机械能，电炉将电能转化为热能等
控制和保护装置	根据需要，控制电路的工作状态（如通、断），保护电路的安全	开关、熔断器等控制电路工作状态（通/断）的器件或设备
连接导线	电源与负载形成通路的中间环节，输送和分配电能	各种连接电线

（2）电路的类型。

1）按照传输电压、电流的频率不同，可以分为直流电路和交流电路。

2）按照作用不同，可分为两大类：一是电力电路，用于传输、分配与使用电能；二是电子电路，用于传递、加工与处理电信号。

3）按照复杂程度，可分为简单电路和复杂电路。

2. 电路图

由于组成实际电路的器材、元器件种类繁多、复杂，要绘制出这些实际电路图并清楚地用文字表示出来，几乎是不可能的。因此，通过简洁的文字、符号、图形，将实际电路和电路中的器材、元器件进行表述，我们把这种书面表示的电路称为电路模型，也叫作实际电路的电路原理图，简称为电路图。

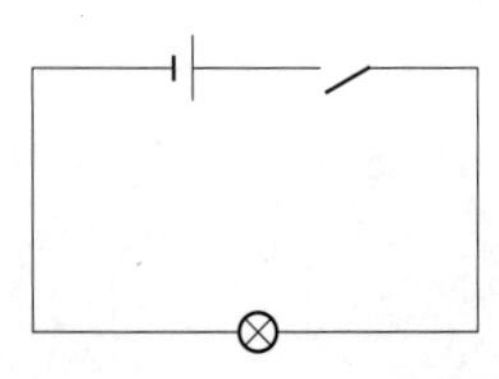

图 1–2　电路图

电路图必须按照国家统一的规范绘制，采用标准的图形符号和文字符号。例如把图 1–1 所示电路用元件模型可绘制为如图 1–2 所示的电路图。

1.1.2　电路常用基本物理量及应用

1. 电流

水管中的水沿着一个方向流动，我们就说水管中有水流。同样，电路中的电荷沿着一个方向定向运动，就形成了电流。

在图 1–1 所示的电路中，当新电池装入时，灯泡能正常发光，说明电路中有电流通过；若换上电能已耗尽的无电电池时，灯泡不能发光，说明电路中没有电流通过。

如图 1–3 所示，当有电电池接入电路时，自由电子向电池正极（+）移动，电池的负极（–）供给电子，这样就产生了连续的电子流。我们把电荷的定向有规则移动称为电流。

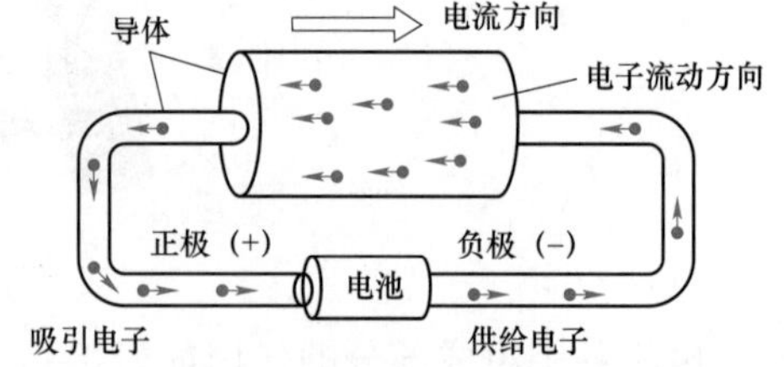

图 1–3　电路中导体内的电子运动及电流方向

在导体中，电流是由各种不同的带电粒子在电场作用下作有规则地运动形成的。电流不仅仅表示一种物理现象，也代表一个物理量。

（1）形成电流的条件。

形成电流必须同时具备两个条件。一是要有能够自由移动的电荷——自由电荷；二是导体两端必须保持一定的电位差（即电压）。

电路中有电流通过，常常表现为热、磁、化学效应等物理现象，如灯泡发光、电饭煲发热、扬声器发出声音等。

（2）电流的大小。

电流大小取决于在一定时间内通过导体横截面电荷量的多少，一般计算式为

$$I = \frac{q}{t}$$

式中　q——电荷，C（库）；

t——时间，s（秒）；

I——电流，A（安）。

电流的常用单位还有千安（kA）、毫安（mA）、微安（μA），它们的换算关系为 $1A=10^3mA=10^6\mu A$。

在实际运用时，电流的大小可以用安培表进行测量。

注意

测量前要选择好电流表的量程。

（3）电流的方向。

电流的方向规定为正电荷定向运动的方向；在金属导体中，电流的方向与自由电子定向运动方向相反。

在分析与计算电路时，常常需要知道电流的分析，但有时对某段电路中电流的方向往往难以判断，可先假设一个电流方向，称为参考方向（也称为正方向）。如果计算结果电流为正值（$I>0$），说明电流实际方向与参考方向一致；如果计算结果为负值（$I<0$），表明电流的实际方向与参考方向相反。也就是说，在分析电路时，电流的参考方向可以任意假定，最后由计算结果确定，如图 1－4 所示。

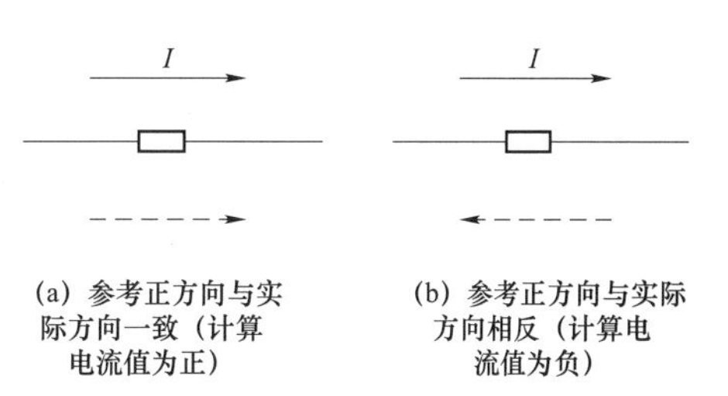

图 1－4　电流的参考方向与实际方向

（4）直流电流、脉动电流和交流电流。

直流电流（稳恒电流）、脉动电流和交流电流与时间的关系曲线如图 1－5 所示。通过理解图 1－5 所示的 3 种电流的定义，并在具体应用时注意区分。

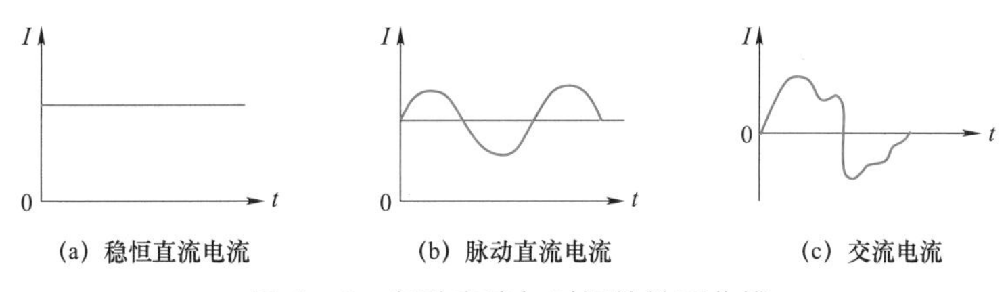

图 1－5　各种电流与时间的关系曲线

（5）安全电流。

1）导线和电缆的安全电流。

为了保证电气线路的安全运行，所有线路的导线和电缆的截面都必须满足发热条件，即在任何环境温度下，当导线和电缆连续通过最大负载电流时，其线路温度都不大于最高允许温度（通常为 700℃左右），这时的负载电流称为安全电流。

导线和电缆的安全电流是由其种类、规格、环境温度和敷设方式等决定的，使用时可通过相关电工手册查找。一般铜导线的安全载流量为 5～8A/mm²，铝导线的安全载流量为 3～

$5A/mm^2$。

2）人体的安全电流。

在特定时间内对人体不构成生命危险的电流值称为人体的安全电流。电流越大，致命危险越大；持续时间越长，死亡的可能性越大。

能引起人感觉到的最小电流值称为感知电流，交流为 1mA，直流为 5mA；人触电后能自己摆脱的最大电流称为摆脱电流，交流为 10mA，直流为 50mA；在较短的时间内危及生命的电流称为致命电流，如 100mA 的电流通过人体 1s，可足以使人心脏麻痹、停止跳动，直至死亡。

2. 电位

电位是指电路中某一点与某参考点（基准点）之间的电压。这里指的某一参考点或基准点，一般为大地、电器的金属外壳或电源的负极，通常称为接地。

为了分析与计算方便，一般规定参考点或基准点的电位为零，又称为零电位。

电位的符号用带下标的字母 V 表示，例如 V_A、V_B。电位的单位为伏［特］，用字母 V 表示。

1.1　电压和电位

3. 电压

在电路中，任意两点之间的电位差，称为该两点间的电压。表示电压的符号用 U，单位为伏特，符号为 V，即

$$U=U_A-U_B$$

（1）电压的大小。

电压的大小等于电场力将正电荷由一点移动到另一点所做的功与被移动电荷电量的比值，即

$$U=\frac{W}{q}$$

式中：W 为功，J；q 为电荷，C；U 为电压，V。

电压的国际单位制为伏特（V），常用的单位还有毫伏（mV）、微伏（μV）、千伏（kV）等，它们与伏特的换算关系为

$$1\text{mV}=10^{-3}\text{V};\ 1\mu\text{V}=10^{-6}\text{V};\ 1\text{kV}=10^{3}\text{V}$$

电压的大小可以用电压表测量。

（2）电压的方向。

电压的方向规定为从高电位指向低电位的方向。对负载来说，规定电流流入端为电压的正端，电流流出端为电压的负端，其电压的方向由正指向负。电阻器两端的电压通常称为电压降。

电压的方向在电路图中有三种表示方法，如图 1－6 所示，这三种表示方法的意义相同。

(a) 正负极表示法　(b) 箭头表示法　(c) 双字母下标表示法

图 1－6　电压的方向

在分析电路时往往难以确定电压的实际方向，此时可先任意假设电压的参考方向，再根据计算所得值的正、负来确定电压的实际方向。

（3）电压的分类。

电压可分为高电压、低电压和安全电压。这是以电气设备的对地电压值为依据的。对地电压高于或等于 1000V 的称为高压；对地电压小于 1000V 的称为低压。安全电压指人体较长时间接触而不致发生触电危险的电压，我国对工频安全电压规定了以下五个等级，即 42、36、24、12V 和 6V。

我国规定标准电压有许多等级。例如：单相电压 220V；三相电压 380V；城乡高压配电电压 10kV 和 35kV；输电电压 110kV 和 220kV，长距离超高压输电电压 330kV 和 500kV 等。

特别提醒

在实际应用中提到的电压，一般是指两点之间的电位差，通常是指定电路中某一点作为参考点。在电力工程中，规定以大地作参考点，认为大地的电位等于零。如果没有特别说明，所谓某点的电压，就是指该点与大地之间的电位差。

4. 电动势

1.2 电动势

电动势是产生和维持电路中电压的保证，电源一旦电动势耗尽，电路就会失去电压，就不再有电流产生。例如在图 1-1 所示的电路中，换上已用过的无电电池后，合上开关，灯泡不亮，就是这个道理。

电源内部的力叫作电源力，电源力在单位时间内将正电荷从电源负极移送到正极所做的功称为电动势。

（1）电动势的大小。

电动势等于在电源内部电源力将单位正电荷由低电位（负极）移到高电位（正极）做的功与被移动电荷电量的比值，即

$$E=\frac{W}{q}$$

式中 W——功，J；

q——被移动电荷电量，C；

E——电动势，V。

电动势是衡量电源的电源力大小（即做功本领）及其方向的物理量。

（2）电动势的方向。

规定电动势方向由电源的负极（低电位）指向正极（高电位）。在电源内部，电源力移动正电荷形成电流，电流由低电位（正极）流向高电位（负极）；在电源外部电路中，电场力移动正电荷形成电流，电流由高电位（正极）流向低电位（负极），如图 1-7 所示。

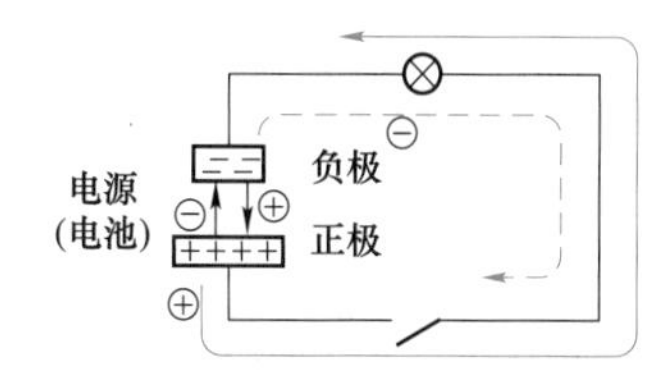

图 1-7 电动势的方向示意图

特别提醒

1）电动势既有大小，又有方向。其大小在数值上等于电源正负极之间的电位差；电动势与电压的实际方向相反。

2）电源电动势由电源本身决定，与外电路的性质以及通断状况无关。

3）每个电源都有一定的电动势。但不同的电源，其电动势则不一定相同。

4）对于一个电源来说，既有电动势，又有端电压。电动势只存在于电源内部，其方向是由负极指向正极；端电压只存在于电源的外部，其方向由正极指向负极。一般情况下，电源的端电压总是低于电源内部的电动势，只有当电源开路时，电源的端电压才与电源的电动势相等。

5. 电功率

电功率是衡量电能转化为其他形式能量快慢的物理量。我们平常说这个灯泡是 40W，那个灯泡 60W，电饭煲 750W，这就是指的电功率。平时，人们一般把电功率简称为功率。

电路元件或设备在单位时间内所做的功称为电功率，用符号“P”表示。计算电功率的公式为

$$P=\frac{W}{t}$$

式中 W——电功率，J（焦耳）；

t——时间，s；

P——电功率，W（瓦特）。

由于用电器的电功率与其电阻有关，电功率的公式还可以写成

$$P=UI=\frac{U^2}{R}=I^2R$$

电功率的国际单位为瓦特（W），常用的单位还有毫瓦（mW）、千瓦（kW），它们与 W 的换算关系是

$$1\text{mW}=10^{-3}\text{W}$$
$$1\text{kW}=10^{3}\text{W}$$

每个用电器都有一个正常工作的电压值称为额定电压，用电器在额定电压下正常工作的功率称为额定功率，用电器在实际电压下工作的功率称为实际功率。

特别提醒

$P=\frac{U^2}{R}=I^2R$ 主要用于纯电阻电路；$P=\frac{W}{t}$ 主要适用于已知电能和时间求电功率。

6. 电能

电能是自然界的一种能量形式。各种用电器必须借助于电能才能正常工作，用电器工作的过程就是电能转化成其他形式能的过程。

（1）电能的来源。

日常生活中使用的电能主要来自其他形式能量的转换，包括水能（水力发电）、风能（风力发电）、原子能（原子能发电）、光能（太阳能）等。

（2）电能的计算。

在一段时间内，电场力所做功的称为电能，用符号“W”表示。

$$W = Pt$$

式中：W 为电能；P 为电功率；t 为通电时间。

电能的单位是焦耳(J)。对于电能的单位，人们常常不用焦耳，仍用非法定计量单位“度”。焦耳和“度”的换算关系为

$$1\text{度（电）} = 1\text{kW}\cdot\text{h} = 3.6\times10^{6}\text{J}$$

即功率为1000W的供能或耗能元件，在1h（小时）的时间内所发出或消耗的电能量为1度（电）。

特别提醒

电能可以转化为其他形式的能量，如，热能、光能。电能可以有线或无线的形式作远距离的传输。

1.1.3　电阻器及其应用

1. 电阻

自由电子在导体中作定向移动形成电流时要受到阻碍，我们把导体对电流的阻碍作用称为电阻。

任何物质都有电阻，当有电流流过时，克服电阻的阻碍作用需要消耗一定的能量。

电阻在电路图中的图形符号是“—▭—”，文字符号为“R”，单位是欧姆，简称欧，用符号“Ω”表示。电阻的常用单位还有千欧（kΩ）和兆欧（MΩ），它们的换算关系为

$$1\text{k}\Omega = 10^{3}\Omega$$

$$1\text{M}\Omega = 10^{3}\text{k}\Omega = 10^{6}\Omega$$

1Ω的物理意义为：设加在某导体两端的电压为1V，产生的电流为1A，则该导体的电阻则为1Ω。

2. 电阻定律

电阻定律的内容是：在温度不变时，金属导体电阻的大小由导体的长度、横截面积和材料的性质等因素决定。这种关系称为电阻定律，其表达式为

$$R = \rho\frac{L}{S}$$

式中　ρ——导体的电阻率，它由电阻材料的性质决定，是反映材料导电性能的物理量，Ω·m；

L——导体的长度，m；

S——导体的横截面积，m^2；

R——导体的电阻，Ω。

电阻的电阻值会随着本体温度的变化而变化，即电阻值的大小与温度有关。衡量电阻受温度影响大小的物理量是温度系数，其定义为温度每升高1℃时电阻值发生变化的百分数，用α表示，即

$$\alpha = \frac{R_2 - R_1}{R_1(t_2 - t_1)}$$

如果 $R_2 > R_1$，则$\alpha > 0$，将 R 称为正温度系数电阻，即电阻值随着温度的升高而增大；如果 $R_2 < R_1$，则$\alpha < 0$，将 R 称为负温度系数电阻，即电阻值随着温度的升高而减小。显然α的绝对值越大，表明电阻受温度的影响也越大。

当温度升高时，材料的电阻增大，把这种材料称为正温度系数电阻，如金属银、铜、铝、钨等材料，电子灭蚊器中的电阻，彩色电视机中的消磁电阻等就是正温度系数电阻。

当温度增加时电阻值反而减小，则把这种材料称为负温度系数电阻，如碳、半导体等，这种器件广泛应用于温度测量、温度补偿、抑制浪涌电流等场合。

把电阻值会随温度变化而变化的电阻叫作热敏电阻。常见热敏电阻有正温度系数电阻和负温度系数电阻，如图1－8所示。

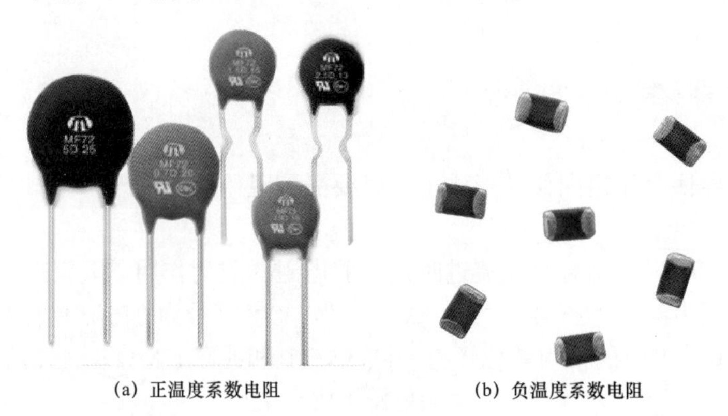

(a) 正温度系数电阻　　(b) 负温度系数电阻

图1－8　热敏电阻

在一般情况下，若电阻值随温度变化不是太大，其温度影响可以不考虑。

电阻的主要物理特征是变电能为热能，它在使用的过程中要发出热量，因此电阻是耗能元件。如电灯泡、电饭煲等用电器通电后要发热，这就是因为存在电阻的原因。因此，电工在导线与导线、导线与接线柱、插头与插座等连接时，一定要注意接触良好，尽量减小接触电阻。否则，若接触电阻较大，就会留下“后遗症”，使用时连接处会发热，容易引起电火灾事故。

特别提醒

导体的电阻与电压、电流无关。但导体电阻与以下因素有关：

（1）导体长度；

（2）导体横截面积；
（3）导体的电阻率；
（4）导体的温度。

电阻知识记忆口诀

导体阻电叫电阻，电阻符号是 R。
电阻单位是欧姆，欧姆符号 Ω。
决定电阻三因素，长度材料截面积。
不与电压成正比，电流与它无关系。
温度变化受影响，通常计算不考虑。

3. 电阻器的种类

电阻是电路中应用最多的元件之一。不同物质对电流的阻碍作用是不同的，所以可用不同物质制作成多种电阻器（简称电阻），以满足不同场合的需要。常用的电阻器种类见表 1–2。

表 1–2　电阻器的种类

种类	说明	图示
碳膜电阻	气态碳氢化合物在高温和真空中分解，碳沉积在瓷棒瓷管上，形成一层结晶碳膜。改变碳膜的厚度和用刻槽的方法，改变碳膜的长度，可以得到不同的阻值。成本低，性能一般	
金属膜电阻	在真空中加热合金，合金蒸发，使瓷棒表面形成一层导电金属膜。刻槽或改变金属膜厚度，可以控制阻值。这种电阻和碳膜电阻相比，体积小、噪声低，稳定性好，但成本较高	
水泥电阻	将电阻线绕在无碱性耐热瓷件上，外面加上耐热、耐湿及耐腐蚀的材料保护固定并把绕线电阻体放入方形瓷器框内，用特殊不燃性耐热水泥充填密封而成。水泥电阻的外侧主要是陶瓷材质	
线绕电阻	用康铜或镍铬合金电阻丝在陶瓷骨架上绕制而成。这种电阻分固定和可变两种。它的特点是工作稳定，耐热性能好，误差范围小，适用于大功率的场合，额定功率一般在 1W 以上	
电位器	分为碳膜电位器和绕线电位器，其阻值是可以改变的。应用范围广	

除了一些常用的电阻器以外，还有一些新型的电阻器，如热敏电阻、光敏电阻、可熔电阻、贴片电阻等。

（1）热敏电阻：热敏电阻的阻值会随温度的变化而变化。热敏电阻应用广泛，如在电磁炉、电饭煲、温度计与温度传感器等中都有应用。

（2）光敏电阻：光敏电阻的阻值会随光线强弱变化而变化，主要用于电子线路的自动控制，如光控门。

（3）可熔电阻：有固定的阻值，具有熔断器的功能，在电子线路中起到保护作用，可用于熔断器等。

（4）贴片电阻：是将金属粉和玻璃铀粉混合，采用丝网印刷法印在基板上制成的电阻器。贴片电阻件具有体积小、质量轻、安装密度高、抗震性强、抗干扰能力强、高频特性好等优点，目前广泛应用于各类电子产品中，如图 1-9 所示。

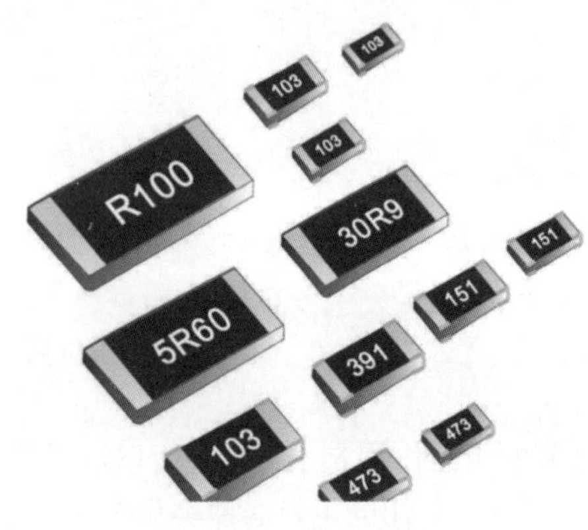

图 1-9　贴片电阻

4. 电阻器的主要参数

电阻器的主要参数有标称阻值、允许偏差、额定功率和材料等，见表 1-3。

表 1-3　电阻器的主要参数

<table>
<tr><th>主要参数</th><th>含义</th><th>表示法</th></tr>
<tr><td>标称阻值</td><td>在电阻器的外表所标注的阻值。它表示的是电阻器对电流阻碍作用的强弱</td><td>一般用数字、数字与字母的组合或色环标注在电阻体表面</td></tr>
<tr><td>允许偏差</td><td>电阻器在生产过程中，技术的原因导致不可能制造出与标称值完全一样的电阻器而存在一定的偏差，为了便于生产的管理和使用，规定了电阻器的精度等级，确定了电阻器在不同等级下的允许偏差</td><td>四色环电阻的允许偏差有±5%、±10%、±20%三种；五色环电阻的精度较高，其允许误差只有±1%、±2%两种。其允许误差的表示法如下
<table>
<tr><th>百分比</th><th>色环</th><th>文字符号</th><th>罗马数字</th><th>色环电阻</th></tr>
<tr><td>1%</td><td>棕</td><td>F</td><td></td><td rowspan="2">五色环电阻</td></tr>
<tr><td>2%</td><td>红</td><td>G</td><td></td></tr>
<tr><td>5%</td><td>金</td><td>J</td><td>Ⅰ</td><td rowspan="3">四色环电阻</td></tr>
<tr><td>10%</td><td>银</td><td>K</td><td>Ⅱ</td></tr>
<tr><td>20%</td><td>无色</td><td>M</td><td>Ⅲ</td></tr>
</table></td></tr>
<tr><td>额定功率</td><td>在正常条件下，电阻长时间工作而不损坏，或不显著改变其性能时，所允许消耗的最大功率</td><td>常用的有 1/16、1/8、1/4、1/2、1、2、5、10W 等，功率在 1W 以上的电阻，一般把功率值直接标注在电阻体表面</td></tr>
<tr><td>材料</td><td>构成电阻体的材料种类。不同材料的电阻的性能有较大的差异</td><td>一般用字母标注材料，有的可通过外观颜色来区分电阻材料，如红色为金属膜电阻</td></tr>
</table>

5. 色环电阻识别

目前，大多数普通电阻器都采用色环来标注电阻自身的阻值，即在电阻封装上（即电阻表面）印刷一定颜色的色环来表示电阻器标称阻值的大小和误差，被称为色环电阻。可保证电阻无论按什么方向安装均方便、清楚地看见色环。不同的色环代表不同的数值，见表 1–4。只要知道了色环的颜色，就能识读出该电阻的阻值。

表 1–4　色环电阻中各色环的含义

颜色	黑	棕	红	橙	黄	绿	蓝	紫	灰	白
数字	0	1	2	3	4	5	6	7	8	9

特别提醒

色环的含义为：棕 1，红 2，橙 3；黄 4，绿 5，蓝 6；紫 7，灰 8，白 9，黑 0。这样连起来读，多复诵几遍便可记住。

（1）四色环电阻的识别。四色环电阻就是指用四条色环表示阻值的电阻。从左向右数，第一、二环表示两位有效数字，第三环表示倍乘数（即数字后面添加“0”的个数），第四色环表示阻值允许的偏差（精度）。四个色环代表的具体意义如图 1–10 所示。

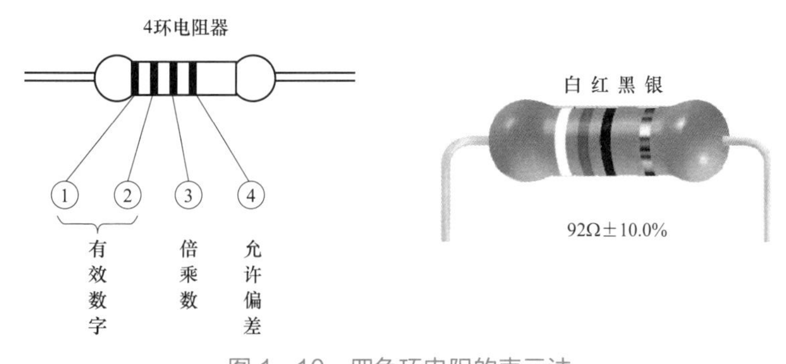

图 1–10　四色环电阻的表示法

例如，一个电阻的第一环为红色（代表 2）、第二环为紫色（代表 7）、第三环为棕色（代表 1）、第四环为金色（代表误差为±5%），那么这个电阻的阻值为 270Ω，阻值的误差范围为±5%。

四色环电阻的第四环用来表示精度（误差），一般为金色、银色和无色，而不会是其他颜色（这一点在五色环中不适用）；这样，我们就可以知道哪一环该是第一环了。此外，在四条色环中，有三条相互之间的距离比较近，而第四环距离稍微大一点，如图 1–10 所示。

（2）五色环电阻的识别。五色环电阻的精度较高，最高精度为±1%。用五色色环表示阻值的电阻，第一环表示阻值的最大一位数字；第二环表示阻值的第二位数字；第三环表示阻值的第三位数字；第四环表示阻值的倍乘数；第五环表示误差范围。五个色环代表的具体意义如图 1－11 所示。

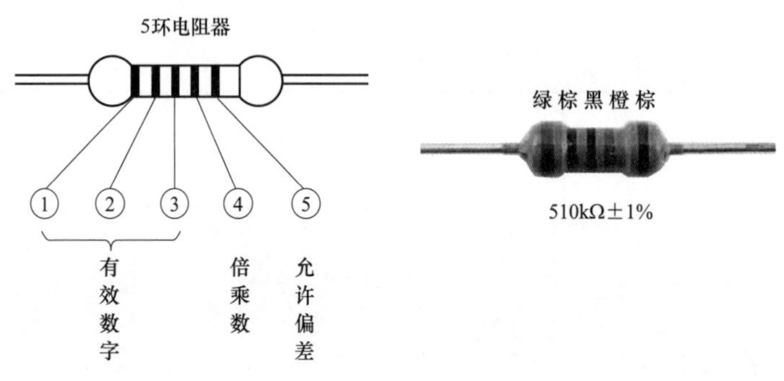

图 1－11　五色环电阻的表示法

识读五色环电阻的诀窍是：表示精度（误差）的第五环与其他四个色环相距较远。例如：第一环为红（代表 2）、第二环为红（代表 2）、第三环为黑（代表 0）、第四环为黑（代表 0）、第五环为棕色（代表误差为±1%），则其阻值为 220Ω，误差范围为±1%。

6. 电阻的连接与应用

在电路中，用一个电阻往往不能满足电路要求，需要几个电阻连接起来共同完成工作任务。即通过电阻的并联和串联来调整控制电路中电流的走向及大小，实现电路的降压与限流、分压与分流。电阻的连接形式是多种多样的，最基本的方式是串联和并联。

1.3　电阻的串联

（1）电阻串联电路。在电路中，把两个或两个以上的电阻依次连成一串，为电流提供唯一的一条路径，没有其他分支的电路连接方式，叫作电阻串联电路。如图 1－12 所示，电阻 R_1 和 R_2 串联。

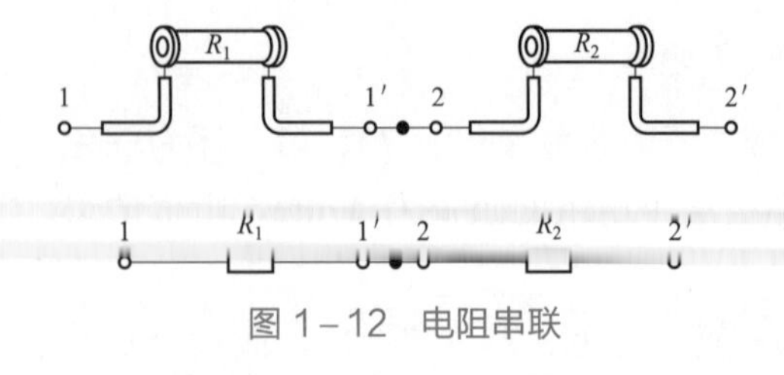

图 1－12　电阻串联

在实际工作中，电阻并联有以下应用。

1）用几个电阻串联获得较大的电阻。

2）利用几个电阻串联构成分压器，使同一电源能提供几种不同数值的电压。

3）当负载的额定电压低于电源电压时，可用串联电阻的方法满足负载接入电源。

4）利用串联电阻的方法来限制和调节电路中电流的大小。

5）用串联电阻的方法来扩大电压表量程。

电阻串联时，因为流过各电阻的电流相等，所以各电阻两端的电压按其他电阻比进行分

配。这就是电阻串联用于电路分压的原理。

在电阻串联电路中，各电阻两端的电压与各电阻大小成正比，在大电阻值的两端，可以得到高的电压。反之则得到的电压就小，即

$$\frac{U_1}{U_2}=\frac{R_1}{R_2}$$

电阻串联的实例很多。如挂在圣诞树上的灯泡，就是把灯泡一个接一个地串联连接起来的，如图 1－13 所示。

图 1－13　圣诞节电灯泡串联电路

电阻串联的重要作用是分压。当电源电压高于用电器所需电压时，可通过电阻分压提供给用电器最合适的电压，如扩大电压表的量程。

如图 1－14 所示，若已知两个串联电阻的总电压 U 及电阻 R_1、R_2，则可写出

$$U_1=\frac{R_1}{R_1+R_2}U\text{，}\quad U_2=\frac{R_2}{R_1+R_2}U \qquad (1-1)$$

式（1－1）称为串联电阻的分压公式，掌握这一公式，会非常方便地计算串联电路中各电阻的电压。

1.4　电阻的并联

（2）电阻并联电路。

在电路中，把两个或两个以上的电阻并排连接在电路中的两个节点之间，为电流提供多条路径的电路连接方式，称为电阻并联电路。如图 1－15 所示，电阻 R_1 和 R_2 并联。

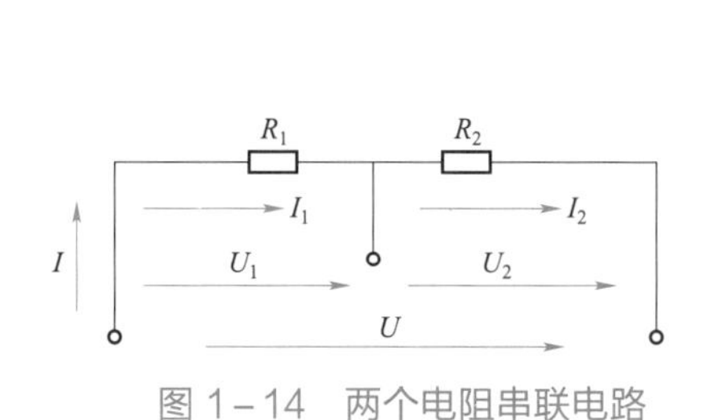

图 1－14　两个电阻串联电路

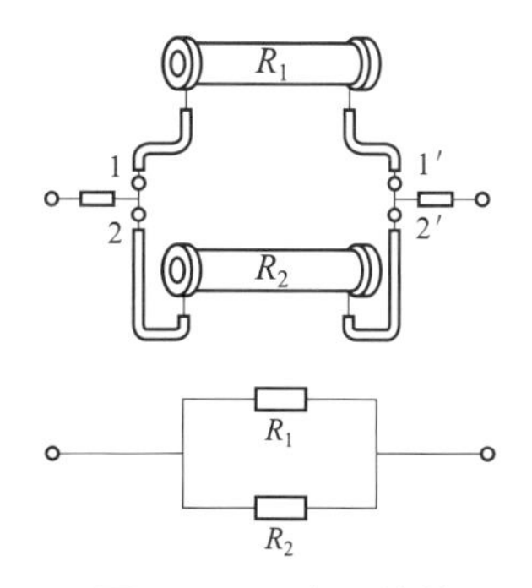

图 1－15　电阻并联

在实际工作中，电阻并联有以下应用。

1）凡是额定电压相同的负载均可采用并联的工作方式，这样各个负载都是一个独立控制的回路，任何一个负载的正常启动或关断都不影响其他负载，如家庭照明电路中灯泡的连接方式就是并联，即使取下一个灯泡，其他灯泡仍然能够正常使用。

2）利用几个电阻并联，可获得较小的电阻。

3）用并联电阻的方法来扩大电流表的量程。

根据并联电路电压相等的性质，在并联电路中电流的分配与电阻成反比，即阻值越大的电阻所分配到的电流越小；反之所分配电流越大。其关系式为

$$\frac{I_1}{I_2}=\frac{R_2}{R_1}$$

电阻并联的重要作用是分流。当电路中的电流超过某个元件所允许的电流时，可给它并联一个适当的电阻使其分去一部分电流，使通过的电流减小到元件所允许的数值。

如果两个电阻 R_1、R_2 并联，并联电路的总电流为 I，则两个电阻中的电流 I_1、I_2 分别为

$$I_1=\frac{R_2}{R_1+R_2}I$$

$$I_2=\frac{R_1}{R_1+R_2}I \qquad (1-2)$$

式（1–2）通常被称为并联电路的分流公式，掌握这一公式，会非常方便地计算并联电路中各电阻的电流。

电阻串联、并联电路的特性比较见表 1–5。

表 1–5　电阻串联、并联电路特性比较

项目 \ 连接方式	串联	并联
电流	电流处处相等，即 $I_1=I_2=I_3=\cdots=I$	总电流等于各支路电流之和。即 $I=I_1+I_2+\cdots+I_n$
电压	两端的总电压等于各个电阻两端电压之和，即 $U=U_1+U_2+U_3+\cdots+U_n$	总电压等于各分电压，即 $U_1=U_2=\cdots=U=U_aU_b$
电阻	总电阻等于各电阻之和，即 $R=R_1+R_2+R_3+\cdots+R_n$	总电阻的倒数等于各个并联电阻倒数之和，即 $\frac{1}{R}=\frac{1}{R_1}+\frac{1}{R_2}+\cdots+\frac{1}{R_n}$ 特例：$R=\frac{R_1R_2}{R_1+R_2}$ $R=\frac{R_1R_2R_3}{R_1R_2+R_1R_3+R_2R_3}$
电阻与分压	各个电阻两端上分配的电压与其阻值成正比，即 $U_1:U_2:U_3:\cdots:U_n=R_1:R_2:R_3:\cdots:R_n$	各个支路电阻上的电压相等
电阻与分流	不分流	与电阻值成反比，即 $I_1:I_2:\cdots:I_n=\frac{1}{R_1}:\frac{1}{R_2}:\cdots:\frac{1}{R_n}$
功率分配	各个电阻分配的功率与其阻值成正比，即 $P_1:P_2:P_3:\cdots:P_n=R_1:R_2:R_3:\cdots:R_n$（其中，$P=I^2R$）	各电阻分配的功率与阻值成反比。即 $R_1P_1=R_2P_2=\cdots=R_nP_n=RP$

续表

项目＼连接方式	串联	并联
应用举例	（1）用于分压：为获取所需电压，常利用电阻串联电路的分压原理制成分压器； （2）用于限流：在电路中串联一个电阻，限制流过负载的电流； （3）用于扩大伏特表的量程：利用串联电路的分压作用可完成伏特表的改装，即将电流表与一个分压电阻串联，便把电流表改装成了伏特表	（1）组成等电压多支路供电网络，如 220V 照明电路； （2）分流与扩大电流表量程：运用并联电路的分流作用可对安培表进行扩大量程的改装，即将电流表与一个分流电阻相并联，便把电流表改装成了较大量程的安培表

（3）电阻混联电路。

1.5　电阻混联电路

在实际电路中，电路里包含的电阻既有电阻串联，又有电阻并联，电阻的这种连接方式称为电阻混联，如图 1－16（a）所示。图 1－16（b）为该电路化简后的等效电路。

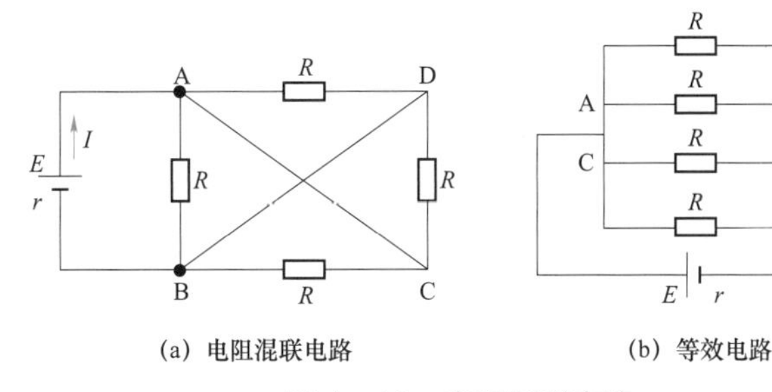

图 1－16　电阻混联电路

分析电阻混联电路的关键是把比较复杂的电路化简为最简单的等效电路。下面通过如图 1－17 所示的例子，介绍用“橡皮筋”法画等效电路图。

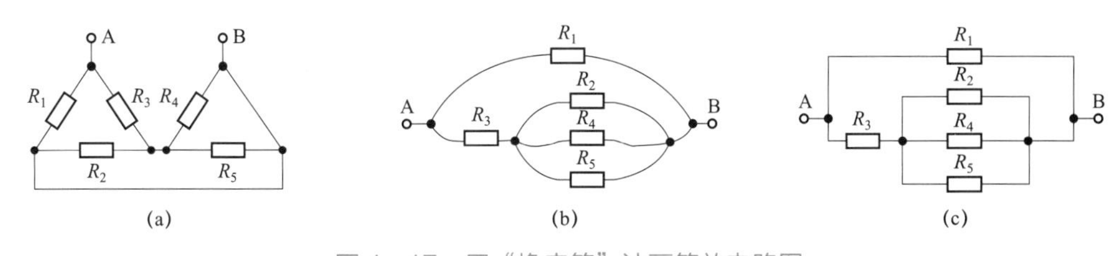

图 1－17　用“橡皮筋”法画等效电路图

1）画草图。如图 1－17（a）所示，设电路两端点为 A、B，将连接导线想象为导电的“橡皮筋”，可自由拉伸，绘出草图，如图 1－17（b）所示。

2）画等效图。整理草图，画出等效电路图，如图 1－17（c）所示。

画直流电路等效图的方法可用下面的口诀来记忆。

画电路等效图记忆口诀

无阻导线缩一点，等势点间连成线；
断路无用线撤去，节点之间依次连；
整理图形标准化，最后还要看一遍。

1.1.4 欧姆定律及其应用

在实际电路中，电阻与电流和电压之间到底有什么关系呢？初学者常常容易混淆它们之间的关系，如图 1-18 所示的争论就是一个例证。这个问题，还是德国物理学家欧姆解决的。

(a) (b) (c) (d)

图 1-18 电流、电压、电阻的“啰唆事”

欧姆解释了电路中的这些现象，通过分析电路中电流、电压和电阻的相互影响的关系，总结出了欧姆定律。

欧姆定律适用于电路中不含电源和含有电源两种情况，不含电源电路的欧姆定律称为部分电路欧姆定律，含有电源电路的欧姆定律称为全电路欧姆定律。

1. 部分电阻欧姆定律

在一段不包括电源的电路中，导体中的电流与它两端的电压成正比，与导体的电阻成反比，这就是部分电路欧姆定律，其公式为

$$I=\frac{U}{R} \tag{1-3}$$

式中　I——导体中的电流，A；

U——导体两端的电压，V；

R——导体的电阻，Ω。

部分电路欧姆定律是针对电路中某一个电阻性元件上电压、电流与电阻值之间关系的定律。

为了便于记忆和掌握欧姆定律，可以把式（1－3）用如图 1－19 所示来表示。用手盖住要求的物理量，剩下的就是运算公式。例如要求电压，用手盖住电压，公式就是 $U=IR$。

1.6　全电路欧姆定律

2. 全电路欧姆定律

部分电路欧姆定律是不考虑电源的，而大量的电路都含有电源，这种含有电源的直流电路称为全电路。全电路是由电源和负载构成的一个闭合回路，如图 1－20 所示。

图 1－19　欧姆定律公式记忆图

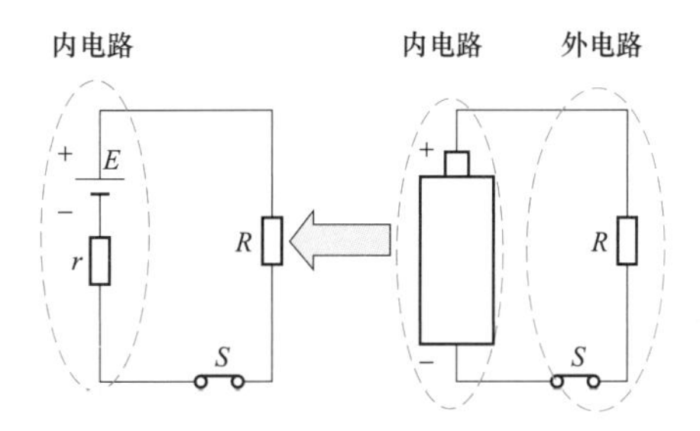

图 1－20　全电路

对全电路的计算，需用全电路欧姆定律解决。全电路欧姆定律是针对整个闭合回路的电源电动势、电流、负载电阻及电源内阻之间关系的定律，它们之间的关系为

$$I=\frac{E}{R+r} \tag{1-4}$$

式中　I——电路中的电流，A；

E——电源的电动势，V；

R——外电路（负载）的电阻，Ω；

r——电源内阻，Ω。

从式（1－4）可看出：在全电路中，电流与电源电动势成正比，与电路的总电阻（外电路电阻与电源内阻之和）成反比，这就是全电路欧姆定律的内容。

根据全电路欧姆定律，可以分析电路的三种情况。

（1）通路：在 $I=\frac{E}{R+r}$ 中，E，R，r 数值为确定值，电流也为确定值，电路工作正常。

（2）短路：当外电路电阻 $R=0$ 时，由于电源内阻 r 很小，则 $I=\frac{E}{r}$，电流趋于无穷大，将烧毁电路和用电器，严重时造成火灾，使用中应该尽量避免。为避免短路造成的严重后果，电路中专门设置了保护装置。

（3）断路（开路）：此时 $R=\infty$，有 $I=\dfrac{E}{R+r}=0$，即电路不通，不能正常工作。

1.7 电池组的连接

1.1.5 电池组及其应用

1. 串联电池组

（1）串联电池组的特性。

把第 1 个电池的负极和第 2 个电池的正极相连接，再把第 2 个电池的负极和第 3 个电池的正极相连接，像这样依次连接起来，就组成了串联电池组。串联电池组广泛应用于手携式工具、笔记本电脑、通信电台、便携式电子设备、航天卫星、电动自行车、电动汽车及储能装置中。

若串联电池组由 n 个电动势都为 E、内阻都为 r 的电池组成，则串联电池组具有以下特性。

1）串联电池组的电动势等于各个电池电动势之和，即 $E_s=nE$。

2）串联电池组的内电阻等于各个电池内电阻之和，即 $r_s=nr$。

3）当负载为 R 时，串联电池组输出的总电流为

$$I=\frac{nE}{R+nr}$$

（2）串联电池组的应用。

1）相同的几个电池串联起来组成串联电池组，可提高输出电压，如图 1－21 所示。

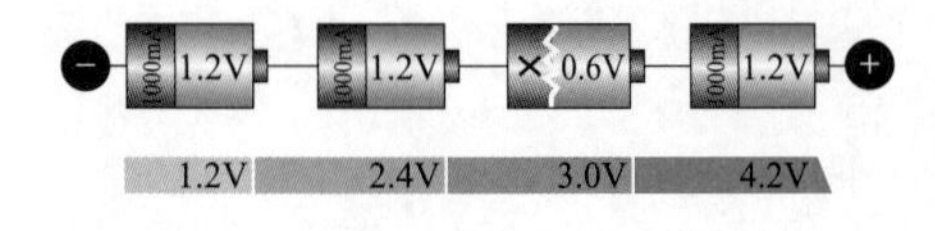

图 1－21 串联电池组可提高输出电压

2）串联电池组的电动势比单个电池的电动势高，当用电器的额定电压高于单个电池的电动势时，可以串联电池组供电。而用电器的额定电流必须小于单个电池允许通过的最大电流。

3）用几个相同电池组成串联电池组时，注意正确识别每个电池的正负极，不要把某些电池接反。

2. 并联电池组

（1）并联电池组的特性。把几个电池的正极和正极连在一起，负极和负极连在一起，就构成并联电池组。若并联电池组是由 n 个电动势都是 E，内电阻都是 r 的电池组成，则并联电池组具有以下特性。

1）并联电池组的电动势等于一个电池的电动势，即

$$E_P=E$$

2）并联电池组的内电阻等于一个电池的内电阻的 $1/n$，即

$$r_P=\frac{r}{n}$$

（2）并联电池组的应用。

1）并联电池组允许通过的最大电流大于单个电池允许通过的最大电流。换言之，相同的几个电池并联起来，可增大输出电流，如图 1－22 所示。

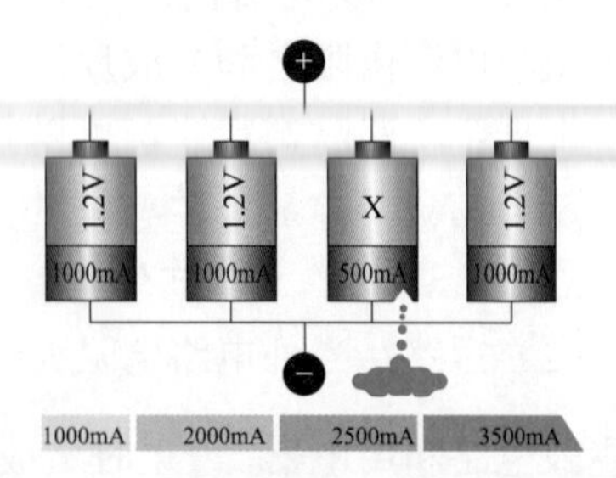

图 1－22 并联电池组可增大输出电流

注意

电池的极性不能接错。

2）采用并联电池组供电时，用电器的额定电压必须低于单个电池的电动势。

3）如果多个电压不等的电池并联成电池组，则会形成电流环路，损伤电池。

1.1.6　基尔霍夫定律及其应用

基尔霍夫定律是电路中电压和电流所遵循的基本规律，是分析和计算较为复杂电路的基础。基尔霍夫（电路）定律包括既可以用于直流电路的分析，也可以用于交流电路的分析，还可以用于含有电子元件的非线性电路的分析。

1. 基尔霍夫第一定律（KCL）

基尔霍夫第一定律又称为节点电流定律，简称 KCL 定律。其是指，在任何时刻流入任一节点的电流之和等于流出该节点的电流之和，即

$$\sum I_{入}=\sum I_{出}$$

若规定流进节点的电流为正，流出节点的电流为负，则在任一时刻，流过任一节点的电流代数和恒等于零。这就是基尔霍夫定律的另一种表述，即

$$\sum I=0$$

2. 基夫尔霍夫第二定律（KVL）

基夫尔霍夫第二定律也称为回路电压定律，简称 KVL 定律。其确定了一个闭合回路中各部分电压间的关系。在任何时刻，沿着电路中的任一回路绕行方向，回路中各段电压的代数和恒等于零，即

$$\sum U=0$$

3. 应用基夫尔霍夫定律的注意事项

（1）使用节点电流定律必须注意的问题。

1）对于含有 n 个节点的电路，只能列出 n–1 个独立的节点电流方程。

2）列节点电流方程时，只需考虑电流的参考方向，然后再代入电流的数值。

为分析电路方便，通常需要在所研究的一段电路中事先选定（即假定）电流流动的方向，即电流的参考方向，通常用“→”表示。

电流的实际方向根据数值的正、负来判断。当 $I>0$ 时，表明电流的实际方向与所标定的参考方向一致；当 $I<0$ 时，则表明电流的实际方向与所标定的参考方向相反。

（2）列回路电压方程应特别注意的问题。

1）任意标出各支路电流的参考方向。

2）任意标出回路的绕行方向，既可沿着顺时针方向绕行，也可沿着逆时针方向绕行，一般沿着顺时针方向绕行。

3）确定电阻压降的符号。如果回路的绕行方向与电阻上的电流方向一致（即顺着电流

的方向)，电阻上的电压降应取正值，反之取负值。

4）确定电源电动势的符号。在绕行过程中，如果从电源正极绕向负极，该电源的电动势应取正值，反之取负值，即在绕行过程中，沿途“遇正取正，遇负取负”。

1.2 电与磁的基础知识

1.2.1 电流与磁场

1. 磁场

（1）磁场的性质。

具有磁性的物体称为磁体。在磁体的周围，存在一种特殊的物质形式，称为磁场，互不接触的磁体之间的相互作用力就是通过磁场这一媒介来传递的。

磁体两端磁性最强的区域称为磁极。任何磁体都具有两个磁极，即 S 极（南极）和 N 极（北极）。

磁极之间具有相互作用力，即同名磁极互相排斥，异名磁极互相吸引。把磁极之间的相互作用力以及磁体对周围铁磁物质的吸引力通称为磁力。

（2）磁场的方向。

人们规定，在磁场中某一点放一个能自由转动的小磁针，静止时小磁针 N 极所指的方向为该点的磁场方向。

（3）磁感线。

为了形象地描绘磁场，在磁场中画出一系列有方向的假想曲线，使曲线上任意一点的切线方向与该点的磁场方向一致，这些曲线称为磁感线。不同的磁场，磁感线的空间分布是不一样的，常见的磁场的磁感线空间分布如图 1－23 所示。

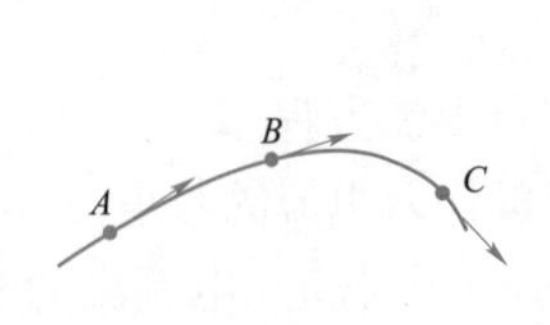

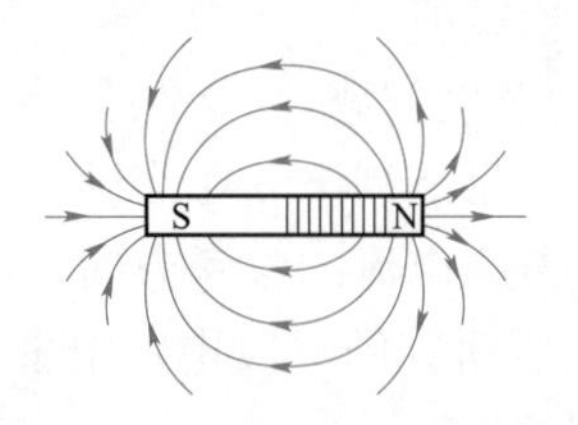

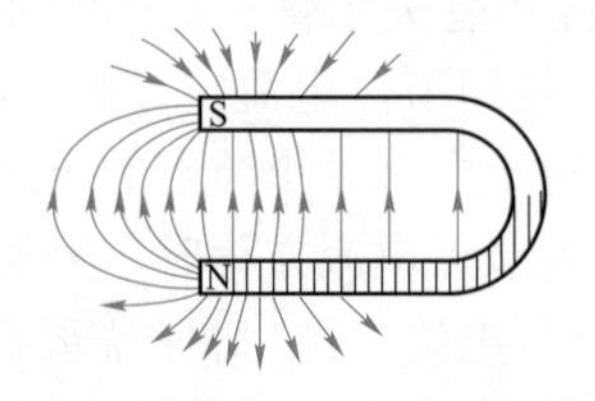

图 1－23　磁感线的空间分布

匀强磁场的磁感线是一些分布均匀的平行直线。

1.8　磁场基本物理量

2. 电流的磁场

（1）通电直导线周围的磁场。

通电直导线周围磁场的磁感线是以直导线上各点为圆心的一些同心圆，这些同心圆位于与导线垂直的平面上，且距导线越近，磁场越强；电流越大，磁场也越强。

通电直导线的磁场可用右手螺旋定则判定。方法是：用右手的大拇指伸直，四指握住导线，当大拇指指向电流时，其余四指所指的方向就是磁感线的方向，如图 1-24 所示。

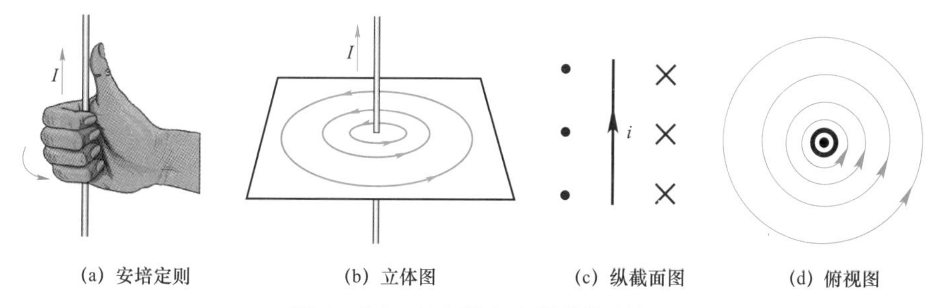

(a) 安培定则　　(b) 立体图　　(c) 纵截面图　　(d) 俯视图

图 1-24　判定通电直导线的磁场

导体通电磁场记忆口诀

导体通电生磁场，右手判断其方向。
伸手握住直导线，拇指指向流方向。
四指握成一个圈，指尖指示磁方向。

（2）通电线圈的磁场。

通电线圈（螺线管）内部的磁感线方向与螺线管轴线平行，方向由 S 极指向 N 极；外部的磁感线由 N 极出来进入 S 极，并与内部磁感线形成闭合曲线。改变电流方向，磁场的极性就对调。

1.9　直线电流的磁场

通电线圈的磁场方向仍然用右手螺旋定则判定。方法是：右手的大拇指伸直，用右手握住线圈、四指指向电流的方向，则大拇指所指的方向便是线圈中磁感线的 N 极的方向。通常认为通电线圈内部的磁场为匀强磁场，如图 1-25 所示。

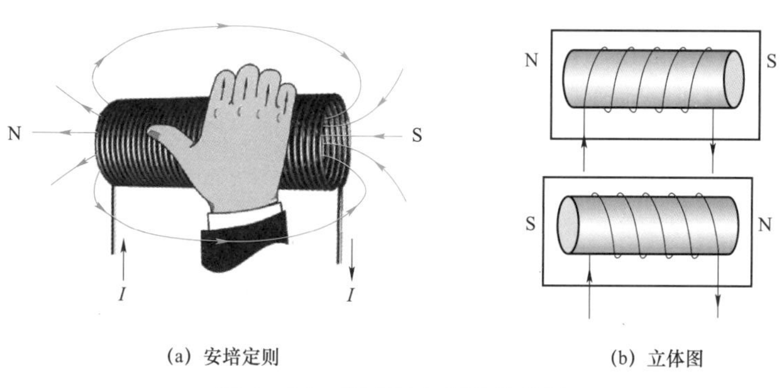

(a) 安培定则　　(b) 立体图

图 1-25　判定通电线圈的磁场

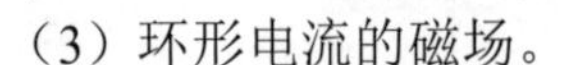

通电导线磁场记忆口诀

通电导线螺线管，形成磁场有北南。
右手握住螺线管，电流方向四指尖。
拇指一端为N极，另外一端为S极。

（3）环形电流的磁场。

1.10 螺旋管电流的磁场

环形电流的磁场，其磁感线是一系列围绕环形导线，并且在环形导线的中心轴上的闭合曲线，磁感线和环形导线平面垂直。

环形电流及其磁感线的方向，用安培定则来判定。方法是：右手弯曲的四指和环形电流的方向一致，则伸直的大拇指所指的方向就是环形导线中心轴上磁感线的方向，如图1-26所示。

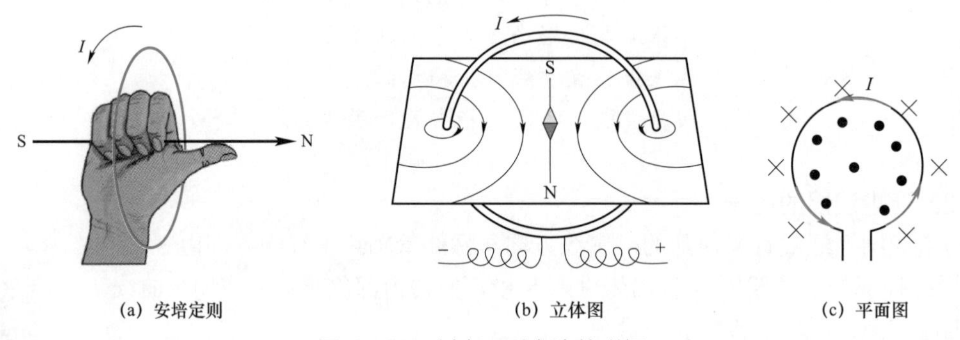

(a) 安培定则　(b) 立体图　(c) 平面图

图1-26 判定环形电流的磁场

特别提醒

当线圈通过交流电时，线圈周围将产生交变磁场。利用这个原理可以制作消磁器，用来对需要消磁的物体进行反复磁化，最终达到消磁的目的。

1.2.2 磁场基本物理量

1. 磁场的四个基本物理量

磁感应强度、磁通、磁导率和磁场强度是描述磁场的4个基本物理量，见表1-6。

表1-6　磁场的基本物理量

物理量	符号	表达式	说明
磁感应强度	B	$B=\frac{F}{IL}$	描述磁场力效应的物理量，表示磁场中任意一点磁场的强弱和方向
磁通	Φ	$\Phi=BS$	磁感应强度和与其垂直的某一截面积的乘积，称为通过该面积的磁通

续表

物理量	符号	表达式	说明
磁导率	μ	$\mu=\mu_r\mu_0$	用来衡量物质导磁能力
磁场强度	H	$H=\dfrac{B}{\mu}$	磁场中某点的磁感应强度与磁介质磁导率的比值

特别提醒

$B=\dfrac{F}{IL}$ 成立的条件是导线（导线长度为 L）与磁感应强度 B 的方向垂直，$\dfrac{F}{IL}$ 的比值为一恒量，所以不能说 B 与 F 成正比，也不能说 B 与 I 和 L 的乘积成反比。

2. 相对磁导率与物资分类

为便于对各种物质的导磁性能进行比较，以真空磁导率为基准，将其他物质的磁导率与真空磁导率比较，其比值称为相对磁导率 μ_r。根据相对磁导率的大小，可将物质分为3类。

（1）$\mu_r<1$ 的物质称为反磁性物质，如氢气、铜、石墨、银、锌等。

（2）$\mu_r>1$ 的物质称为顺磁性物质，如空气、锡、铝、铅等。

（3）$\mu_r\gg1$ 的物质称为铁磁性物质，如铁、钢、镍、钴等。

1.2.3　电磁力及其应用

1. 磁场对通电直导线的作用

如图1-27所示，将一通电直导线放入磁场中，当导线未通电时，导线不动；当接通电源，如果电流从B流向A时，导线立刻向外侧运动，说明导线受到了向外的力；如果改变电流方向，则导体向相反方向运动，说明力的方向也改变。可见，通电导体在磁场中会受力而做直线运动，把这种力称为电磁力，用 F 表示。

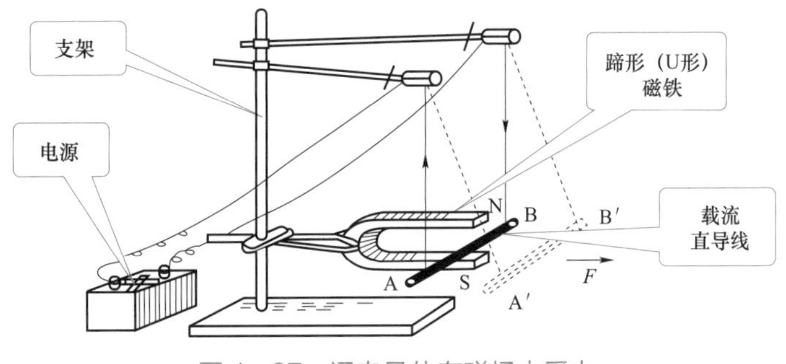

图1-27　通电导体在磁场中受力

电磁力 F 的大小与通过导体的电流 I 成正比，与载流导体所在位置的磁感应强度 B 成正

比，与导体在磁场中的长度 L 成正比，与导体和磁感线夹角正弦值成正比，即

$$F=BIL\sin\alpha$$

式中 F——导体受到的电磁力，N；

I——导体中的电流，A；

L——导体的长度，m；

$\sin\alpha$——导体与磁感线夹角的正弦。

通电导线在磁场中作用力的方向可用左手定则判定。方法是：伸开左手，使拇指与四指在同一平面内并且互相垂直，让磁感线垂直穿过掌心，四指指向电流方向，则拇指所指的方向就是通电导体受力的方向，如图 1-28 所示。

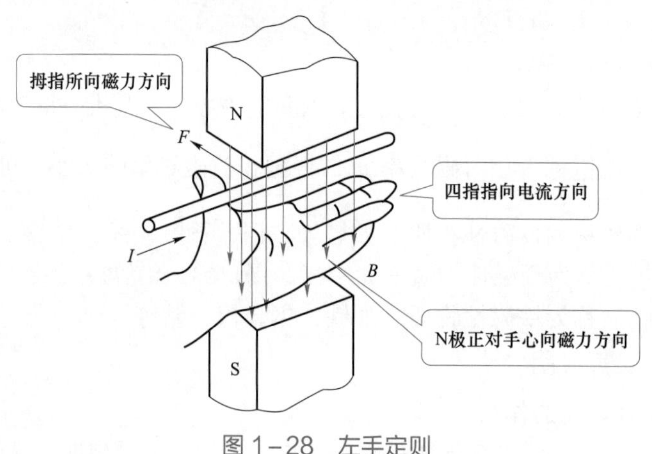

图 1-28 左手定则

左手定则记忆口诀

电流通入直导线，就能产生电磁力。
左手用来判断力，拇指四指成垂直。
平伸左手磁场中，N 极正对手心里。
四指指向电流向，拇指所向电磁力。

特别提醒

两根互相平行相距不远的直导线通以同方向电流时，相互吸引。如果两平行直导线通以反向电流，则互相排斥。

依据上述原理，在敷设电力线路时，导线之间必须保持一定的间隔距离，以确保线路安全。

2. 磁场对矩形线圈的作用

通电矩形线圈在磁场中将受到转矩的作用而转动。线圈的转动方向用左手定则判定，其受力分析如图1－29所示。

线圈所受的转矩 M 与线圈所在的磁感应强度 B 成正比，与线圈中流过的电流成正比，与线圈的面积 S 成正比，与线圈平面与磁感线夹角 α 的余弦成正比，即

$$M = BIS\cos\alpha$$

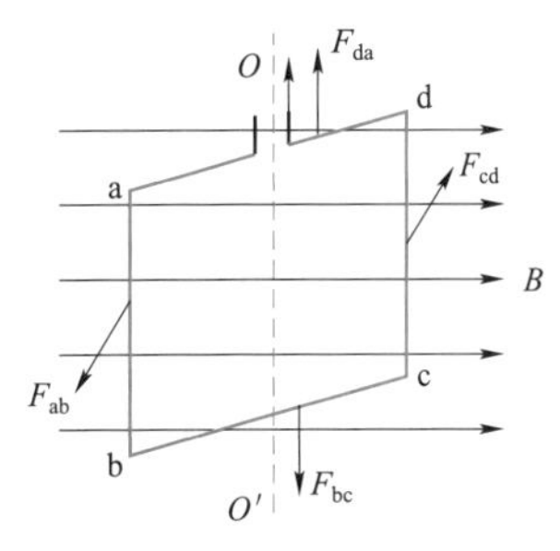

图1－29　通电线圈在磁场中的受力

特别提醒

通电矩形线圈在磁场中受转矩作用而转动，这一物理现象的发现让人类发明了电动机。磁力式电能表就是根据通电矩形线圈在磁场中受转矩作用的原理工作的。

1.11　电磁感应现象

1.2.4　电磁感应现象与楞次定律

1. 感应电动势和感应电流的条件

（1）只要穿过闭合回路的磁通量发生变化，回路中便产生感应电动势和感应电流。如果回路是不闭合的，则只有感应电动势而无感应电流。

（2）只要闭合线路中的一部分导体在磁场中作切割磁感线运动，回路里就产生感应电流。这种情况只是电磁感应现象中的一种特殊情况。因为闭合线路的一部分导体在磁场中作切割磁感线运动时，实际上线路中的磁通量必然发生变化。

2. 楞次定律

（1）楞次定律的内容是，线圈中感应电动势的方向总是企图使它所产生的感应电流的磁场阻碍原有磁通的变化。

（2）用楞次定律判定感应电流方向的具体步骤如下。

1）确定原磁通的方向；

2）判定穿过回路的原磁通的变化情况是增加还是减少；

3）根据楞次定律确定感应电流的磁场方向；

4）根据右手螺旋法则，由感应电流磁场的方向确定感应电流的方向。

1.12　关于电磁感应中的定则应用

特别提醒

楞次定律是判断感应电流方向的普遍规律。它不但适用闭合线路中的一部分导体在磁场中作切割磁感线运动所产生的感应电流方向的判定，与右手定则所判定的结果相同，而且适用穿过闭合回路里的磁通发生变化时产生感应电流的方向判定。

3. 感应电流方向的判定

右手定则的内容：伸开右手，将手掌伸平，让拇指和其余四指垂直，掌心对着磁感线的

来向，大拇指指向导体切割磁感线的运动方向，则四指所指的就是感应电流方向，如图 1-30 所示。

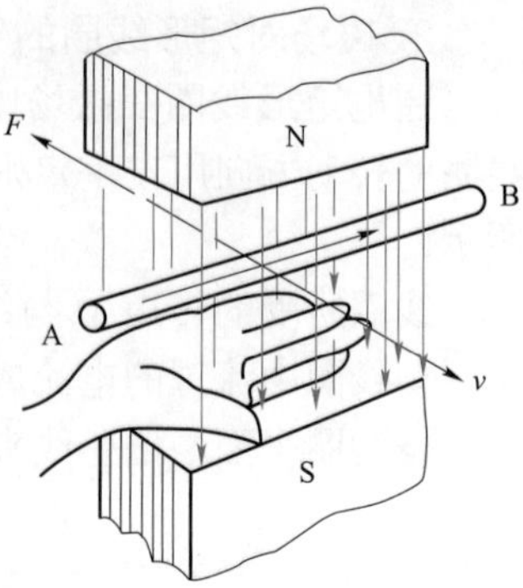

图 1-30　右手定则

特别提醒

右手定则适用于闭合线路中的部分导体在磁场中作切割磁感线运动，产生感应电流的方向的判定。

1.2.5　电感及其应用

1. 电感的定义

当电流通过线圈后，在线圈中形成磁场感应，感应磁场又会产生感应电流来抵制通过线圈中的电流。这种电流与线圈的相互作用关系称为电的感抗，也就是电感。

电感是闭合回路的一种属性，是一个物理量。

2. 自感现象

电感是自感和互感的总称，提供电感的器件称为电感器。电感器一般由骨架、绕组、屏蔽罩、封装材料、磁心或铁心等组成。

当线圈中的电流变化时，线圈本身就产生了感应电动势，这个电动势总是阻碍线圈中电流的变化。这种由于线圈本身电流发生变化而产生电磁感应的现象称为自感现象，简称自感，此现象常表现为阻碍电流的变化。在自感现象中产生的感应电动势，称为自感电动势。

自感现象是一种特殊的电磁感应现象，它是由于线圈本身电流变化而引起的。自感的存在，是线圈中电流不能突变的原因。

自感现象在各种电器设备和无线电技术中有广泛的应用。日光灯的镇流器就是利用线圈的自感现象。自感现象也有不利的一面。在自感系数很大而电流又很强的电路（如大型电动机的定子绕组）中，在切断电路的瞬间，由于电流在很短的时间内发生很大的变化，会产生很高的自感电动势，使开关的闸刀和固定夹片之间的空气电离而变成导体，形成电弧。因此，切断这段电路时必须采用特制的安全开关。

3. 电感量

对于不同的线圈，在电流变化快慢相同的情况下，产生的自感电动势是不同的，电学中用自感系数来表示线圈的这种特征。自感系数简称自感或电感，用 L 表示。

实验证明，穿过电感器的磁通 Φ 和电感器通入的电流 I 成正比关系。磁通 Φ 与电流 I 的比值称为自感系数，又称电感量，用公式表示为

$$L=\Phi/I$$

电感量的基本单位为亨利（简称亨），用字母 H 表示，此外还有毫亨（mH）和微亨（μH），它们之间的关系是

$$1\text{H}=1\times10^{3}\text{mH}=1\times10^{6}\mu\text{H}$$

电感量一般标注在电感器的外壳上，如图 1-31 所示。

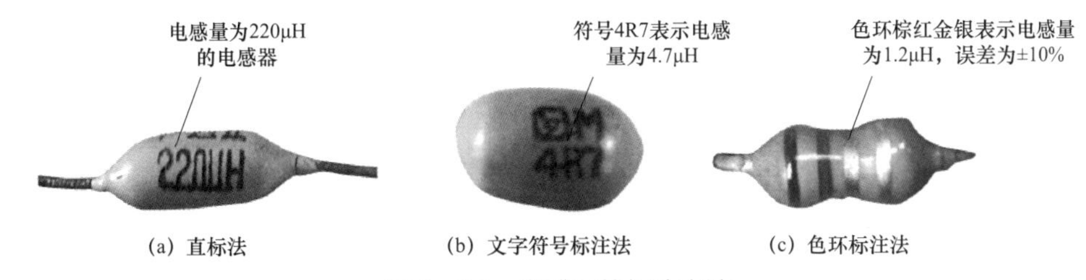

图 1－31　电感量的标注方法

具有电磁感应作用的电子器件称为电感器，简称电感。电感一般由导线绕成线圈构成，因此又称为电感线圈。

电感量大小主要与线圈的匝数（圈数）、绕制方式和磁芯材料等有关。线圈匝数越多、绕制的线圈越密集，电感量就越大；有磁芯的电感器比无磁芯的电感量大；电感器的磁芯磁导率越高，电感量也就越大。

电感器的标注方法主要有直接标注法、色标法和文字符号法。

（1）直接标注法。

电感器一般都采用直标法，就是将标称电感量用数字直接标注在电感器的外壳上，同时还用字母表示电感器的额定电流、允许误差。小型固定电感一般均采用这种数字与符号直接表示其参数的方法。

例：电感器外壳上标有 C、Ⅱ、470μH，表示电感器的最大工作电流为 300mA，允许误差为 ±10%，电感量为 470μH。

（2）色标法。

色环标注在电感器的外壳上，其标注方法同电阻的标注方法一样。第一个色环表示第一位有效数字，第二个色环表示第二位有效数字，第三个色环表示倍乘数，第四个色环表示允许误差。

例：某电感器的色环依次为蓝、绿、红、银，表明此电感器的电感量为 6500μH，允许误差为 ±10%。

（3）文字符号法。

电感器的文字符号标志法同样是用单位的文字符号表示，当单位为 μH 时，用 R 作为电感器的文字符号，其他与电阻器的标注相同。

提示

电感器的主要参数有电感量、品质因数、允许偏差、分布电容和额定电流。

4. 电感器的检测

检测电感器质量需用专用的电感测试仪。一般情况下，可用万用表测量来判断电感的好坏。方法是：用指针式万用表欧姆挡（$R\times1$ 或 $R\times10$ 挡）来判断。根据检测电阻值大小，可以简单判别电感器的质量。正常情况下，电感器的直流电阻很小（有一定阻值，最多几欧姆）。若万用表读数偏大或为无穷大则表示电感器损坏。若万用表读数为零，则表明电感器已短路。

5. 线圈的磁场能

电感线圈是电路中的储能元件。线圈中的磁场能与本身的电感成正比，与通过线圈的电流最大值的平方成正比，即

$$W_{\mathrm{L}}=\frac{1}{2}LI^{2} \tag{1-5}$$

应当指出，式（1-5）只适用于计算空心线圈的磁场能量；对于铁心线圈，由于电感 L 不是常数，该公式并不适用。

特别提醒

磁场能量和电场能量有许多相同的特点。

（1）磁场能量和电场能量在电路中的转化都是可逆的。例如，随着电流的增大，线圈的磁场增强，储入的磁场能量增多；随着电流的减小，磁场减弱，磁场能量通过电磁感应的作用，又转化为电能。因此，线圈和电容器一样是储能元件，而不是电阻类的耗能元件。

（2）磁场能量的计算公式，在形式上与电场能量的计算公式相同。

1.3 交流电路基础知识

1.3.1 单相正弦交流电

1. 正弦交流电的产生

交流发电机是根据电磁感应原理研制的。交流发电机由固定在机壳上的定子和可以绕轴转动的转子两部分组成。固定在机壳上的电枢称为定子；转子由铁心和绕在其上的线圈组成，线圈的两端分别接在彼此绝缘的两个金属环上，再通过与此有良好接触的电刷将交流电送到外电路。当转子旋转时，由于线圈绕组切割磁感线运动而产生感应电动势，这个感应电动势向外输送，提供给负载的就是一个正弦交流电压。

1.13 正弦交流电的产生

在线圈旋转过程中，每经过一次中性面，由于导体切割磁力线方向改变，感生电动势方向变化一次，且每次线圈与中性面重合时，感生电动势恰好为零。线圈与中性面垂直时，达到最大值。其变化规律的正弦波曲线，如图 1-32 所示。

2. 正弦交流电的波形图

图 1-33 所示为正弦交流电的波形图，从波形图可直观地看出交流电的变化规律。绘图时，采用“五点描线法”，即起点、正峰值点、中点、负峰值点、终点。

从波形图可看出，正弦交流电有以下 3 个特点。

（1）瞬时性：在一个周期内，不同时间瞬时值均不相同。

（2）周期性：每隔一相同时间间隔，曲线将重复变化。

（3）规律性：始终按照正弦函数规律变化。

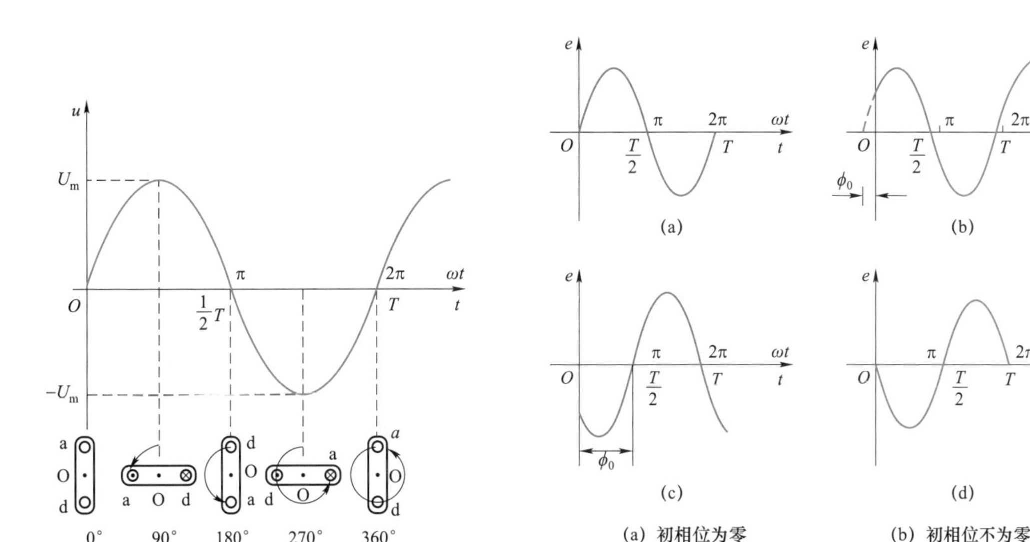

图 1－32　单相交流发电机输出的电压波形　　图 1－33　正弦交流电的波形图

3. 交流电的物理量

1.14　正弦交流电的物理量

通常把振幅（最大值或有效值）、频率（或者角频率、周期）、初相位，称为交流电的三要素。知道了交流电的三要素，就可写出其解析式，也可画出其波形图。反之，知道了交流电解析式或波形图，也可找出其三要素。

（1）瞬时值。正弦交流电在任一瞬时的值，称为瞬时值。在一个周期内，不同时间的瞬时值均不相同。正弦交流电的电动势、电压、电流的瞬时值分别用小写字母 e、u、i 表示，最大值分别用 E_m、U_m、I_m 表示，其瞬时值表达式为

$$e = E_m \sin(\omega t + \varphi_0)$$
$$u = U_m \sin(\omega t + \varphi_0)$$
$$i = I_m \sin(\omega t + \varphi_0)$$

式中　ω——角频率；

t——时间；

φ_0——转子线圈起始位置与中性面的夹角（称为初相位）。

（2）最大值。正弦交流电在一个周期内所能达到的最大数值，也称幅值、峰值、振幅等，分别用 E_m、U_m、I_m 表示。

正弦交流电的瞬时值、最大值如图 1－34 所示。

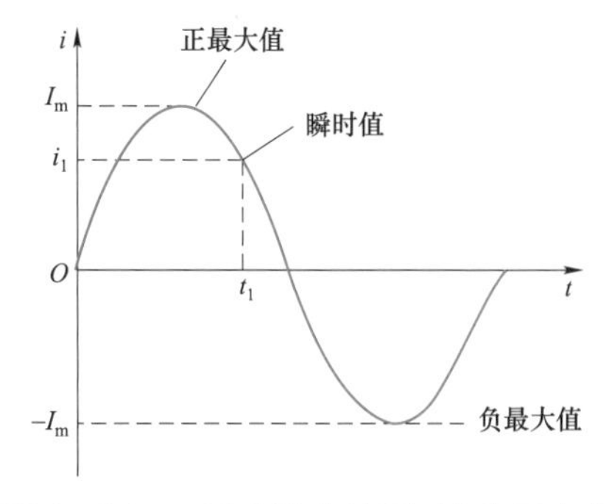

图 1－34　正弦交流电的瞬时值和最大值

（3）有效值。正弦交流电的有效值是根据电流的热效应来规定的，即让交流电与直流电分别通过阻值相同的电阻。如果在相同的时间内，它们所产生的

热量相等，就把这一直流电的数值定义为这一交流电的有效值。电动势、电压、电流的有效值分别用大写字母 E、U、I 表示。

我们平常说的交流电的电压或电流的大小，都是指有效值。一般交流电能表测量的数值也是有效值，常用电器上标注的资料均为有效值。但在选择电器的耐压时，必须考虑电压的最大值。

（4）平均值。平均值是指在一个周期内交流电的绝对值的平均值，它表示的是交流电相对时间变化的大小关系。电流、电压、电动势的平均值分别用 I_{PJ}、U_{PJ}、E_{PJ} 表示。一般说，交流电的有效值比平均值大。

注意，我们在进行电工理论研究时常常用到平均值的概念；但对于维修电工来说，平时一般不涉及交流电平均值的问题。

特别提醒

有效值、最大值、平均值的数量关系如下：

1）有效值与最大值的数量关系。

$$I=\frac{I_{m}}{\sqrt{2}}=0.707I_{m}，\ U=\frac{U_{m}}{\sqrt{2}}=0.707U_{m}，\ E=\frac{E_{m}}{\sqrt{2}}=0.707E_{m}$$

2）平均值与最大值的数量关系。

$$I_{pj}=\frac{2}{\pi}I_{m}=0.637I_{m}，\ U_{pj}=\frac{2}{\pi}U_{m}=0.637U_{m}，\ E_{pj}=\frac{2}{\pi}E_{m}=0.637E_{m}$$

（5）周期。正弦量变化一周所需的时间称为周期，周期是发电机的转子旋转一周的时间，用 T 表示，单位为 s。

（6）频率。正弦交流电在单位时间内（1s）完成周期性变化的次数，即发电机在 1s 内旋转的圈数，用 f 表示，单位是赫兹（Hz）。频率常用单位还有千赫（kHz）和兆赫（MHz），它们的关系为

$$1\text{kHz}=10^{3}\text{Hz}；\ 1\text{MHz}=10^{6}\text{Hz}$$

周期和频率之间互为倒数关系，即

$$T=\frac{1}{f}$$

（7）角频率。交流电在 1s 时间内电角度的变化量，即发电机转子在 1s 内所转过的几何角度，用 ω 表示，单位是弧度每秒（rad/s）。

周期、频率和角频率三者的关系

$$\omega=2\pi f=\frac{2\pi}{T}，\ f=\frac{1}{T}=\frac{\omega}{2\pi}，\ T=\frac{1}{f}=\frac{2\pi}{\omega}$$

我国规定：交流电的频率是50Hz，习惯上称为“工频”，角频率为100πrad/s或314rad/s。

（8）相位。相位是表示正弦交流电在某一时刻所处状态的物理量。它不仅决定正弦交流电的瞬时值的大小和方向，还能反映正弦交流电的变化趋势。在正弦交流电的表达式中，“$\omega t+\phi_0$”就是正弦交流电的相位。单位：度（°）或弧度（rad）。

（9）初相位。初相位是表示正弦交流电起始时刻的状态的物理量。正弦交流电在 $t=0$ 时的相位（或发电机的转子在没有转动之前，其线圈平面与中性面的夹角）称为初相位，简称初相，用 ϕ_0 表示。初相位的大小和时间起点的选择有关，初相位的绝对值用小于π的角表示。

交流电的相位和初相位如图1－35所示。

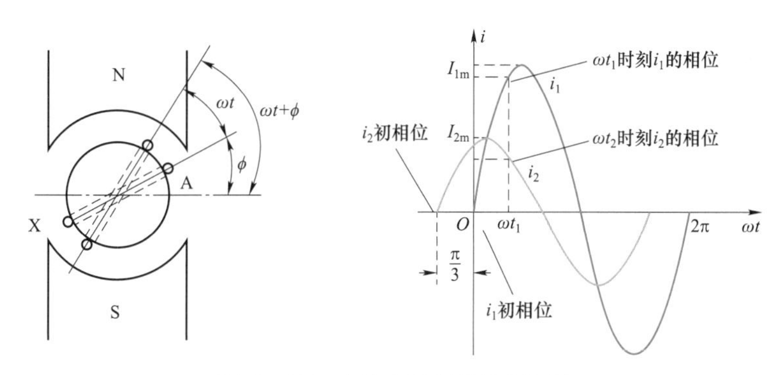

图1－35　交流电的相位和初相位

（10）相位差。两个同频率正弦交流电，在任一瞬间的相位之差就是相位差。用符号 $\Delta\phi$ 表示，如图1－36所示。

两个同频率交流电，由于初相不同，$\Delta\phi$ 存在着下面4种情况：

当 $\Delta\phi>0$ 时，称第一个正弦量比第二个正弦量的相位“超前 $\Delta\phi$”；

当 $\Delta\phi<0$ 时，称第一个正弦量比第二个正弦量的相位“滞后 $\Delta\phi$”；

当 $\Delta\phi=0$ 时，称第一个正弦量与第二个正弦量“同相”；

当 $\Delta\phi=\pm\pi$ 或 $\pm180°$ 时，称第一个正弦量与第二个正弦量“反相”；

当 $\Delta\phi=\pm\frac{\pi}{2}$ 或 $\pm90°$ 时，称第一个正弦量与第二个正弦量“正交”。

若两个同频率交流电电压分别为

$$u_1=U_{m1}\sin(\omega t+\phi_{01}),\ u_2=U_{m2}\sin(\omega t+\phi_{02})$$

其相位差为

$$\Delta\phi=(\omega t+\phi_{01})-(\omega t+\phi_{02})=\phi_{01}-\phi_{02}$$

由此可见，两个同频率交流电的相位差为它们的初相位之差，它与时间变化无关。在实际中，规定用小于π的角度表示，如 $\frac{3}{2}\pi$ 用 $-\frac{\pi}{2}$ 表示，$\frac{5}{4}\pi$ 用 $-\frac{3}{4}\pi$ 表示等。

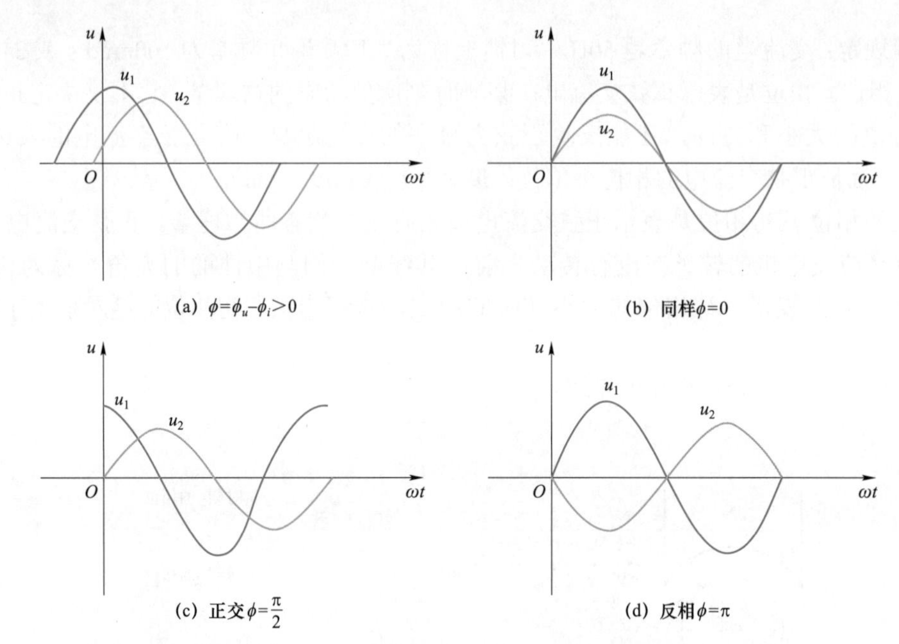

(a) $\phi=\phi_u-\phi_i>0$　(b) 同样$\phi=0$

(c) 正交$\phi=\frac{\pi}{2}$　(d) 反相$\phi=\pi$

图 1－36　同频率正弦交流电的相位差

1.3.2　单一参数交流电路

单一参数正弦交流电路包括电阻元件的交流电路、电感元件的交流电路与电容元件的交流电路，其内容虽然比较多，但是把三者结合起来，相互比较就可以发现，它们的相似之处有很多，记住其中一种电路的相关特性，就可以联想起其余电路的相关特性。单一参数单相交流电路的比较见表 1－7。

表 1－7　　单一参数单相交流电路的比较

特性名称		纯电阻电路	纯电容电路	纯电感电路
阻抗特性	阻抗	阻抗 $R=U/I$	容抗 $X_C=\frac{1}{\omega C}=\frac{1}{2\pi fC}$	感抗 $X_L=\omega L=2\pi fL$
	直流特性	通直流但有阻碍作用	隔直流（相当于开路）	通直流（相当于短路）
	交流特性	通交流但有阻碍作用	通高频、阻低频	通低频、阻高频
电流电压数量关系		$I=U_R/I_R$	$I=\frac{U_C}{X_C}$	$I=\frac{U_L}{X_L}$
电流电压相位关系		u 超前于 i　90°	u 滞后于 i　90°	u 超前于 i　90°
有功功率		$P=I^2R$	$P=0$	$P=0$
无功功率		0	$Q_C=U_CI=I^2X_C=\frac{U_C^2}{X_C}$	$Q_L=UI=I^2X_L=\frac{U_L^2}{X_L}$
满足欧姆定律的参数		最大值、有效值、瞬时值	最大值、有效值	最大值、有效值

1.3.3　三相交流电路及其应用

1. 三相交流电的产生

1.15　三相交流电的产生

三相交流电是由三相交流发电机产生的。如图 1－37 所示为三相交流发电机结构示意图，它主要由定子和转子组成。在定子铁心槽中，分别对称嵌放了三组几何尺寸、线径和匝数相同的绕组，这三组绕组分别称为 A 相、B 相和 C 相，其首端分别标为 U1、V1、W1，尾端分别标为 U2、V2、W2，各相绕组所产生的感应电动势方向由绕组的尾端指向首端。这里所说的对称嵌放绕组，是指三组绕组在圆周上的排列相互构成了 120°（即 $\frac{2\pi}{3}$）。

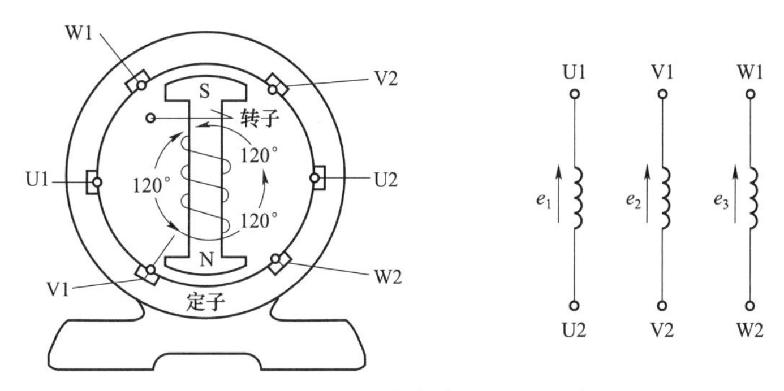

图 1－37　三相交流发电机结构示意图

当转子在其他动力机（如水力发电站的水轮机、火力发电站的蒸汽轮机等）的拖动下，以角频率 ω 作顺时针匀速转动时，在三相绕组中产生感应电动势 e_1、e_2、e_3。这三相电动势的振幅、频率相同，它们之间的相位彼此相差 120° 电角度。

如果以 A 相绕组的电动势 e_1 为准，则这三相感应电动势的瞬时值表达式为

$$\begin{aligned} e_1 &= E_m \sin \omega t \\ e_2 &= E_m \sin\left(\omega t - \frac{2}{3}\pi\right) \\ e_3 &= E_m \sin\left(\omega t + \frac{2}{3}\pi\right) \end{aligned} \qquad (1-6)$$

根据式（1－6）可画出这三相电动势的波形图，如图 1－38 所示。

2. 三相交流电的优点

和单相交流电比较，三相交流电具有以下优点。

（1）三相发电机比尺寸相同的单相发电机输出的功率要大。

（2）三相发电机的结构和制造不比单相发电机复杂多少，且使用、维护都较方便，运转时比单相发电机的振动要小。

（3）在同样条件下输送同样大的功率时，特别是在远距离输电时，三相输电线比单相输电线可节约 25%左右的材料。

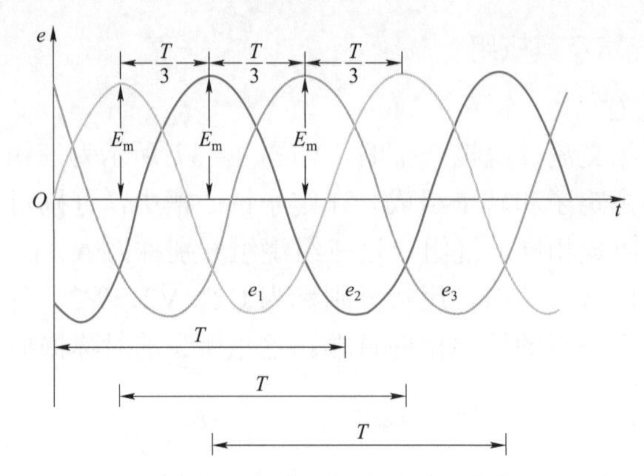

图 1－38　对称三相电动势的波形图

3. 三相交流电的相序

在工程技术上，一般以三相电动势最大值到达时间的先后顺序称为相序。多以 e_1、e_2、e_3 的顺序为正相序；反之，为反相序。

相序是一个非常重要的概念，为使电力系统能够安全、可靠地运行，统一规定：用黄色表示 e_1 相（U 相），用绿色表示 e_2 相（V 相），用红色表示 e_3 相（W 相）。

低压配电柜三相电源的相序颜色如下：

（1）水平布置：从前向后为 A（黄）、B（绿）、C（红）。

（2）上下布置：从上向下为 A（黄）、B（绿）、C（红）。

（3）垂直布置：从左向右为 A（黄）、B（绿）、C（红）。

在电力工程上，相序排列是否正确，可用相序器来测量，如图 1－39 所示。

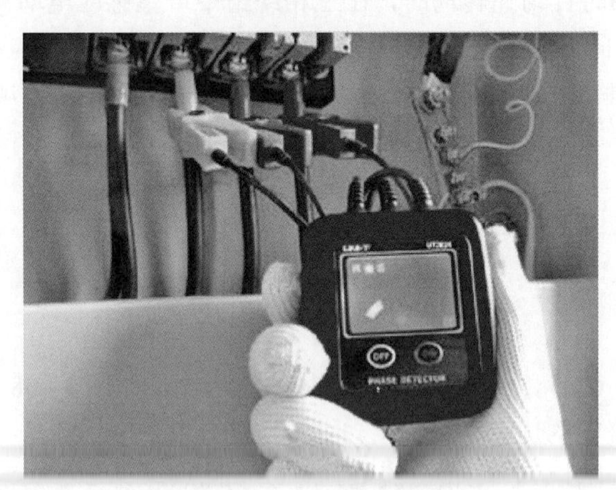

图 1－39　测量相序

1.16　三相电源的连接

4. 三相电源的星形连接

三相交流发电机的三相绕组有 6 个端头，其中有 3 个首端，3 个尾端，如果用三相六线制来输电就需要 6 根线，很不经济，也没有实用价值。

把三个尾端连接在一起，成为一个公共点（称为中性点），从中性点引出的导线称为中性线，简称中线（又称为零线），用 N 表示；把三个绕组引出的输电线 A、B、C 称为相线，俗称火线。这种连接方式所构成的供电系统称为三相四线制电源，用符号“Y”表示，如图 1－40（a）所示。

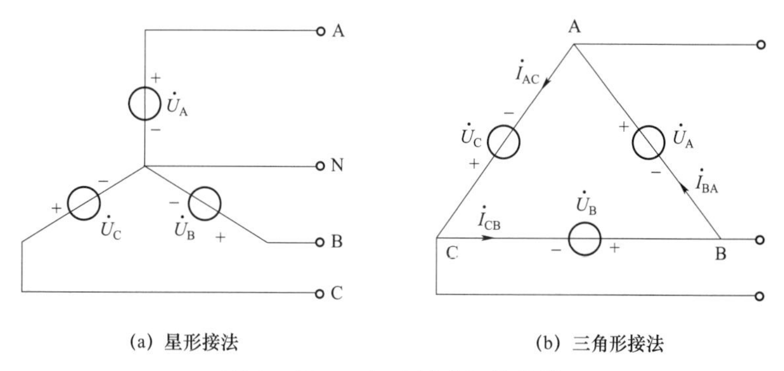

图 1－40 三相交流电源的连接

在三相四线制对称负载中，中性线电流为零。所以在工程技术上为了节省原材料，对这样的用电网络，可以省去中性线，将三相四线制变为三相三线制供电。例如，三相电动机、三相电炉就可以采用三相三线制供电。

5. 三相电源的三角形连接

三相交流电源的三角形接法是将各相电源或负载依次首尾相连，并将每个相连的点引出，作为三相电的三条相线。三角形接法没有中性点，也不可引出中性线，因此只有三相三线，如图 1－40（b）所示。

6. 相电压和线电压

三相四线制供电线路采用星形（Y）接法，其突出优点是能够输出两种电压，且可以同时用两种电压向不同用电设备供电，如图 1－41 所示。

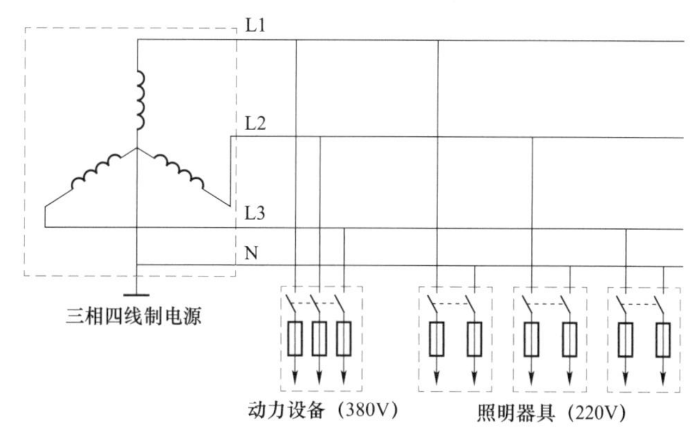

图 1－41 三相四线制供电系统

（1）相电压。每相绕组首端与中性点之间的电压称为相电压，相电压为 220V，用于供单相设备和照明器具使用。

（2）线电压。相线与相线之间的电压称为线电压，线电压为 380V，用于供三相动力设备使用。

特别提醒

线电压与相电压的数量关系为线电压等于相电压的 $\sqrt{3}$ 倍，即

$$U_L = \sqrt{3}U_P$$

7. 中性线的重要作用

在实际的供用电网络中，由于单相用电的普遍存在，包括家庭的照明和家用电器的用电，导致供电系统大量存在三相不对称负载。在三相不对称负载电路中，如果没有中性线，各相电压因为负载大小的不同将严重偏离正常值，造成有的相供电电压不足，不能正常工作；而有的相供电电压太高，会造成用电器群坏事故（如灯泡、电视机等全部烧坏），有时甚至会危及人的安全。

中性线的重要作用是：在三相不对称负载电路中，保证三相负载上的电压对称，防止事故的发生。

在三相四线制供电系统中规定，中性线上不允许安装熔丝和开关，以保证用电安全。

记忆口诀

Y 接三尾连一点，连点称为中性点。
三首引出三相线，中点引出中性线。
相线俗称为火线，中线俗称叫零线。
线电压与相电压，线相压比根号 3。
安装中线有规定，不装保险或开关。
注：中线即中性线。

8. 三相五线制供电

在民用供电线路中（如楼宇供电），输电线路一般采用三相五线制，其中三条线路分别代表 L1、L2、L3 三相，另外两条线路分别是工作中性线 N 以及保护中性线 PE。普通居民用电多数为单相供电，即只将 L1、L2 或 L3 其中一相，工作零线（N），保护地线（PE）接入家中。

三相五线制供电方式中，用电设备上所连接的工作零线 N 和保护中性线 PE 是分别敷设的，工作中性线上的电位不能传递到用电设备的外壳上，这样就能有效隔离了三相四线制供电方式所造成的危险电压，使用电设备外壳上电位始终处在“地”电位，从而消除了设备产生危险电压的隐患。

1.3.4 低压供电系统接地种类及方式

1. 接地种类

接地是指电力系统和电气装置的中性点、电气设备的外露导电部分和装置外导电部分经由导体与大地相连。可以分为工作接地、防雷接地和保护接地。

（1）工作接地就是由电力系统运行需要而设置的（如中性点接地），因此，在正常情况下就会有电流长期流过接地电极，但是只是几安培到几十安培的不平衡电流。在系统发生接地故障时，会有上千安培的工作电流流过接地电极，然而该电流会被继电保护装置在 0.05～0.1s 内切除，即使是后备保护，动作一般也在 1s 以内。

（2）防雷接地是为了消除过电压危险影响而设的接地，如避雷针、避雷线和避雷器的接地。防雷接地只是在雷电冲击的作用下才会有电流流过，流过防雷接地电极的雷电流幅值可达数十至上百千安培，但是持续时间很短。

（3）保护接地是为了防止设备因绝缘损坏带电而危及人身安全所设的接地，如电力设备的金属外壳、钢筋混凝土杆和金属杆塔。保护接地只是在设备绝缘损坏的情况下才会有电流流过，其值可以在较大范围内变动。

2. 接地方式

我国低压配电系统的接地方式主要有 TT 方式（三相四线制，电源有一点与地直接连接，负荷侧电气装置外露可导电部分连接的接地极与电源接地极无电气联系）、TN 方式、和 IT（三相三线）方式，其中 TN 方式又可分成 TN－S（三相五线制），TN－C（三相四线制）、TN－C－S（由三相四线制改为三相五线制）三种形式，见表 1－8。

表 1－8　低压配电系统的接地方式

接地方式		特点	应用场所	电路原理图
TT 方式 （三相四线）		（1）低压中性线接地引出线为 N 线； （2）无公共 PE 线，设备的外露可导电部分经各自的 PE 线直接接地	适于安全要求及对抗电磁干扰要求较高的场所	高压侧 低压侧 L1 L2 L3 PEN U V W PEN 工作接地 三相设备 N PE 单相设备 PE 设备外露导电部分保护接零
TN 方式	TN－S （三相五线制）	（1）中性点直接接地； （2）PE 线与 N 线分开，设备的外露可导电部分均接 PE 线	（1）对安全要求较高的场所，如潮湿易触电的浴池等地及居民生活住所； （2）对抗电磁干扰要求高的数据处理、精密检测等实验场所	高压侧 低压侧 L1 L2 L3 U V W N PE 工作接地 三相设备 N PE 单相设备 PE 设备外露导电部分保护接零

续表

接地方式		特点	应用场所	电路原理图
TN方式	TN－C（三相四线制）	（1）中性点直接接地； （2）设备的外露可导电部分均接PEN线（通常称为“接零”）	在我国低压配电系统中应用最为普遍，但不适于对安全要求和抗电磁干扰要求高的场所	高压侧 低压侧 L1 L2 L3 PEN U V W PE 工作接地 三相设备 N PE 单相设备 PE 设备外露导电部分保护接零
	TN－C－S（由三相四线制改为三相五线制）	（1）中性点直接接地； （2）该系统的前部分全为TN－C系统，而后边一部分为TN－S系统； （3）设备的外露可导电部分接PEN线或PE线	应用比较灵活，对安全要求和抗电磁干扰要求较高的场所采用TN－S系统供电，而其他情况则采用TN－C系统供电重复接地	高压侧 低压侧 L1 L2 L3 PEN U V W N PE 工作接地 三相设备 N PE 单相设备 PE 设备外露导电部分保护接零
IT方式（三相三线制）		（1）系统中性点不接地，或经高阻抗（约1000Ω）接地； （2）没有N线，因此不适于接额定电压为系统相电压的单相用电设备，只能接额定电压为系统线电压的单相用电设备； （3）设备的外露可导电部分经各自PE线分别接地	对连续供电要求较高及有易燃易爆危险的场所宜采用IT系统，特别是矿山、井下等场所	高压侧 低压侧 L1 L2 L3 U V W Z 三相设备 N PE 设备外露导电部分保护接零

我国厂矿企业通常采用TT系统，即“三相四线制”供电，当供电线路与用电设备距离不是很远时，也常采用TN－S系统，即“三相五线制”。

第2章

电工材料及选用

2.1 导电材料及选用

2.1.1 导电材料介绍

导电材料主要用来传输电流，一般分为良导电材料和高电阻导电材料两类。

2.1 金属导电材料

常用的良导电材料有铜、铝、铁、钨、锡等。其中铜、铝、铁主要用于制作各种导线和母线；钨的熔点较高，主要用于制作灯丝；锡的熔点低，主要用于制作导线的接头焊料和熔丝。

常用的高电阻导电材料有康铜、锰铜、镍铜和铁铬铝等，主要用作电阻器和电工仪表的电阻元件。

1. 铜和铝

铜和铝是两种最常用且用量最大的电工材料。室内线路以铜材料居多，室外线路以铝材料为主，它们几乎各占“半边天”。

（1）铜。铜的导电性能好，在常温时有足够的机械强度，具有良好的延展性，便于加工，化学性能稳定，不易氧化和腐蚀，容易焊接。铜的导电性能和机械强度都优于铝，在要求较高的电器设备安装及移动电线电缆中多采用铜导体。

一号铜主要用来制作各种电缆导体；二号铜主要用来制作开关和一般导电零件；一号无氧铜和二号无氧铜主要用来制作电真空器件、电子管和电子仪器零件、耐高温导体、真空开关触点等；无磁性高纯铜主要用于制作无磁性漆包线的导体、高精度电气仪表的动圈等。

（2）铝。铝的导电性能和机械强度虽然比铜差，但质量轻、价格便宜、资源较丰富，所以在架空线、电缆、母线和一般电气设备安装中广泛使用，如图2－1所示为钢芯铝绞线。

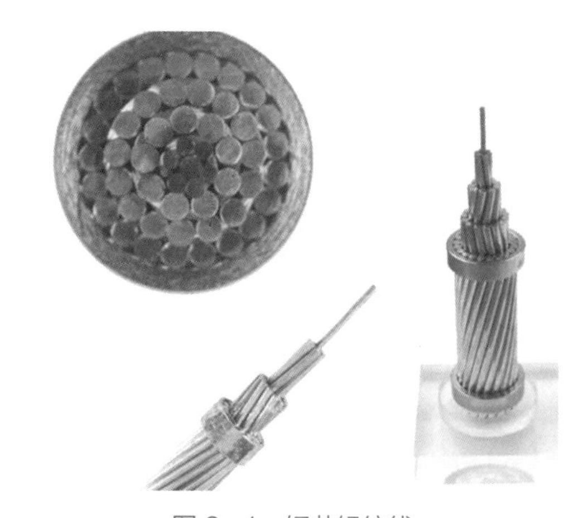

图2－1 钢芯铝绞线

铝的密度小。同样长度的两根线，若要求它们的电阻值一样，则铝导线的截面积约是铜导线的 1.69 倍。

铝的焊接比较困难，必须采取特殊的焊接工艺。

（3）影响铜、铝材料导电性能的主要因素。

1）“杂质”使铜的电阻率上升，磷、铁、硅等杂质的影响尤其明显。铁和硅是铝的主要杂质，它们使铝的电阻率增加，塑性、耐蚀性降低，但提高了铝的抗拉强度。

2）温度的升高使铜、铝的电阻率增加。

3）环境影响。潮湿、盐雾、酸与碱蒸汽、被污染的大气都对导电材料有腐蚀作用。铜的耐蚀性比铝好，用于特别恶劣环境中的导电材料应采用铜合金材料。

2. 电热材料

（1）电热材料的性能。电热材料是制造各种电阻加热设备中的发热元件。电热材料性能的优劣会直接影响电热设备的质量。电热材料要求具备一定的力学、物理性能，如机械强度高、反复弯曲次数多、抗拉强度高、伸长率高。还要求具备电和热等方面的性能，如较高的电阻率，较小的电阻温度系数，好的抗氧化性，好的耐腐蚀性，耐高温，良好的加工性能。

（2）常用电热材料。电热材料根据不同使用温度可分为纯金属、合金、非金属材料等。

纯金属材料大部分需要在保护环境中使用，以防止氧化。纯金属与非金属材料的电阻温度系数大、电阻率低，使用时还需配以低电压、大电流的调压装置，但这会导致设备增大，所以其使用受到了限制。而合金材料优于前者，其使用简便，所以被广泛应用。

常用的电热合金材料为镍铬合金和铁铬铝合金。

1）镍铬合金的特点是加工性能好，高温时机械强度好，用后不变脆，具有良好的冷加工性和焊接性。但电阻率较小，电阻温度系数较大，价格高，抗氧化性及耐温较低，适用于1000℃以下的中温加热设备和移动设备中。

2）铁铬铝合金具有高温抗氧化性能，电阻率比镍铬合金高，价格便宜，但高温时机械强度较差，用后发脆，适用于加热温度较高、固定的加热设备中，如用在工业电阻炉和家用电热器具中。

3. 电阻合金

电阻合金是制造电阻元件的重要材料，广泛用于电机、电器、仪表和电子等工业中。

康铜、新康铜、镍铬、镍铬铁、铁铬铝等合金的机械强度高，抗氧化和耐腐蚀性能好，工作温度较高，一般用于制造调节元件。而康铜、镍铬基合金和锰铜等耐腐蚀性能好、表面光洁、接触电阻小且恒定，一般用于制造电位器和滑线电阻。

4. 电触头材料

电触头材料是用于开关、继电器、电气连接及电气接插元件的电接触头。一般分强电用触头材料和弱电用触头材料两种，见表 2-1。

表 2-1　　常用电触头材料

类别		品种
强电	（1）纯金属； （2）复合材料； （3）合金； （4）铂族合金	（1）铜； （2）银钨 Ag-W50、铜钨 Cu-W50、Cu-W60、Cu-W70、Cu-W80、银-碳化钨 Ag-Wc60； （3）黄铜（硬）铜铋 CuB10.7； （4）铂铱、钯银、钯铜、钯铱
弱电	（1）金基合金； （2）银及其合金； （3）钨及其合金	（1）金银、金镍、金锆； （2）银、银铜； （3）钨、钨钼

电触头材料性能的优劣是影响电气设备工作特性及电寿命的关键因素之一。表 2-1 所示的触头材料由于有一系列优点，如有适当的分断能力、良好的耐压强度和抗熔焊性、适当的热传导系数和导电率、燃弧时烧蚀速度小、触头使用寿命长等，所以广泛应用于不同种类、不同场合的电接触头产品中。

接触器、继电器等操作频繁的电器要求触头耐电磨损（即电寿命长），一般采用熔炼内氧化产品；承担分断大电流的断路器，则要求触头有高的抗熔焊特性，一般采用粉末冶金产品。

例如，纯银常用于无线电、通信用微型开关及小电流电器等领域。细晶银通常用于工作电流 10A 以下的低压电器，如通用继电器、热保护器、定时器等，且几乎所有应用纯银的场合都可由它来代替。银镍石墨广泛应用于万能式断路器中，如 DW45 等智能型万能断路器。

5. 熔体材料

（1）熔体材料的作用。熔体材料是构成熔断器的核心材料。熔断器在电路中的保护作用就是通过熔体实现的。

在电工技术中，由于对熔体的封装不同，常用的有裸熔丝（如用在家用闸刀上的熔丝）、玻璃管熔丝（如用在电器上的熔丝管）、陶瓷管熔丝（如用在螺旋式熔断器中的熔丝管）等。

根据电路的要求不同，熔断器的种类、规格和用途的不同，熔体可制成丝状、带状、片状等，常用片状熔体的形状如图 2-2 所示。

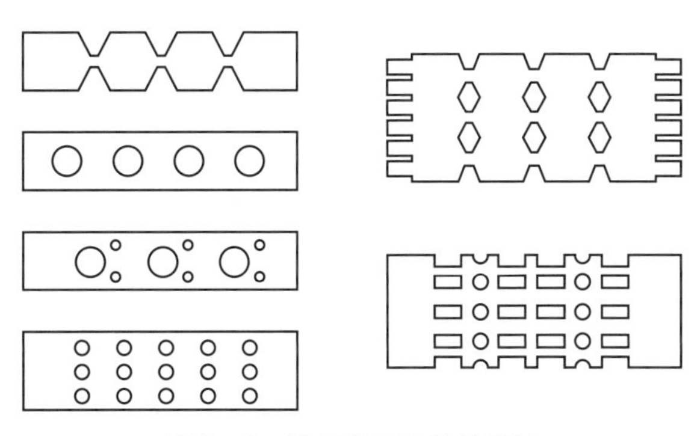

图 2-2　常用片状熔体的形状

熔体材料的保护作用见表2-2。

表2-2　熔体材料的保护作用

保护情形	保护说明
短路保护	一旦电路出现短路情况，熔体尽快熔断，时间越短越好。如保护晶闸管元件的快速熔断器（其熔体常用银丝）
过载与短路保护兼顾	对电动机的保护，出现过载电流时，不要求立即熔断而是要经一定时间后才烧断熔体。 短路电流出现时，经较短时间（瞬间）熔断，此处用慢速熔体，如铅锡合金、部分焊有锡的银线（或铜线）等延时熔断器
限温保护	“温断器”用于保护设备不超过规定温度。如保护电炉、电镀槽等不超过规定温度。常用的低熔点合金熔体材料主要成分是铋（Bi）、铅（Pb）、锡（Sn）、镉（Cd）等

（2）常用熔体材料。常用的熔体材料有纯金属熔体材料和合金熔体材料两大类，见表2-3。

表2-3　常用的熔体材料

材料	品种	特性及用途
纯金属熔体材料	银	具有高导电、导热性好、耐蚀、延展性好，可以加工成各种尺寸精确和外形复杂的熔体。银常用来做高质量要求的电力及通信设备的熔断器熔体
	锡和铅	熔断时间长，宜做小型电动机保护用的慢速熔体
	铜	熔断时间短，金属蒸汽少，有利于灭弧，但熔断特性不够稳定，只能做要求较低的熔体
	钨	可作自复式熔断器的熔体。故障出现时可熔断、切断电路起保护作用；故障排除后自动恢复，并可多次（5次以上）使用
合金熔体材料	铅合金	它是最常见的熔体材料，如铅锑熔丝、铅锡熔丝等。低熔点合金熔体材料由铋、铅、锡、镉、汞等按不同比例混合而成

（3）熔体材料的选用。熔体置于熔断器中，是电路运行安全的重要保障。在选用熔体时，必须遵循下列原则：

1）照明电路上熔体的选择：熔体额定电流等于负载电流。

2）日常家用电器，如电视机、电冰箱、洗衣机、电暖器、电烤箱等，熔断额定电流等于或略大于上述所有电器额定电流之和。

3）电动机类的负载：对于单台电动机，熔体额定电流是电动机额定电流的1.5～2.5倍；对于多台电动机，熔体额定电流是容量最大一台电动机额定电流的1.5～2.5倍加其余电动机额定电流之和。

4）熔体与电线额定电流的关系：熔体额定电流应等于或小于电线长时间运行的允许电流的80%。

2.2　电线电缆

2.1.2　电线与电缆

电线与电缆是用于电力系统传输电能和用于通信系统传输信号的导线。“电线”和“电缆”并没有严格的界限。通常将芯数少、直径小、结构简单的称为

电线，没有绝缘的称为裸线；芯数多、直径大、结构复杂的称为电缆。导体截面积较大的（大于 $6mm^2$）称为粗缆，导体截面积较小的（小于或等于 $6mm^2$）称为细缆。

1. 电线电缆的种类

电线电缆产品应用在各行各业中，有很多种类。它们用途有两种，一种是电力电缆（用于传输电流），另一种是控制电缆（用于传输信号）。传输电流类的电缆最主要技术性能指标是导体电阻、耐压性能；传输信号类的电缆主要技术性能指标是传输性能，包括特性阻抗、衰减及串音等。当然传输信号也要靠电流（电磁波）作载体，现在也可以用光波作载体来传输信号。

在常规供配电线路及电气设备中，主要使用的线缆有耐压 10kV 以下的聚乙烯或聚氯乙烯绝缘类电缆电线、橡胶绝缘电缆、架空铝绞导线、裸母线（汇流排）等，如图 2-3 所示。

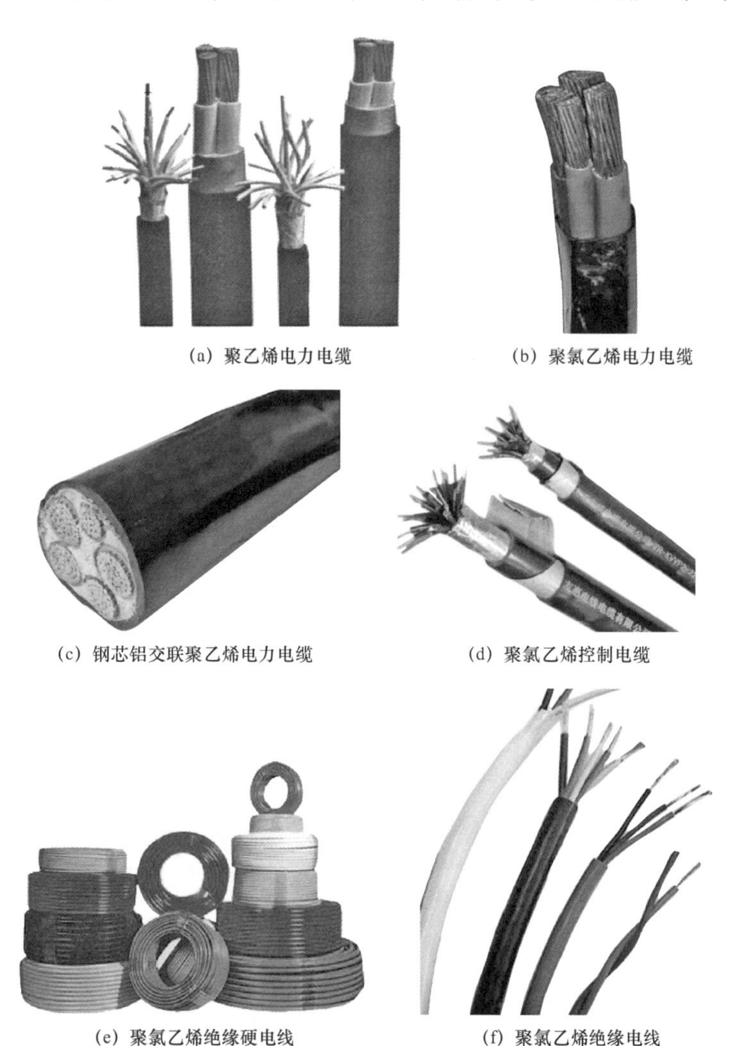

(a) 聚乙烯电力电缆　(b) 聚氯乙烯电力电缆

(c) 钢芯铝交联聚乙烯电力电缆　(d) 聚氯乙烯控制电缆

(e) 聚氯乙烯绝缘硬电线　(f) 聚氯乙烯绝缘电线

图 2-3　常用电线电缆

绝缘导线的种类很多，常用绝缘导线的种类及用途见表2-4。

表2-4　常用绝缘导线的种类及用途

型号	名称	主要用途
BX	铜芯橡皮线	固定敷设用
BLX	铝芯橡皮线	
BV	铜芯聚氯乙烯塑料线	
BLV	铝芯聚氯乙烯塑料线	
BVV	铜芯聚氯乙烯绝缘、护套线	
BLVV	铝芯聚氯乙烯绝缘、护套线	
RVS	铜芯聚氯乙烯型软线	灯头和移动电器、设备的引线
RVB	铜芯聚氯乙烯平行软线	
LJ、LGJ	裸铝绞线	架空线路
AV、AVR、AVV	塑料绝缘线	电器、设备安装
KVV、KXV	控制电缆	室内敷设
YQ、YZ、YC	通用电缆	连接移动电器

记忆口诀

常用电缆两大类，电力电缆控制缆。
单芯多芯铜铝芯，根据用途选性能。

2. 硬母线

硬母线又称为汇流排，硬母线可分为裸母线和母线槽两大类。

（1）裸母线。裸母线是用铜材或铝材制成的条状导体，有较大的截面积和刚性。使用时，用绝缘子作为支撑进行安装固定，主要用于变压器与低压配电控制柜间的连接和配电柜内主干线，如图2-4所示。

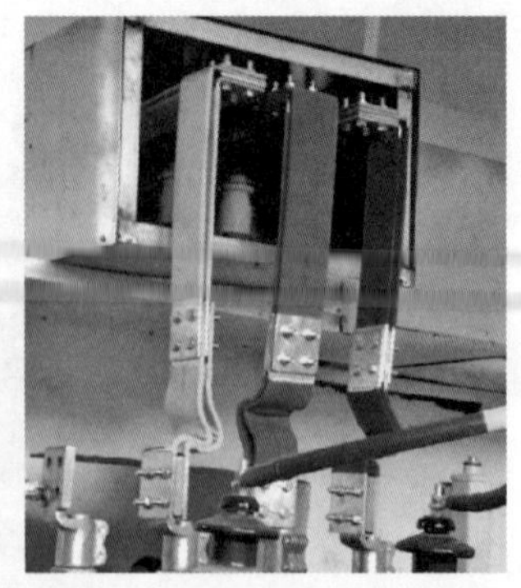

图2-4　裸母线应用示例

（2）母线槽。母线槽的特点是将裸母线由绝缘撑垫隔开后封装在标准的金属外罩内。母线槽可根据使用场合不同，分为室内型、室外型、馈电型（不带中间分接装置）、插接式（带有支路分接引出装置）、滑接式（用滚轮或滑触块来分接单元电气）。

母线槽主要适用于高层建筑、多层式厂房、标准厂房以及机床密集的车间供配电线路，如图 2-5 所示。母线槽具有容量大、结构紧凑、安装简单、使用安全可靠的优点，但母线槽供电线路的投资较高。

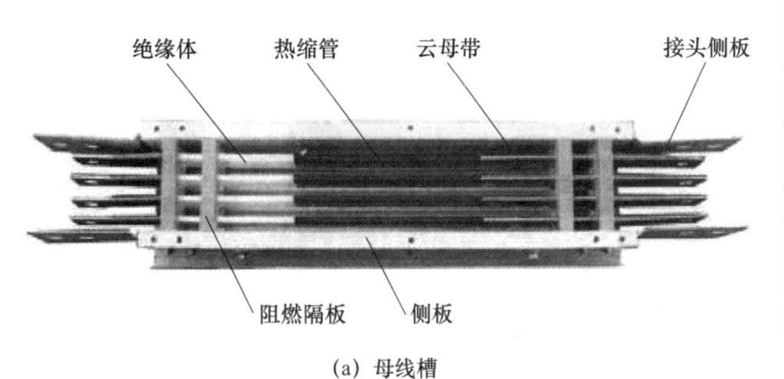

(a) 母线槽

(b) 母线槽的应用

图 2-5　母线槽及其应用示例

特别提醒

母线的相序排列方法如下：

（1）从左到右排列时，左侧为 A 相，中间为 B 相，右侧为 C 相。

（2）从上到下排列时，上侧为 A 相，中间为 B 相，下侧为 C 相。

（3）从远至近排列时，远为 A 相，中间为 B 相，近为 C 相。

3. 导电带

导电带是由细铜丝编织成的一种柔软带状裸导线，没有绝缘层，如图 2-6 所示。

图 2-6　导电带

导电带主要用于电气设备的活动部分的接地连接，如作为配电柜门扇的接地线。导电带的一端与已接地的配电柜体紧固，另一端与门扇连接，将门扇与配电柜体连成一体，防止可能因触及柜门而引发的漏电、触电事故，如图 2-7 所示。

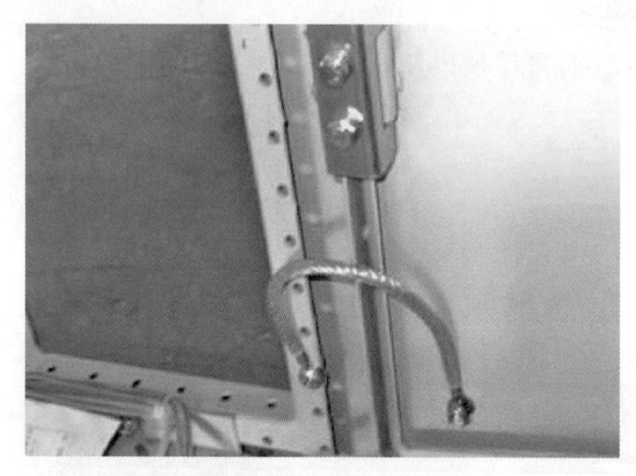

图 2-7 配电柜接地

4. 裸导线

裸导线的主要特征是：导体金属无绝缘及护套层，如钢芯铝绞线、铜铝汇流排、电力机车线等；加工工艺主要包括熔炼、压延、拉制、绞合/紧压绞合等；产品主要用于城郊、农村、用户主干线、开关柜内布线等的导体直接裸露在外。

常用的裸导线分为裸单线、裸软接线、型线（裸扁线、裸铜带）、空心线、裸绞线 5 种。

一般来说，裸绞线用于架空电力线路；型线用于变压器和配电柜，裸软线用于电动机电刷、蓄电池等场合。

裸导线也可以直接使用，如电子元器件的连接线。常用裸线的型号和用途见表 2-5。

表 2-5 常用裸线的型号和用途

分类	名称	型号	主要用途
裸单线	圆铝线（硬、半硬、软） 圆铜线（硬、软） 镀锡软圆铜单线	LY、LYB、LR TY、TR TRX	供电线电缆及电器设备制品用（如电动机、变压器等），硬圆铜线可用于电力及通用架空线路
裸绞线	铝绞线 钢芯铝绞线	LT LGJ、LGJQ、LGJJ	供高低压输电线路用
裸软接线	铜电刷线（裸、软裸） 纤维编织裸软电线（铜、软铜）	TS、TSR TSX、TSXR	供电动机、电器线路连接线用
	裸铜软绞线	TR、TRJ-124	供移动电器、设备连线连接线用
型线	扁铜线（硬、软） 铜带（硬、软） 铜母线（硬、软） 铝母线（硬、软）	TBY、TBR TDY、TDR TMY、TMR LMY、LMR	供电动机、电器、安装配电设备及其他电工方面用
空心线	空心导线（铜、铝）	TBRK、LBRK	供水内冷电动机、变压器作绕组线圈的导体用

5. 电力电缆

（1）主要特征。电力电缆如图 2-8 所示，其主要特征是在导体外挤（绕）包绝缘层，或单芯或多芯（对应电力系统的相线、中性线和地线）；或再增加护套层，如塑料/橡套电线电缆。主要的加工工艺有拉制、绞合、绝缘挤出、成缆、铠装、护层挤出等。用于发、输、配、变、供电线路中的强电电能传输，通过的电流大（几十安至几千安）、电压高（220V～500kV 及以上）。

图 2-8　电力电缆

（2）绝缘电缆的型号。绝缘电缆的型号一般由 4 个部分组成，如图 2-9 所示，绝缘导线型号的含义见表 2-6。例如，“RV-1.0”表示标称截面积 1.0mm^2 的铜芯聚氯乙烯塑料软导线。

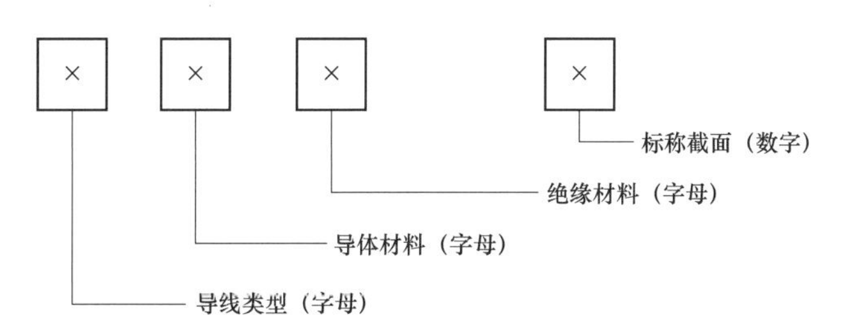

图 2-9　绝缘导线的型号表示法

表 2-6　绝缘导线型号的含义

类型	导体材料	绝缘材料	标称截面
B：布线用导线 R：软导线 A：安装用导线	L：铝芯 （无）：铜芯	X：橡胶 V：聚氯乙烯塑料	单位：mm^2

（3）电力电缆的规格、型号及主要用途，如表 2-7 所示。

表 2-7　电力通用电缆的型号、规格及主要用途

电缆名称	代表产品型号	规格范围	主要用途
油浸纸绝缘电缆统包型分相铅（铝）包型	ZQ、ZLQ ZQ_{21}、ZQL_{21}	电压：1～35kV 截面：2.5～240mm^2	在交流电压的输配电网中用来传输电能。固定敷设在室内、干燥沟道及隧道中（ZQ_{31}、ZQ_5 可直埋土壤中）
	ZL、ZLL ZL_{20}、ZLL_{20}	电压：1～10kV 截面：10～500mm^2	
	ZLLF、ZQF	电压：20～35kV	
不滴流浸渍纸绝缘电缆统包型	ZQD_{31}、$ZLQD_{31}$ ZQD_{30}、$ZLQD_{39}$	电压：1～10kV 截面：10～500mm^2	同上，但常用于高落差和垂直敷设场合

续表

电缆名称	代表产品型号	规格范围	主要用途
分相铅（铝）包型	ZQDF、ZLLDF	电压：20～35kV	
聚乙烯绝缘聚氯乙烯护套电缆	YV，YLV	电压：6～220kV 截面：6～240mm²	同上，对环境的防腐蚀性能好，敷设在室内及隧道中，不能受外力作用
聚氯乙烯绝缘及护套电缆	VV VLV	电压：1～10kV 截面：10～500mm²	
交联聚乙烯绝缘聚氯乙烯护套电缆	YJV YJLV	电压：6～110kV 截面：16～500mm² 多心：6～240mm²	同油浸纸绝缘电缆，但可供定期移动的固定敷设，无敷设位差的限制
橡胶绝缘电缆	XQ、XLQ XLV、XV、XLF	电压：0.5～6kV 截面：1～185mm²	同油浸纸绝缘电缆，但可供定期移动的固定敷设
阻燃性交联聚乙烯绝缘电缆	YJT-FR （WD-YJT）	电压：0.5～6kV 截面：1.5～240mm²	易燃环境，商业设施等

6. 橡胶、塑料绝缘电线

橡胶、塑料绝缘电线如图2-10所示，主要特征是外有绝缘，线径较细，适合室内或电器柜内布线用，品种规格繁多。

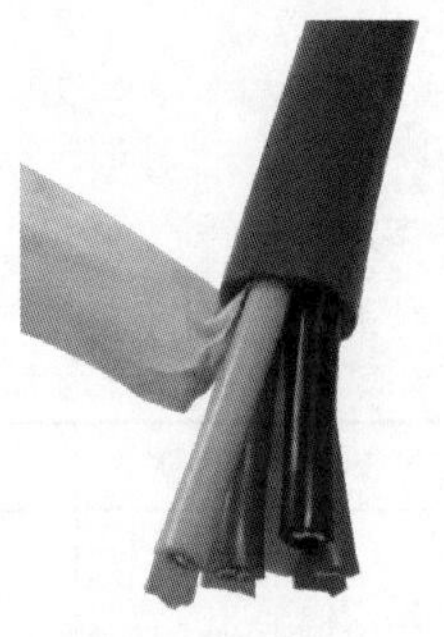
橡胶绝缘电线

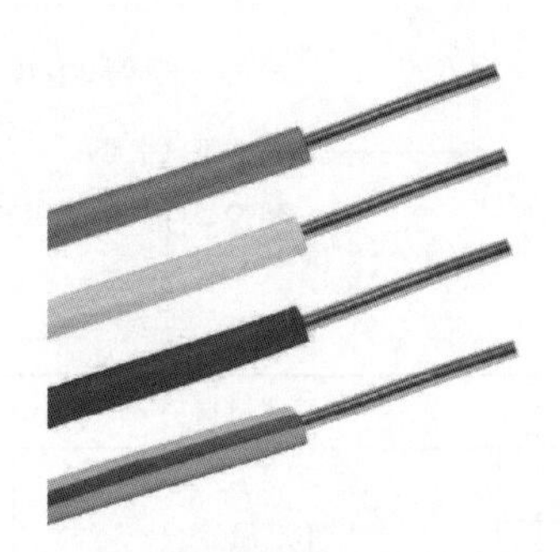
塑料绝缘电线

图2-10 橡胶、塑料绝缘电线

橡胶、塑料绝缘电线应用范围广泛，常用于交流额定电压（U_0/U）450/750V、300/500V及以下和直流电压1000V以下的动力装置及照明线路的固定敷设中。针对特殊场合的需要，塑料绝缘电线不断衍生新的产品，如耐火线缆、阻燃线缆、低烟无卤/低烟低卤线缆、防白蚁、防老鼠线缆、耐油/耐寒/耐温/耐磨线缆、医用/农用/矿用线缆、薄壁电线等。

常用橡胶、塑料绝缘电线品种、型号及主要用途如表2-8所示。

表2-8 常用橡胶、塑料绝缘电线品牌、型号及主要用途

产品名称	型号	截面范围（mm²）	额定电压（U_0/U）	最高允许工作温度（℃）	主要用途
铝芯氯丁橡胶线 铜芯氯丁橡胶线	BLXF BXF	2.5～185 0.75～95	300/500	65	固定敷设用，尤其宜用于户外，可明设或暗设

续表

产品名称	型号	截面范围（mm^2）	额定电压（U_0/U）	最高允许工作温度（℃）	主要用途
铝芯橡胶线铜芯橡胶线	BLX BX	2.5～400 1.0～400	300/500		固定敷设，用于照明和动力线路，可明敷或暗敷
铜芯橡胶软线	BXR	0.75～400	300/500	65	用于室内安装及有柔软要求场合
橡胶绝缘氯丁橡胶护套线	BXHL BLXHL	0.75～185	300/500	65	敷设于较潮湿的场合，可明敷或暗敷
铝芯聚氯乙烯绝缘电线	BLV	1.5～185	450/750	70	固定敷设于室内外照明，电力线路及电气装备内部
铜芯聚氯乙烯绝缘电线	BV	0.75～185			
铜芯聚氯乙烯软线	BVR	0.75～70	450/750	70	室内安装，要求较柔软（不频繁移动）的场合
铝芯聚氯乙烯绝缘聚氯乙烯护套线	BLVV	2.5～10（2～3）	300/500	70	固定敷设于潮湿的室内和机械防护较高的场合，可明敷或暗敷和直埋地下
铜芯聚氯乙烯绝缘聚氯乙烯护套线	BVV	0.75～10（2～3） 0.5～6（4～6）			
铜（铝）芯聚氯乙烯绝缘聚氯乙烯护套平行线	BVVR	0.75～10（2～3）	300/500	70	固定敷设于室内外照明及小容量动力线，可明敷或暗敷
	BLVVR	2.5～10（2～3）			
铜（铝）芯耐热105℃聚氯乙烯绝缘电线	BV－105 BLV－105	0.75～10	450/750	105	敷设于高温环境的场所，可明敷或暗敷
铜心耐热105℃聚氯乙烯绝缘软线	BVR－105	0.75～10	450/750	105	同BVR型，用于安装时较柔软的场合
纤维和聚乙烯绝缘电线	BSV	0.75～1.5	300/500	65	电器、仪表等做固定敷设的线路用于AC 250V或DC 500V场合
纤维和聚乙烯绝缘软线	BSVR				
丁腈聚氯乙烯复合物绝缘电气装置用电（软）线	BVF （BVFR）	0.75～6.0 0.75～70	300/500	65	用于AC 2500V或DC 1000V以下的电器、仪表等装置

7. 通信电缆

随着通信技术的发展，与之配套的线缆产品也有很大变化。从过去简单的电话电报线缆发展到有几千对芯线的话缆、同轴缆、光缆、数据电缆，甚至组合通信缆等。如图2－11所示，大对数实心绝缘非填充型通信电缆，适用于本地电信网的城市与乡镇电信线路，也适用于接入公用网的专用网线路。

图2－11　通信电缆

8. 电线电缆的选用

（1）电缆的选用。电力电缆（导线）的选用应从电压损失条件、环境条件、机械强度和经济电流密度条件等多方面综合考虑。

1）电压损失条件。导线和电缆在通过负荷电流时，因为线路存在阻抗，所以就会产生电压损失，对线路电压损失的规定见表2-9。

表2-9　线路电压损失的一般规定

用电线路	允许最大电压损失（%）
高压配电线路	5
变压器低压侧到用户用电设备受电端	5
视觉要求较高的照明电路	2～3

如果线路的电压损失超过了规定的允许值，则应选用更大截面积的电线或者减小配电半径。

2）环境条件。电缆的使用环境条件包括周围的温差、潮湿情况、腐蚀性等因素，这些因素对电缆的绝缘层及芯线有较大影响。线路的敷设方式（明敷设、暗敷设）对电缆的性能要求也有所不同。因此，所选线材应能适应环境温度的要求。常用导线在正常和短路时的最高允许温度见表2-10。

表2-10　导线在正常和短路时的最高允许温度

导体种类和材料		最高允许温度（℃）	
		额定负荷时	短路时
母线或绞线	铜	70	300
	铝	70	200
500V橡皮绝缘导线和电力电缆	铜芯	65	150
500V聚氯乙烯绝缘导线和1～6kV电力电缆	铜芯	70	160
1～10kV交联聚乙烯绝缘电力电缆、乙丙橡胶电力电缆	铜芯	90	250

3）机械强度。机械强度是指导线承受重力、拉力和扭折的能力。

在选择导线时，应该充分考虑其机械强度，尤其是电力架空线路。只有足够的机械强度，才能满足使用环境对导线强度的要求。

4）经济电流密度条件。导线截面积越大，电能损耗越小，但线路投资、维修管理费用要增加。因此，需要合理选用导线的截面积。现行经济电流密度的规定见表2-11（用户电压10kV及以下线路，通常不按照此条件选择）。

表2-11　导线和电缆的经济电流密度（A/mm²）

线路类型	导线材质	年最大负荷利用时间（h）		
		≤3000	3000～5000	≥5000
架空线路	铜	3.00	2.25	1.75
	铝	1.65	1.15	0.90

续表

线路类型	导线材质	年最大负荷利用时间（h）		
		≤3000	3000～5000	≥5000
电缆线路	铜	2.50	2.25	2.00
	铝	1.92	1.73	1.54

记忆口诀

选择电缆四方面，综合考虑来权衡。
电压等级要符合，过大过小均不可。
使用环境很重要，电缆也怕温度高。
机械强度应足够，电流密度合要求。

（2）导线截面积大小的选择。在不需考虑允许的电压损失和导线机械强度的一般情况下，可只按导线的允许载流量来选择导线的截面积。选择导线截面积的方法通常有查表法和口诀法两种。

1）查表法。在安装前，常用导线的允许载流量可通过查阅相关电工手册得知。500V护套线（BW、BLW）在空气中敷设、长期连续负荷的允许载流量见表2－12，架空裸导线和绝缘导线的最小允许截面积分别见表2－13和表2－14。

表2－12　　500V护套线（BW、BLW）的允许载流量（A）

截面积（mm^2）	一芯		二芯		三芯	
	铝芯	铜芯	铝芯	铜芯	铝芯	铜芯
1.0	—	19	—	15	—	11
1.5	—	24	—	19	—	14
2.5	25	32	20	26	16	20
4.0	34	42	26	36	22	26
6.0	43	55	33	49	25	32
10.0	59	75	51	65	40	52

表2－13　　架空裸导线的最小允许截面积

线路种类	导线最小截面积（mm^2）		
	铝及铝合金	钢芯铝线	铜绞线
35kV及以上电路	35	35	35

续表

线路种类		导线最小截面积（mm²）		
		铝及铝合金	钢芯铝线	铜绞线
3～10kV 线路	居民区	35	25	25
	非居民区	25	16	16
低压线路	一般	35	16	16
	与铁路交叉跨越	35	16	16

表 2－14　　绝缘导线的最小允许截面积

线路种类			导线最小截面积（mm²）		
			铜芯软线	铜芯线	保护地线 PE 线和保护中性线 PEN 线（铜芯线）
照明用灯头下引线	室内		0.5	1.0	有机械性保护时为 2.5，无机械性保护时为 4
	室外		1.0	1.0	
移动式设备线路	生活用		0.75	—	
	生产用		1.0	—	
敷设在绝缘子上的绝缘导线（L 为绝缘子间距）	室内	L≤2m	—	1.0	
	室外	L≤2m	—	1.0	
		L≥2m		1.5	
		2m＜L≤6m		2.5	
		6m＜L≤12m		4	
		15m＜L≤25m		6	
穿管敷设的绝缘导线			1.0	1.0	
沿墙明敷的塑料护套线			—	1.0	

2）口诀法。电工口诀是电工在长期工作实践中总结出来的用于应急解决工程中的一些比较复杂问题的经验口诀。

例如，利用下面的口诀介绍的方法，可直接求得导线截面积允许载流量的估算值。

记忆口诀

10 下五，100 上二；
25、35，四、三界；
70、95，两倍半；
穿管、温度，八、九折；
裸线加一半，铜线升级算。

这个口诀以铝芯绝缘导线明敷、环境温度为 25℃的条件为计算标准，对各种截面积导线的载流量（A）用“截面积（mm）乘以一定的倍数”来表示。

首先，要熟悉导线芯线截面积排列，把口诀的截面积与倍数关系排列起来，表示为

$$\underbrace{\cdots\cdots 10}_{5倍}\quad \underbrace{16\sim25}_{4倍}\quad \underbrace{35\sim50}_{3倍}\quad \underbrace{70\sim95}_{2.5倍}\quad \underbrace{100以上}_{2倍}$$

其次，口诀中的“穿管、温度，八、九折”，是指导线不明敷，温度超过 25℃较多时才予以考虑。若两种条件都已改变，则载流量应打八折后再打九折，或者简单地一次以七折计算（即 $0.8\times0.9=0.72$）。

再次，口诀中的“裸线加一半”是指按一般计算得出的载流量再加一半（即乘以 1.5）；口诀中的“铜线升级算”是指将铜线的截面积按截面积排列顺序提升一级，然后再按相应的铝线条件计算。

电工师傅在实践中总结出的经验口诀较多，虽然表述方式不同，但计算结果是基本一致的。我们只要记住其中的一两种口诀就可以了。

（3）绝缘导线电阻值的估算。根据电阻定律公式 $R=\rho\frac{L}{S}$，可以总结出绝缘导线电阻值的估算口诀。

画电路等效图记忆口诀

导线电阻速估算，先算铝线一平方。
百米长度三欧姆，多少百米可相乘。
同粗同长铜导线，铝线电阻六折算。

对于常用铝芯绝缘导线，只要知道它的长度（m）和标称截面积（mm^2），就可以立即估算出它的电阻值。其基准数值是：每 100m 长的铝芯绝缘线，当标称截面积为 $1mm^2$ 时，电阻约为 3Ω。这是根据电阻定律公式 $R=\rho\frac{L}{S}$，铝线的电阻率 $\rho\approx0.03\Omega/m$ 算出来的。

例如：200m、$6mm^2$ 的铝芯绝缘线，其电阻则为 $3\times2\div6=1$（Ω）。

由于铜芯绝缘线的电阻率 $\rho=0.018\Omega/m$，是铝线的电阻率的 0.6 倍。因此，可按铝芯绝缘线算出电阻后再乘以 0.6。

上述例子若是铜芯绝缘线，其电阻则为（$3\times2\div6$）$\times0.6=1\times0.6=0.6$（Ω）。

（4）识别劣质绝缘电线的方法。劣质电线有很大的危害。一些劣质电线的绝缘层采用回收塑料制成，轻轻一剥就能将绝缘层剥开，这样极易造成绝缘层被电流击穿漏电，对使用者的生命安全造成极大威胁。有的线芯实际截面积远小于其所标明的大小。使用这种产品时，很容易引发电器火灾。铜芯线质量鉴别的方法可归纳为“三看”，见表 2-15。

表 2-15　　铜芯线质量鉴别方法

项目	鉴别方法	图示
看外表	电线表面应有制造厂名、产品型号和额定电压的连续标志	
看铜芯	剥开一段绝缘层，质量较好的铜芯线，其铜芯粗细均匀，无损伤和锈蚀，颜色金黄光亮。另外，质量好的电线无线芯偏心、歪斜现象	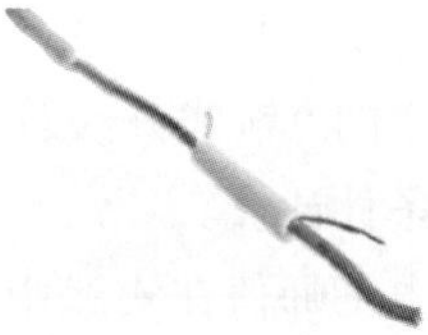
看柔韧性	质量较好的电线手感柔软，弯折数十次以上也不会轻易折断	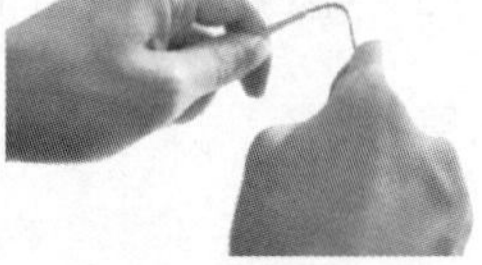

劣质绝缘电线识别口诀

细看标签印刷样，字迹模糊址不详。
用手捻搓绝缘皮，掉色掉字质量差。
再用指甲划掐线，划下掉皮线一般。
反复折弯绝缘线，三至四次就折断。
用火点燃线绝缘，离开明火线自燃。
线芯常用铝和铜，颜色变暗光泽轻。
细量内径和外径，秤称质量看皮厚。

2.1.3　电刷材料

电刷的材料大多由石墨制成，为了增加导电性，还有用含铜石墨制成，石墨具有良好的导电性，质地软而且耐磨。

1. 电刷的作用

电刷是在直流电动机旋转部分与静止部分之间传导电流的主要部件之一，用于电动机的换向器或集电环上，作为导入、导出电流的滑动接触体。电刷的导电、导热以及润滑性能良好，并具有一定的机械强度。几乎所有的直流电动机以及换向式电动机都使用电刷，因此它是电动机的重要组成部件。

电刷是电机（除鼠笼式电动机外）传导电流的滑动接触体。在直流电机中，它还担负着对电枢绕组中感应的交变电动势，进行换向（整流）的任务。

2. 电刷的选用

电刷用于电机的换向器或集电环上传导电流的滑动接触体，因电刷材料和制造方法不同，常用的电刷可分为石墨型电刷（S系列）、电化石墨型电刷（D系列）和金属石墨型电刷（J系列）三类，见表2－16。常用电刷的外形如图2－12所示。

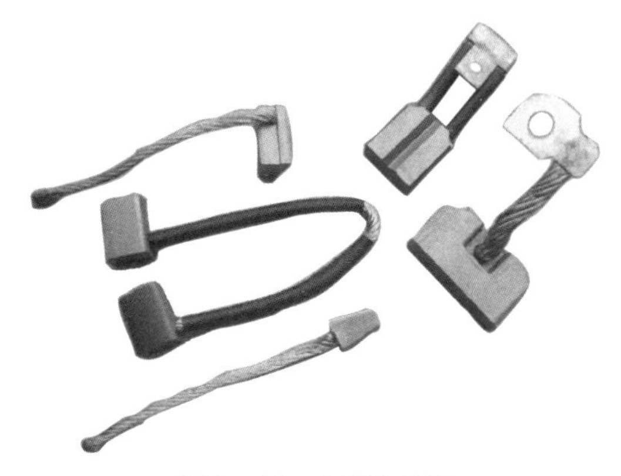

图2－12 电刷的外形

表2－16 常用电刷的种类及作用

种类	作用
石墨电刷	由天然石墨制成，质地较软，润滑性能较好，电阻率低，摩擦系数小，可承受较大的电流密度，适用于负载均匀的电动机
电化石墨电刷	以天然石墨焦炭、炭墨等为原料除去杂质，经2500℃以上高温处理后制成。其特点是摩擦系数小，耐磨性好，换向性能好，有自润滑作用，易于加工。适用于负载变化大的电动机
金属石墨电刷	由铜及少量的银、锡、铅等金属粉末渗入石墨中（有的加入黏合剂）均匀混合后采用粉末冶金方法制成。特点是导电性好，能承受较大的电流密度，硬度较小、电阻率和接触压降低。适用于低电压、大电流、圆周速度不超过30m/s的直流电动机和感应电动机

从直观来看，电刷接触面的倒角应得体、规格适当、结构规范，其截面积和长度符合要求，没有松动、脱落、破损、掉边、掉角、卡箍等现象。

针对同一电动机来说，应尽量选择同一型号同一制造厂，最好是同一时间生产的电刷，以防止由于电刷性能上的差异造成并联电刷电流分布不平衡，影响电动机的正常运行。

图2－13 电刷与刷架

3. 电刷与刷架的配合

电刷装入刷架后，应以电刷能够上下自由移动为宜，只有这样，才能确保电刷在弹簧的压力下随着不断的磨损，而与整流子或集电环持续保持紧密接触，如图2－13所示。因此，电刷的四个侧面与刷架内壁之间必须留有一定的间隙。实践证明，这个间隙一般在0.1～0.3mm之间。既不宜过大，也不宜过小。间隙过小，可能造成电刷卡在刷架中，弹簧无法压紧电刷，电动机不能工作；间隙过大，电刷则会在架内产生摆动，不仅出现噪声，更重要的是出现火花，对整流子或集电环产生破坏性影响。

2.1.4 漆包线

1. 漆包线的作用

漆包线是在裸铜丝的外表涂覆一层绝缘漆而成。漆膜就是漆包线的绝缘层。漆膜的特点是薄而牢固，均匀光滑。由于漆包线是以绕组形式来实现电磁能的转化，通常又称为绕组线。

漆包线主要用于绕制变压器、电动机、继电器、其他电器及仪表的线圈绕组，如图2-14所示。

图2-14 漆包线及其应用示例

2. 漆包线的选用

常用漆包线的特点及应用见表2-17。

表2-17 漆包线的特点及应用

主要用途	名称	型号	规格范围（mm）	特点		
				耐热等级（℃）	优点	局限性
油浸变压器线圈	纸包圆铜线	Z	1.0～5.6	105	耐电压击穿优	绝缘纸易破
	纸包扁铜线	ZB	厚0.9～5.6 宽2～18	105		
高温变压器、中型高温电动机绕组	聚酰胺纤维纸包圆（扁）铜线	—	—	200	能经受复杂的加工工艺，与干湿式变压器通常使用的原材料相容	—
大、中型电动机绕组	双玻璃丝包圆铜线	SBE	0.25～6.0	130	过载性好，可耐电晕	弯曲性差，耐潮性差
	双玻璃丝包扁铜线	SBEB	厚0.9～5.6 宽2.0～18	130		
大型电动机、汽轮或水轮发电动机	双玻璃丝包空芯扁铜线	—	—	130	通过内冷降温	线硬、加工困难
高温电动机和特殊场合使用电动机的绕组	聚酰亚胺薄膜绕包圆铜线	MYF	2.5～6.0	220	耐热和低温性均优，耐辐射性优，高温下耐电压优	耐水性差

3. 漆包线线径的测量

在维修时，如果不知道漆包线线径的大小，可用以下方法进行测量。

（1）将一段拆下的漆包线细心地除去漆膜，方法是用火烧一下再擦去漆膜或用金相砂纸细心磨去漆膜，然后用千分卡尺测量线径，如图 2－15 所示。

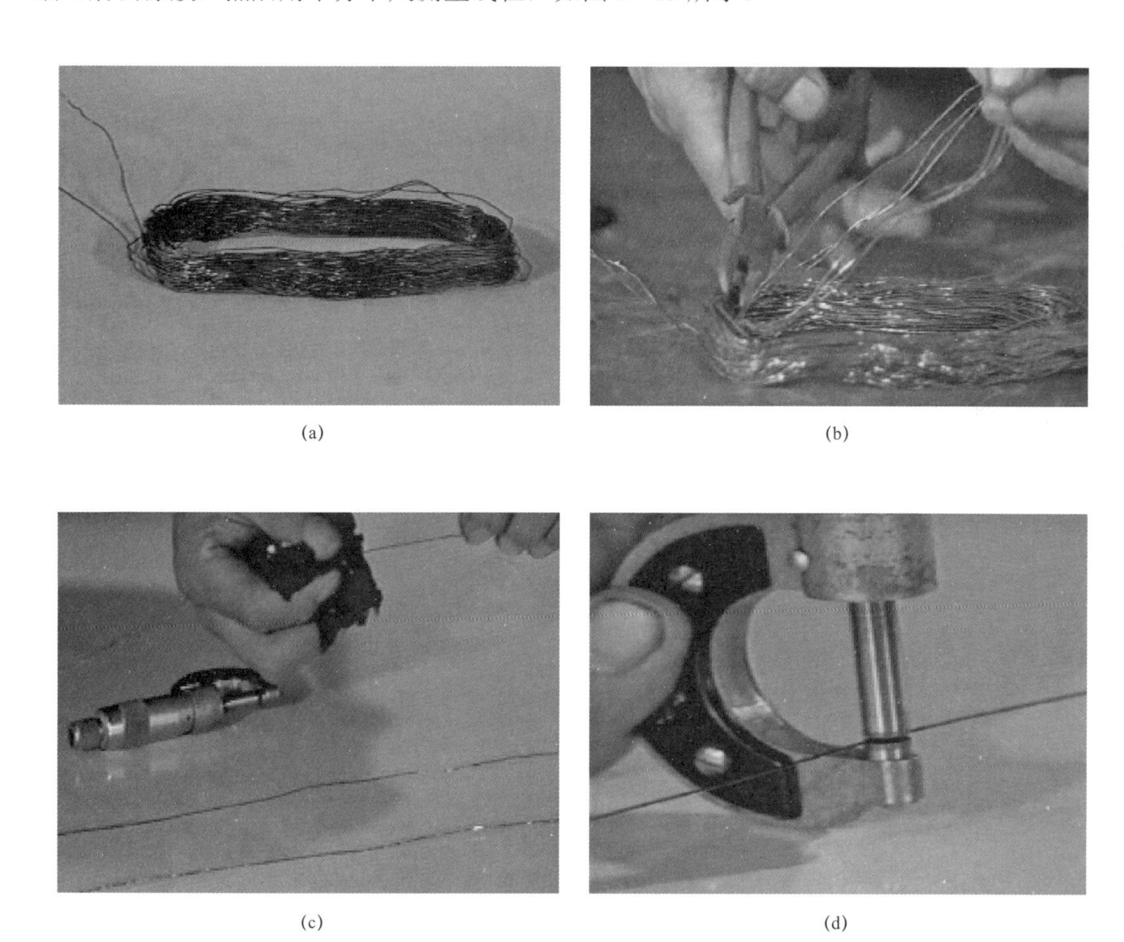

(a)　(b)　(c)　(d)

图 2－15　漆包线线径的测量

（2）可不去漆膜，直接用千分卡尺测量，然后减去二倍漆膜厚度就是标称尺寸。一般是线径越大，漆层越厚。需要注意的是同种漆包线的漆膜有薄、厚、加厚之分（详见电工材料手册）。另外，也可通过理论计算，求出线径值，确定漆包线的型号。

特别提醒

业余测量时，可将待测量的圆漆包线缠绕在圆珠笔芯上 10～20 圈，然后用直尺测量线匝的宽度再除以线匝数就可大致判断线的直径。缠绕匝数越多越精确。

低于 0.1mm 的漆包线，有条件可以用测微显微镜（40×），精度为更高，且非接触测量。

2.1.5 电气连接材料

电气连接广义上是指电气产品中所有电气回路的集合，包括电源连接部件，例如电源插头、电源接线端子、电源线、内部导线、内部连接部件等；狭义上的电气连接只是指产品内部将不同导体连接起来的所有方式。

电气连接组件一般由电气连接部件（例如接线端子等）、电线电缆、电线固定装置和电线保护装置（例如单独的电线护套等）等部件组成。

最常用的电气连接组件是接线端子。

1. 端子箱

接线端子就是一段封在绝缘塑料里面的金属片，两端都有孔可以插入导线，有螺钉用于紧固或者松开，比如两根导线，有时需要连接，有时又需要断开，这时就可以用端子把它们连接起来，并且可以随时断开，而不必把它们焊接起来或者缠绕在一起，方便快捷。

接线端子适合大量的导线互连，在电力行业有专门的端子排、端子箱，上面全是接线端子，单层的、双层的，电流的，电压的，普通的，可断的等。一定的压接面积是为了保证可靠接触，以及保证能通过足够的电流。

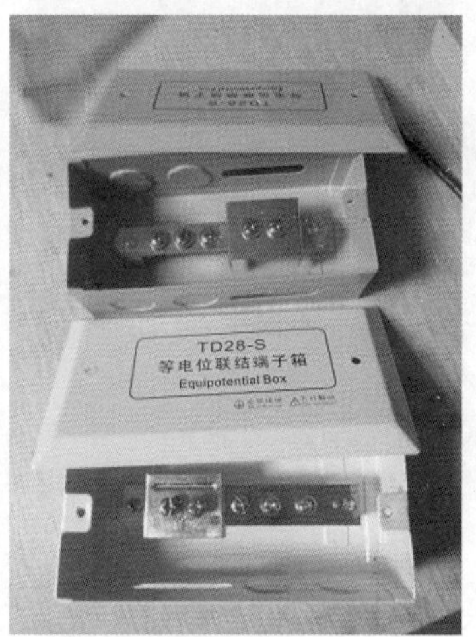

图2-16 端子箱

2. 接线端子

接线端子可以分为欧式接线端子、插拔式接线端子、变压器接线端子、建筑物布线端子、栅栏式接线端子、弹簧式接线端子、轨道式接线端子、穿墙式接线端子、光电耦合型接线端子，以及各类圆环端子、管形端子、铜带铁带系列等。电气行业中常用接线端子如图2-17所示。

3. 接线端子线端的识别

一些特定的接线端子上，根据国家标准标注有字母数字符号，识别方法见表2-18。

端子排

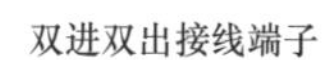

双进双出接线端子

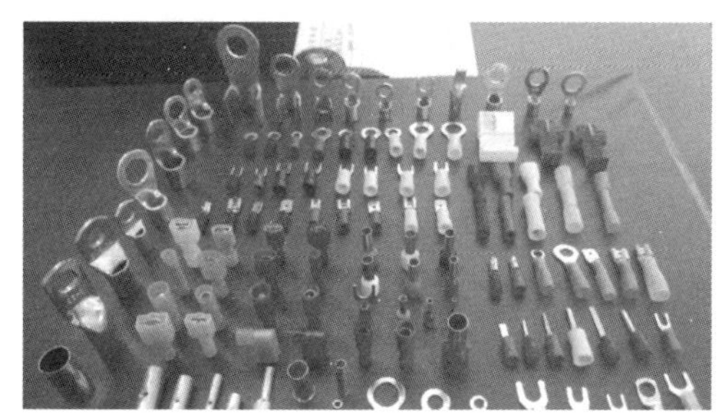

冷压接线端子

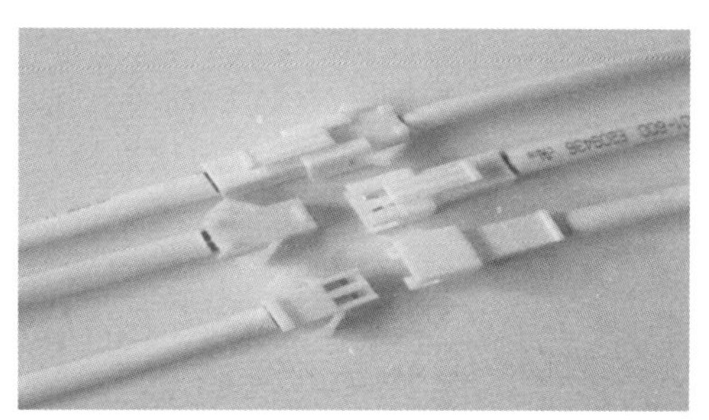

公母对插接线端子

图 2-17　电气行业中常用接线端子

表 2-18　　设备特定接线端子的标记和特定导线线端的识别

导体线端	字母数字符号	
第 1 相	U	L1
第 2 相	V	L2
第 3 相	W	L3
中性线	N	N
正极	C	L+
负极	D	L-
中间线	M	M
保护导体	PE	PE
不接地的保护导体	PU	PC
保护中性导体	—	PEN
接地导体	E	E
低噪声接地导体	TE	TE
接机壳、接地架	MM	MM
等电位连接	CC	CC

2.2 电工绝缘材料及选用

2.3 电工绝缘材料

2.2.1 绝缘材料简介

具有高电阻率（通常在 $10^{10}\sim10^{22}\Omega\cdot m$ 的范围内）、能够隔离相邻导体或防止导体间发生接触的材料称为绝缘材料，又称电介质。绝缘材料是电气工程中用途最广、用量最大、品种最多的一类电工材料。

1. 绝缘材料的作用

绝缘材料的作用就是将带电的部分或带不同电位的部分相互隔离开来，使电流能够按人们指定的路线去流动。如在电动机中，导体周围的绝缘材料将匝间隔离并与接地的定子铁心隔离开来，以保证电动机的安全运行。

绝缘材料还有其他作用，如散热冷却、机械支撑和固定、储能、灭弧、防潮、防霉及保护导体等。

特别提醒

绝缘材料是在允许电压下不导电的材料，但不是绝对不导电的材料。在一定外加电场强度作用下，也会发生导电、极化、损耗、击穿等过程，而长期使用还会发生绝缘老化。

2. 绝缘材料的种类

绝缘材料按其化学性质可分为无机绝缘材料、有机绝缘材料和混合绝缘材料 3 种类型。常用绝缘材料的类型及主要作用见表 2－19。

表 2－19 常见绝缘材料的类型及主要作用

类型	材料	主要作用
无机绝缘材料	云母、石棉、大理石、瓷器、玻璃、硫磺等	电动机、电器的绕组绝缘、开关的底板和绝缘子等
有机绝缘材料	虫胶、树脂、橡胶、棉纱、纸、麻、人造丝等	制造绝缘漆，还可以作为绕组导线的被覆绝缘物
混合绝缘材料	由无机绝缘材料和有机绝缘材料两种材料经过加工制成的各种绝缘成型件	制造电器的底座、外壳等

在诸多的电工绝缘材料中，常用的固态材料有绝缘导管、绝缘纸、层压板、橡皮、塑料、油漆、玻璃、陶瓷、云母等；常用的液态材料有变压器油等；常用的气态材料有空气、氮气、六氟化硫等。

3. 电工绝缘材料的主要性能指标

绝缘材料的电阻率很高，导电性能差甚至不导电，在电工技术中大量用于制作带电体与外界隔离的材料。电工绝缘材料的主要性能指标有绝缘耐压强度、耐热等级，绝缘材料的抗拉强度、膨胀系数等。

（1）绝缘材料在高于某一个数值的电场强度的作用下，会损坏而失去绝缘性能，这种现

象称为击穿。绝缘材料被击穿时的电场强度，称为击穿强度，单位为kV/mm。

（2）当温度升高时，绝缘材料的电阻、击穿强度、机械强度等性能都会降低。因此，要求绝缘材料在规定的温度下能长期工作且绝缘性能保证可靠。不同成分的绝缘材料的耐热程度不同，耐热等级可分为Y、A、E、B、F、H、C 7个等级，并对每个等级的绝缘材料规定了最高极限工作温度。

（3）根据各种绝缘材料的具体要求，相应规定的抗张、抗压、抗弯、抗剪、抗撕、抗冲击等各种强度指标，统称为机械强度。

（4）有些绝缘材料以液态形式呈现，如各种绝缘漆，其特性指标就包含黏度、固定含量、酸值、干燥时间及胶化时间等。有的绝缘材料特性指标还涉及渗透性、耐油性、伸长率、收缩率、耐溶剂性、耐电弧等。

4. 绝缘材料产品型号的含义

绝缘材料的产品型号一般用4位数表示，如图2－18所示。

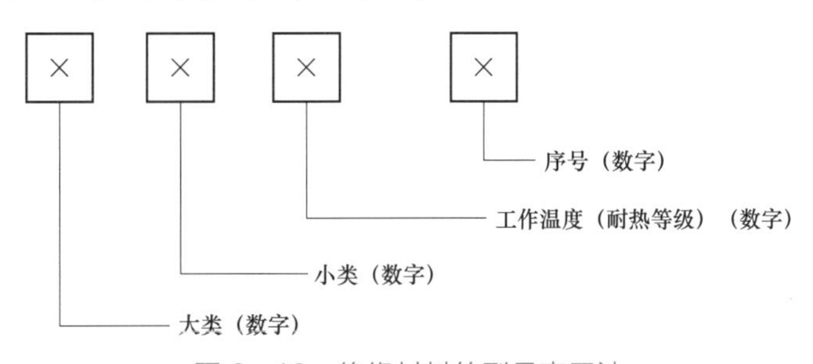

图2－18　绝缘材料的型号表示法

选用绝缘材料时，必须根据设备的最高允许温度，选用相应等级的绝缘材料。不同绝缘材料的耐热温度不同，一般可分为7个等级，从低到高分别是Y、A、E、B、F、H、C级。例如，常用电动机多为A级、E级或B级。

5. 常用绝缘材料的耐热等级及其极限温度

常用绝缘材料的耐热等级及其极限温度见表2－20。

表2－20　常用绝缘材料的耐热等级及其极限温度

数字代号	耐热等级	极限温度（℃）	相当于该耐热等级的绝缘材料简述
0	Y	90	用未浸渍过的棉纱、丝及纸等材料或其混合物所组成的绝缘结构
1	A	105	用浸渍过的或浸在液体电介质（如变压器油）中的棉纱、丝及纸等材料或其混合物所组成的绝缘结构
2	E	120	用合成有机薄膜、合成有机瓷器等材料的混合物所组成的绝缘结构
3	B	130	用合适的树脂黏合或浸渍、涂覆后的云母、玻璃纤维、石棉等，以及其他无机材料、合适的有机材料或其混合物所组成的绝缘结构
4	F	155	常见的F级材料有绝缘树脂黏合或浸渍、涂敷后的云母、玻璃丝、石棉、玻璃漆布，以及以上述材料为基础的层压制品。化学热稳定性较好的聚酯和醇酸类材料，复合硅有机聚酯漆等

续表

数字代号	耐热等级	极限温度（℃）	相当于该耐热等级的绝缘材料简述
5	H	180	用合适的树脂（如有机硅树脂）黏合或浸渍、涂覆后的云母、玻璃纤维、石棉等材料或其混合物所组成的绝缘结构
6	C	>180	用合适的树脂黏合或浸渍、涂覆后的云母、玻璃纤维，以及未经浸渍处理的云母、陶瓷、石英等材料或其混合物所组成的绝缘结构

6. 常用绝缘材料的绝缘耐压强度

常用绝缘材料的绝缘耐压强度见表 2–21。

表 2–21　常用绝缘材料的绝缘耐压强度

材料名称	绝缘耐压强度（kV/cm）	材料名称	绝缘耐压强度（kV/cm）
干木材	0.36～0.80	电木	10～30
石棉板	1.2～2	石蜡	16～30
空气	3～4	绝缘布	10～54
纸	5～7	白云母	15～18
玻璃	5～10	硬橡胶	20～38
纤维板	5～10	油漆	干 100，湿 25
瓷	8～25	矿物油	25～57

7. 绝缘材料的使用

（1）绝缘材料主要用来隔离电位不同的导体，如隔离变压器绕组与铁心，或者隔离高、低压绕组，或者隔离导体以保证人身安全。在某些情况下，绝缘材料还能起支承固定（如在接触器中）、灭弧（如断路器中）、防潮、防霉及保护导体（如在线圈中）等作用。

（2）绝缘材料只有在其绝缘强度范围内才具有良好的绝缘作用。若电压或场强超过绝缘强度，会使材料发生电击穿。

（3）由于热、电、光、氧等多因素作用会导致材料绝缘性能丧失，即绝缘材料的老化。受环境影响是主要的老化形式。因此，工程上对工作环境恶劣而又要求耐久使用的材料均须采取防老化措施。

（4）绝缘材料的种类很多，要了解常用的各种绝缘材料的主要特性、用途和加工工艺，在具体选材时应尽可能结合生产实际，查阅有关技术资料，不但要进行技术性比较，还要进行经济性比较，以便正确、合理地选择出价廉物美适用的材料。

（5）有的绝缘材料（如石棉）长期接触后会对人体健康有害，在加工制作时要注意劳动保护。

（6）掌握常用绝缘材料的使用方法对安全生产至关重要。

2.2.2　电气绝缘板

1. 电气绝缘板的特点

电气绝缘板通常是以纸、布或玻璃布作底材，浸以不同的胶粘剂，经加热压制而成，如图 2-19 所示。绝缘板具有良好的电气性能和机械性能，具有耐热、耐油、耐霉、耐电弧、防电晕等特点。

图 2-19　电气绝缘板

2. 电气绝缘板的选用

电气绝缘板主要用于做线圈支架、电动机槽楔、各种电器的垫块、垫条等。常用电气绝缘板的特点与用途见表 2-22。

表 2-22　常用电气绝缘板的特点与用途

名称	耐热等级	特点与用途
3020 型酚醛层压纸板	E	介电性能高，耐油性好。适用于电气性能要求较高的电器设备中做绝缘结构件，也可在变压器油中使用
3021 型酚醛层压纸板	E	机械强度高、耐油性好。适用于机械性能要求较高的电器设备中做绝缘结构件，也可在变压器油中使用
3022 型酚醛层压纸板	E	有较高的耐潮性，适用于潮湿环境下工作的电器设备中做绝缘结构件
3023 型酚醛层压纸板	E	介电损耗小，适用于无线电、电话及高频电子设备中做绝缘结构件
3025 型酚醛层压布板	E	机械强度高，适用于电器设备中做绝缘结构件，并可在变压器油中使用
3027 型酚醛层压布板	E	吸水性小、介电性能高，适用于高频无线电设备中做绝缘结构件
环氧酚醛层压玻璃布板	B	具有高的机械性能、介电性能和耐水性，适用于电动机、电器设备中作绝缘结构零部件，可在变压器油中和潮湿环境下使用
有机硅环氧层压玻璃布板	H	具有较高的耐热性、机械性能和介电性能，适用于热带型电动机、电器设备中做绝缘结构件使用
有机硅层压玻璃布板	H	耐热性好，具有一定的机械强度，适用于热带型旋转电动机、电器设备中做绝缘结构零部件使用
聚酰亚胺层压玻璃布板	C	具有很好的耐热性和耐辐射性，主要用于“H”绝缘等级（最高允许温度 180℃）的电动机、电器设备绝缘结构件

2.2.3　电工绝缘带

电工绝缘带可分为不黏绝缘带和绝缘黏带。

1. 不黏绝缘带

常用不黏绝缘带的品种、规格、特性及用途如表 2-23 所示。

表 2-23　　常用不黏绝缘带的品种、规格、特性及用途

序号	名称	型号	厚度（mm）	耐热等级	特点及用途
1	白布带	—	0.18、0.22 0.25、0.45	Y	有平纹、斜纹布带，主要用于线圈整形，或导线等浸胶过程中临时包扎
2	无碱玻璃纤维带	—	0.06、0.08、0.1、0.17、0.20、0.27	E	由玻璃纱编织而成，用作电线电缆绕包绝缘材料
3	黄漆布带	2010 2012	0.15、0.17 0.20、0.24	A	2010 柔软性好，但不耐油，可用做一般电机、电器的衬垫或线圈绝缘；2012 耐油性好，可用做有变压器油或汽油气侵蚀环境中工作的电动机、电器的衬垫或线圈的绝缘材料
4	黄漆绸带	2210 2212		A	具有较好的电气性能和良好的柔软性。2210 适用于电动机、电器薄层衬垫或线圈绝缘；2212 耐油性好，适用作为有变压器油或汽油气侵蚀环境中工作的电动机、电器薄层衬垫或线圈绝缘材料
5	黄玻璃漆布带	2412	0.11、0.13、0.15、0.17、0.20、0.24	E	耐热性好，较 2010、2012 漆布好，适用于一般电机、电器的衬垫和线圈绝缘材料，以及在油中工作的变压器、电器的线圈绝缘材料
6	沥青玻璃漆布带	2430	0.11、0.13、0.15、0.17、0.20、0.24	B	耐潮性好，但耐苯和耐变压器油性差，适用于一般电机、电器的衬垫和线圈绝缘材料
7	聚乙烯塑料带	—	0.02～0.20	Y	绝缘性能好，使用方便，用作电线电缆包绕绝缘材料，用黄、绿、红色区分

2. 绝缘黏带

绝缘黏带广泛用于在 380V 电压以下使用的导线的包扎、接头、绝缘密封等电工作业，以及电动机或变压器等的线圈绕组绝缘等。

常用绝缘黏带的品种、规格、特点及用途如表 2-24 所示。

表 2-24　　常用绝缘黏带的品种、规格、特点及用途

序号	名称	厚度（mm）	组成	耐热等级	特点及用途
1	黑胶布黏带	0.23～0.35	棉布带、沥青橡胶黏剂	Y	击穿电压 1000V，成本低，使用方便，适用于 380V 及以下电线包扎绝缘
2	聚乙烯薄膜黏带	0.22～0.26	聚乙烯薄膜、橡胶型胶黏剂	Y	有一定的电器性能和机械性能，柔软性好，黏结力较强，但耐热性低（低于 Y 级）。可用做一般电线接头包扎绝缘材料
3	聚乙烯薄膜纸黏带	0.10	聚乙烯薄膜、纸、橡胶型黏剂	Y	包扎服帖，使用方便，可代替黑胶布带做电线接头包扎绝缘材料
4	聚氯乙烯薄膜黏带	0.14～0.19	聚氯乙烯薄膜、橡胶型胶黏剂	Y	有一定的电器性能和机械性能，较柔软，黏结力强，但耐热性低（低于 Y 级）。供电压为 500～6000V 电线接头包扎绝缘用
5	聚酯薄膜黏带	0.05～0.17	聚酯薄膜、橡胶型胶黏剂或聚丙烯酸酯胶黏剂	B	耐热性好，机械强度高，可用作半导体元件密封绝缘材料和电机线圈绝缘材料

续表

序号	名称	厚度（mm）	组成	耐热等级	特点及用途
6	聚酰亚胺薄膜黏带	0.04～0.07	聚酰亚胺薄膜、聚酰亚胺树脂胶黏剂	C	电气性能和机械性能较高，耐热性优良，但成型温度较高（180～200℃）。适用于H级电机线圈绝缘材料和槽绝缘材料
		0.05	聚酰亚胺薄膜、F_{46}树脂胶黏剂	C	同上，但成型温度更高（300℃以上）。可用作H级或C级电机、潜油电机线圈绝缘材料和槽绝缘材料
7	环氧玻璃黏带	0.17	无碱玻璃布、环氧树脂胶黏剂	C	具有较高的电气性能和机械性能。供做变压器铁心绑扎材料，属B级绝缘材料
8	有机硅玻璃黏带	0.15	无碱玻璃布，有机硅树脂胶黏剂	C	有较高的耐热性、耐寒性和耐潮性，以及较好的电气性能和机械性能。可用作H级电机、电器线圈绝缘材料和导线连接绝缘材料

2.2.4　电工绝缘套管

绝缘套管是绝缘材料的一种，电工材料中有玻璃纤维绝缘套管、PVC 套管、热缩套管等。

1. 玻璃纤维绝缘套管

玻璃纤维绝缘套管又称绝缘漆管，俗称黄蜡管。其一般以白色为主，主要原料是玻璃纤维，通过拉丝、编织、加绝缘清漆后制作而成，如图2－20所示。

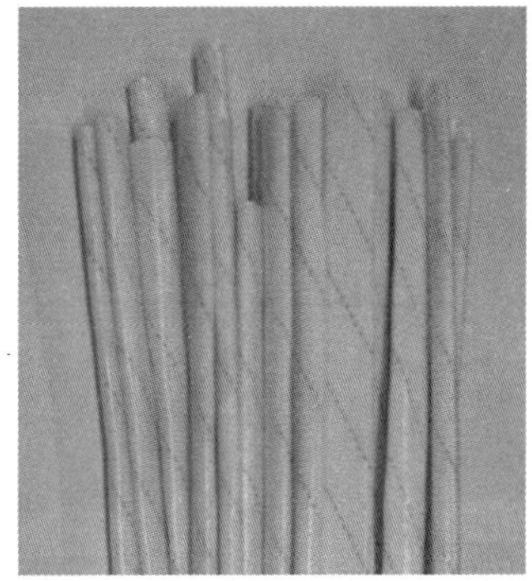

图2－20　玻璃纤维绝缘套管

玻璃纤维绝缘套管成管状，可以直接套在需要绝缘的导线或细长型引线端上，使用很方便，主要用于电线端头及变压器、电动机、低压电器等电气设备引出线的护套绝缘。

在布线（网线、电线、音频线等）过程中，如果需要穿墙，或者暗线经过梁柱的时候，导线需要加护和防拉伤、防老鼠咬坏等，也需要用到玻璃纤维绝缘套管。

常用绝缘漆管的特点及适用场合，见表2－25。

表2-25 常用绝缘漆管的特点及适用场合

名称	耐热等级	特点与用途
油性漆管	A	具有良好的电气性能和弹性，但耐热性、耐潮性和耐霉性差。主要用于仪器仪表、电动机和电器设备的引出线与连接线的绝缘
油性玻璃漆管	E	具有良好的电气性能和弹性，但耐热性、耐潮性和耐霉性较差。主要用于仪器仪表、电动机和电器设备的引出线与连接线的绝缘
聚氨酯涤纶漆管	E	具有优良的弹性，较好的电气性能和机械性能。主要用于仪器仪表、电动机和电器设备的引出线与连接线的绝缘
醇酸玻璃漆管	B	具有良好的电气与机械性能，耐油性、耐热性好，但弹性稍差。主要用于仪器仪表、电动机和电器设备的引出线与连接线的绝缘
聚氯乙烯玻璃漆管	B	具有优良的弹性，较好的电气机械性能和耐化学性。主要用于仪器仪表、电动机和电器设备的引出线与连接线的绝缘
有机硅玻璃漆管	H	具有较高的耐热性、耐潮性和柔软性，有良好的电气性能。适用于“H”绝缘级电动机、电气设备等的引出线与连接线的绝缘
硅橡胶玻璃漆管	H	具有优良的弹性、耐热性和耐寒性，有良好的电气性能和机械性能。适用于在严寒或180℃以下高温等特殊环境下工作的电气设备的引出线与连接线的绝缘

2. 热缩套管

热缩套管是利用塑料的“记忆还原”效应，达到加热收缩的效果，具有预热收缩的特殊功能，加热98℃以上即可收缩，使用方便。热缩套管按耐受温度可分为85℃和105℃两大系列，规格$\phi2\sim\phi200$。

热缩套管具体绝缘性能好、柔软性好、耐油耐酸、环保等优点，广泛应用于电器、电机、变压器的引出线绝缘，线束、电子元器件的绝缘套保护等，能起到防潮、绝缘、美观的效果，如图2-21所示。

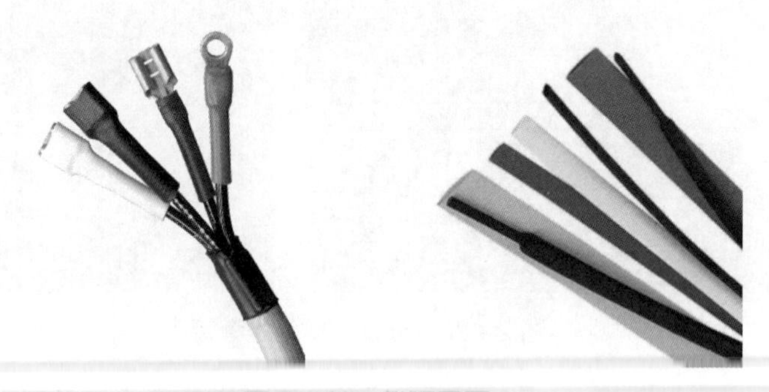

图2-21 热缩套管

3. PVC套管

PVC套管即建筑用绝缘电工套管，俗称电线管或穿线管，是指以聚氯乙烯树脂为主要原料，加入其他添加剂经挤出成型，用于2000V以下工业与建筑工程中的电线电缆保护平直套管，如图2-22所示。

PVC 套管用于室内正常环境和在高温、多尘、有振动及有火灾危险的场所。另外，也可在潮湿的场所使用。不得在特别潮湿，有酸、碱、盐腐蚀和有爆炸危险的场所使用。使用环境温度为－15～＋40℃。

图 2－22 PVC 套管

PVC 套管分为 L 型（轻型）、M 型（中型）、H 型（重型）。外径规格分别为ϕ16、ϕ20、ϕ25、ϕ32、ϕ40、ϕ50、ϕ63、ϕ75、ϕ110。其中，规格为ϕ16 和ϕ20 的，一般用于室内照明线路；规格为ϕ25 的，常用于插座或是室内主线管；规格为ϕ32 的，常用于进户线的线管，也用于弱电线管；规格为ϕ50、ϕ63、ϕ75 的，常用于配电箱至户内的线管。

2.2.5 电工塑料

电工塑料的主要成分是树脂，电工塑料可分为热固性塑料和热塑性塑料两大类。热固性塑料热压成型后成为不溶不熔的固化物，如酚醛塑料、聚酯塑料等。热塑性塑料在热挤压成型后虽固化，但其物理、化学性质不发生明显变化，仍可溶、可熔，因此可反复成型。

1. ABS 塑料

ABS 塑料具有良好的机电综合性能，在一定的温度范围内尺寸稳定，表面硬度较高，易于机械加工和成型，表面可镀金属，但耐热性、耐寒性较差，接触某些化学药品（如冰醋酸和醇类）和某些植物油时，易产生裂纹。

ABS 适用于制作各种仪表外壳、支架、小型电动机外壳、电动工具外壳等，可用注射、挤压或模压法成型，如图 2－23 所示。

图 2－23 ABS 塑料应用举例

2. 聚酰胺

聚酰胺（尼龙 1010）为白色半透明体，在常温下有较高的机械强度，较好的电气性能、冲击韧性、耐磨性、自润滑性，结构稳定，有较好的耐油、耐有机溶剂性。可用作线圈骨架、插座、接线板、碳刷架等，如图 2－24 所示。

聚酰胺可用注射、挤出、模压等方法成型，也可浇铸法成型，是目前工业中应用广泛的一种工程塑料。

图 2-24　尼龙 1010 应用举例

3. 聚甲基丙烯酸甲酯

聚甲基丙烯酸甲酯（俗称有机玻璃）是透光性优异的无色透明体，耐气候性好，电气性能优良，常态下尺寸稳定，易于成型和机械加工。但其可溶于丙酮、氯仿等有机溶剂，性脆，耐磨性、耐热性均较差。

有机玻璃适用于制作仪表的一般结构零件、绝缘零件，以及电器仪表外壳、外罩、盖、接线柱等，如图 2-25 所示。

图 2-25　聚甲基丙烯酸甲酯应用示例

4. 电线电缆用热塑性塑料

电线电缆用热塑性塑料应用最多的是聚乙烯和聚氯乙烯。

（1）聚乙烯。

聚乙烯（PE）具有优异的电气性能，其相对介电系数、介质损耗等几乎与频率无关，且结构稳定，耐潮，耐寒性优良，但软化温度较低，长期工作温度不应高于 70℃。

（2）聚氯乙烯。

聚氯乙烯（PVC）分绝缘级与护层级两种。其中，绝缘级按耐温条件分别为 65、80、90、105℃四种；护层级耐温 65℃。

聚氯乙烯机械性能优异，电气性能良好，结构稳定，具有耐潮、耐电晕、不延燃、成本低、加工方便等优点。

2.2.6　电工绝缘漆和电缆浇注胶

电工绝缘漆是漆类中的一种特种漆，以高分子聚合物为基础，能在一定的条件下固化成绝缘膜或绝缘整体的重要绝缘材料，如图 2-26 所示。电工绝缘漆多为清漆，也有色漆，均具有良好的电化学性能、热性能和机械性能。

图 2-26　电工绝缘漆

1. 浸渍漆

主要用来浸渍电机、变压器的线圈和绝缘零部件等，以填充其间隙和微孔。浸渍漆固化后能在浸渍物表面形成连续平整的漆膜，并使线圈粘接成一个结实的整体，提高绝缘结构的耐潮性、导热性和机械强度。

常用的有 1030 醇酸浸渍漆、1032 三聚氰胺酸浸渍漆。这两种都是烘干漆，具有较好的耐油性和绝缘性，漆膜平滑而有光泽。

1010 沥青漆适用于浸渍不需耐油的电机绕组。聚酰胺酰亚胺漆的耐热性、电气性能优良、粘合力强、耐辐照性好，适用于浸渍耐高温或在特殊条件下工作的电机、电器绕组。

2. 覆盖漆和磁漆

主要用来涂覆经浸渍处理后的绕组和绝缘零部件，在其表面形成连续而均匀的漆膜，以防止机械损伤及大气、润滑油和化学药品的浸蚀。常用的覆盖漆有 1231 醇酸晾干漆，其干燥快、漆膜硬度高并有弹性、电气性能好。常用的磁漆有 1320（烘干漆）、1321（晾干漆）醇酸灰磁漆，它们的漆膜坚硬、光滑。

3. 电缆浇注胶

电缆浇注胶广泛用于浇注电缆中间接线盒和终端盒，如 1811 沥青电缆胶和 1812 环氧电缆胶适合于 10kV 以下的电缆。前者耐潮性能好；后者密封性能好，电气、力学性能高。1810 电缆胶电气性能好、抗冻裂性高，适用于浇注 10kV 以上的电缆。

2.2.7　电器绝缘油

电器绝缘油也称电器用油，包括变压器油、油开关油、电容器油和电缆油四类油品，起绝缘和冷却的作用，在断路器内还起消灭电路切断时所产生的电弧（火花）的作用。

变压器油和油开关油占整个电器用油的 80%左右。目前已有 500kV 以上的超高压变压器生产，随之也已开发了超高压变压器油。

电器用绝缘油除了根据用途的不同要求某些特殊的性能外，电器绝缘油还有电气性能方面的要求。

（1）良好的抗氧化安定性能。要求油品有较长的使用寿命，在热、电场作用下氧化变质要求较慢。

（2）高温安全性好。绝缘油的高温安全性是用油品的闪点来表示的，闪点越低，挥发性越大，油品在运行中损耗也越大，越不安全。一般变压器油及电容器油的闪点要求不低于 135℃。

（3）低温性能好。变压器及电容器等常安置于户外，绝缘油应能够适应在严寒条件下工作的要求。

（4）介质损耗因数。在电场作用下，由于介质损失而使通过介质上的电压向量与电流向量间的夹角的余角（此角度称为介质耗角）发生变化。衡量此介质的程度称为介质损耗因数，以介质损耗角的正切值表示。

（5）击空电压。击空电压也是评定绝缘油电气性能的一项重要指标，可用来判断绝缘油被水和其他悬浮物污染和程度，以及对注入设备前油品干燥和过滤程度的检验。常用绝缘油性能与用途见表 2–26。

表 2–26　常用绝缘油性能与用途

名称	透明度（+5℃时）	绝缘强度（kV/cm）	凝固点（℃）	主要用途
10 号变压器油（DB–10） 25 号变压器油（DB–25）	透明	160～180 180～210	–10 –25	用于变压器及油断器中起绝缘和散热作用
45 号变压器油（DB–45）	透明	—	–45	—
45 号开关油（DV–45）	透明	—	–45	在低温工作下的油断器中做绝缘及排热灭弧用
1 号电容器油（DD–1） 2 号电容器油（DD–2）	透明	200	≤–45	在电力工业、电容器上做绝缘用；在电信工业、电容器上做绝缘用

2.2.8　电工陶瓷

电工陶瓷简称电瓷，电瓷材料是良好的绝缘体。广义而言，电瓷涵盖了各种电工用陶瓷制品，包括绝缘用陶瓷、半导体陶瓷等。本节所述电瓷仅指以铝矾土、高岭土、长石等天然矿物为主要原料经高温烧制而成的一类应用于电力工业系统的瓷绝缘子，包括各种线路绝缘子和电站电器用绝缘子，以及其他带电体隔离或支持用的绝缘部件。

1. 电瓷的分类

（1）按产品形状可分为：盘形悬式绝缘子、针式绝缘子、棒形绝缘子、空心绝缘子等。

（2）按电压等级可分为：低电压（交流 1000V 及以下，直流 1500V 及以下）绝缘子和高电压（交流 1000V 以上，直流 1500V 以上）绝缘子。其中，高电压绝缘子分为超高压（交流 330kV 和 500kV，直流 500kV）和特高压（交流 750kV 和 1000kV，直流 800kV）。

（3）按使用特点可分为：线路用绝缘子、电站或电器用绝缘子。

（4）按使用环境可分为：户内绝缘子和户外绝缘子。

2. 电瓷的应用

电瓷主要应用于电力系统中各种电压等级的输电线路、变电站、电器设备，以及其他的一些特殊行业（如轨道交通）的电力系统中，将不同电位的导体或部件连接并起绝缘和支持作用。如用于高压线路耐张或悬垂的盘形悬式绝缘子和长棒形绝缘子，用于变电站母线或设备支持的棒形支柱绝缘子，用于变压器套管、开关设备、电容器或互感器的空心绝缘子等。常用绝缘子如图 2–27 所示。

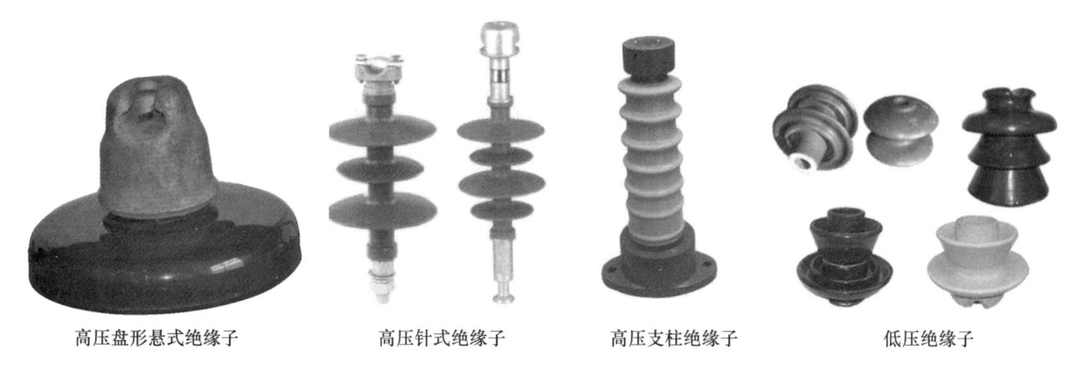

图 2-27　常用绝缘子

2.3　磁性材料及应用

众所周知，不管是机械能转换成电能，还是电能转换成机械能，均离不开电磁场，而磁性材料是最好、最节能的恒磁场。常用的电工磁性材料有软磁材料和硬磁材料。

2.4　磁性材料

2.3.1　软磁材料的特点及应用

软磁材料也称导磁材料，主要特点是导磁率高、剩磁弱。常用软磁材料的主要特点及应用范围见表 2-27。

表 2-27　常用软磁材料的主要特点及应用范围

品种	主要特点	应用范围
电工纯铁	含碳量在 0.04%以下，饱和磁感应强度高，冷加工性好。但电阻率低，铁损高，有磁时效现象	一般用于直流磁场
硅钢片	铁中加入 0.5%～4.5%的硅，就是硅钢。与电工纯铁相比，电阻率增高，铁损降低，磁时效基本消除，但热导率降低，硬度提高，脆性增大	电动机、变压器、继电器、互感器、开关等产品的铁心
铁镍合金	与其他软磁材料相比，在弱磁场下，高磁导率，低矫顽力，但对应力比较敏感	频率在 1MHz 以下弱磁场中工作的器件
软磁铁氧体	一种烧结体，电阻率非常高，但饱和磁感应强度低，温度稳定性也较差	高频或较高频率范围内的电磁元件
铁铝合金	与铁镍合金相比，电阻率高，比重小，但磁导率低，随着含铝量的增加，硬度和脆性增大，塑性变差	弱磁场和中等磁场下工作的器件

电工常用的软磁材料是硅钢片，硅钢片是一种含碳极低的硅铁软磁合金，主要用来制作各种变压器、电动机和发电机的铁心，如图 2-28 所示。

2.3.2　硬磁材料

1. 硬磁材料的特点

硬磁材料又称永磁材料或恒磁材料。

图 2-28　常用硅钢片

硬磁材料的特点是经强磁场饱和磁化后，具有较高的剩磁和矫顽力；当将磁化磁场去掉以后，在较长时间内仍能保持强而稳定的磁性。因而，硬磁材料适合制造永久磁铁，被广泛应用在磁电系测量仪表、扬声器、永磁发电动机及通信装置中。

2. 硬磁材料的种类

硬磁材料的种类很多，目前被广泛采用的是铝镍钴永磁材料、铁氧体永磁材料和稀土永磁材料。

（1）铝镍钴永磁材料。铝镍钴合金是一种金属硬磁材料，其组织结构稳定，具有优良的磁性能，良好的稳定性和较低的温度系数。

铝镍钴永磁材料主要用于电动机、微电动机、磁电系仪表等。

（2）铁氧体永磁材料。铁氧体永磁材料是一种以氧化铁为主，不含镍、钴等贵重金属的非金属硬磁材料。其价格低廉，材料的电阻率高，是目前产量最多的一种永磁材料。

铁氧体永磁材料主要用于电信器件中的拾音器、扬声器、电话机等的磁芯，以及微型电动机、微波器件、磁疗片等。

特别提醒

永磁材料本身的导磁率比较小，它的相对导磁率略大于1，难以被磁化，也难以被退磁。用永磁材料作同步电机转子，多使用钕铁硼瓦片型的薄片（见图 2-29），贴在非永磁材料的转子铁心上，相当于等效的空气隙加大。

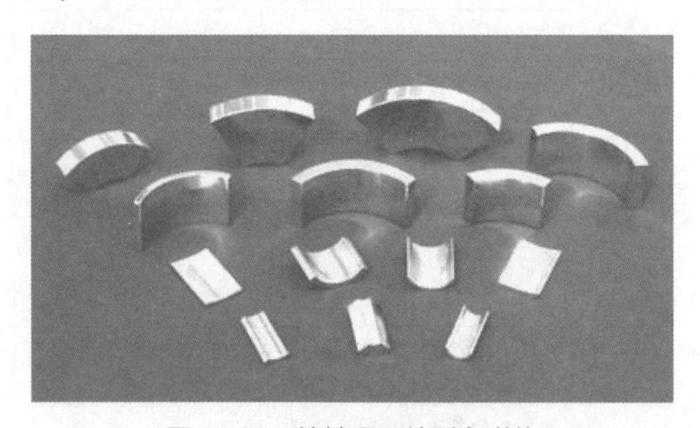

图 2-29　钕铁硼瓦片型永磁体

（3）稀土永磁材料。稀土永磁材料是将钐、钕混合稀土金属与过渡金属（如钴、铁等）组成的合金，用粉末冶金方法压型烧结，经磁场充磁后制得的一种磁性材料。稀土永磁材料性能最好，但价格也最贵。现代高性能电动机，如永磁直流电机、无刷直流电动机、正弦波永磁同步电动机等大都采用稀土永磁材料。

第3章

电工工具仪表与安全标志

3.1 电工工具和安全用具的使用

3.1.1 常用电工工具的使用

1. 常用电工工具的使用

电工工具的正确使用，是电工技能的基础。正确使用工具不但能提高工作效率和施工质量，而且能减轻疲劳、保证操作安全及延长工具的使用寿命。因此，电工必须十分重视工具的合理选择与正确的使用方法。常用电工工具的用途与使用见表3－1。

3.1 常用电工工具使用

表3－1　常用电工工具的用途及使用

名称	图示	用途及规格	使用及注意事项
试电笔		用来测试导线、开关、插座等电器及电气设备是否带电的工具	使用时，用手指握住验电笔身，食指触及笔身的金属体（尾部），验电笔的小窗口朝向自己的眼睛，以便于观察。试电笔测电压的范围为60～500V，严禁测高压电。 目前广泛使用电子（数字）试电笔。电子试电笔使用方法同发光管式。读数时最高显示数为被测值
钢丝钳		用来钳夹、剪切电工器材（如导线）的常用工具，规格有150、175、200mm三种，均带有橡胶绝缘导管，可适用于500V以下的带电作业	钢丝钳由钳头和钳柄两部分组成，钳头由钳口、齿口、刀口和铡口四部分组成。钳口用来弯曲或钳夹导线线头；齿口用来紧固或起松螺母；刀口用来剪切导线或剖削软导线绝缘层；铡口用来铡切电线线芯等较硬金属。 使用时注意：① 钢丝钳不能当作敲打工具；② 要注意保护好钳柄的绝缘管，以免碰伤而造成触电事故
尖嘴钳		尖嘴钳的钳头部分较细长，能在较狭小的地方工作，如灯座、开关内的线头固定等。常用规格有130、160、180mm三种	使用时的注意事项与钢丝钳基本相同，特别要注意保护钳头部分，钳夹物体不可过大，用力时切忌过猛

续表

名称	图示	用途及规格	使用及注意事项
斜口钳	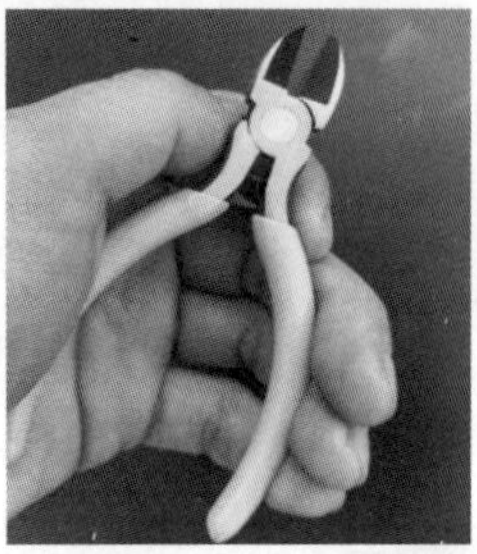	斜口钳又名断线钳，专用于剪断较粗的金属丝、线材及电线电缆等。常用规格有 130、160、180mm 和 200mm 四种	使用时的注意事项与钢丝钳基本相同
螺丝刀	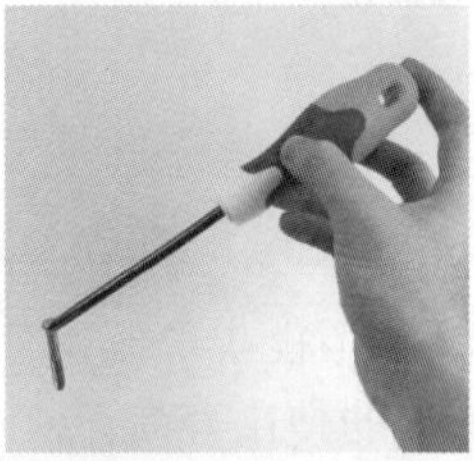	用来旋紧或起松螺丝的工具，常见有一字型和十字型螺丝刀。规格有 75、100、125、150mm 的四种	使用时注意：① 根据螺钉大小及规格选用相应尺寸的螺丝刀，否则容易损坏螺钉与螺丝刀；② 带电操作时不能使用穿心螺丝刀；③ 螺丝刀不能当凿子用；④ 螺丝刀手柄要保持干燥清洁，以免带电操作时发生漏电
电工刀		在电工安装维修中用于切削导线的绝缘层、电缆绝缘、木槽板等，规格有大号、小号之分；大号刀片长 112mm，小号刀片长 88mm	刀口要朝外进行操作；削割电线包皮时，刀口要放平一点，以免割伤线芯；使用后要及时把刀身折入刀柄内，以免刀刃受损或危及人身、割破皮肤
剥线钳		用于剥除小直径导线绝缘层的专用工具，它的手柄是绝缘的，耐压强度为 500V。其规格有 140mm（适用于铝、铜线，直径为 0.6、1.2mm 和 1.7mm）和 160mm（适用于铝、铜线，直径为 0.6、1.2、1.7mm 和 2.2mm）	将要剥除的绝缘长度用标尺定好后，即可把导线放入相应的刃口中（比导线直径稍大），用手将钳柄一握，导线的绝缘层即被割破而自动弹出。 注意：不同线径的导线要放在剥线钳不同直径的刃口上
活络扳手		电工用来拧紧或拆卸六角螺丝（母）、螺栓的工具，常用的活络扳手有 150×20（6in），200×25（8in），250×30（10in）和 300×36（12in）四种	① 不能当锤子用；② 要根据螺母、螺栓的大小选用相应规格的活络扳手；③ 活络扳手的开口调节应以既能夹住螺母又能方便地取下扳手、转换角度为宜
手锤		在安装或维修时用来锤击水泥钉或其他物件的专用工具	手锤的握法有紧握和松握两种。挥锤的方法有腕挥、肘挥和臂挥三种。一般用右手握在木柄的尾部，锤击时应对准工件，用力要均匀，落锤点一定要准确

记忆口诀

电工用钳种类多，不同用法要掌握。
绝缘手柄应完好，方便带电好操作。
电工刀柄不绝缘，不能带电去操作。
螺丝刀有两种类，规格一定要选对。
使用电笔来验电，握法错误易误判。
松紧螺栓用扳手，受力方向不能反。
手锤敲击各工件，一定瞄准落锤点。

2. 常用工具维护与保养常识

使用者对常用电工工具的最基本要求是安全、绝缘良好、活动部分应灵活。基于这一最基本要求，平时要注意维护和保养好电工工具，下面予以简单说明。

（1）常用电工工具要保持清洁、干燥。

（2）在使用电工钳之前，必须确保绝缘手柄的绝缘性能良好，以保证带电作业时的人身安全。若工具的绝缘套管有损坏，应及时更换，不得勉强使用。

（3）对钢丝钳、尖嘴钳、剥线钳等工具的活动部分要经常加油，防止生锈。

（4）电工刀使用完毕，要及时把刀身折入刀柄内，以免刀口受损或危及人身安全。

（5）手锤的木柄不能有松动，以免锤击时影响落锤点或锤头脱落。

特别提醒

绝缘层破损的电工钳不能用于带电作业。

3.1.2　其他电工工具的使用

电工作业的对象不同，需要选用的工具也不一样。这里所说的其他电工工具，主要包括高压验电器、手用钢锯、千分尺、转速表、电烙铁、喷灯、手摇绕线机、拉具、脚扣、蹬板、梯子、錾子和紧线器等，见表3－2。

表3－2　其他电工工具及使用注意事项

名称	图示	用途	使用及注意事项
高压验电器		用于测试电压高于500V以上的电气设备	使用时，要戴上绝缘手套，手握部位不得超过保护环；逐渐靠近被测体，看氖管是否发光，若氖管一直不亮，则说明被测对象不带电；在使用高压验电器测试时，至少应该有一个人在现场监护

续表

名称	图示	用途	使用及注意事项
手用钢锯		电工用来锯割物件	安装锯条时，锯齿要朝前方，锯弓要上紧。锯条一般分为粗齿、中齿和细齿3种。粗齿适用于锯削铜、铝和木板材料等，细齿一般可锯较硬的铁板及穿线铁管和塑料管等
千分尺	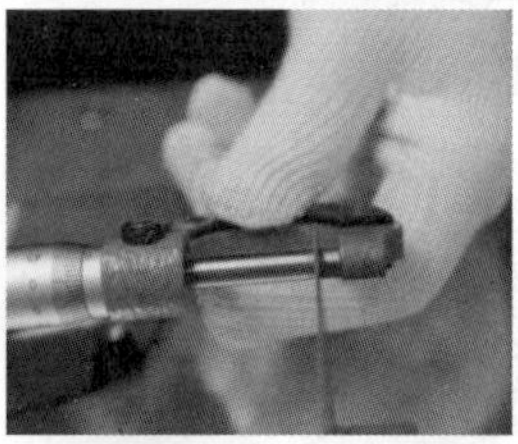	用于测量漆包线外径	使用时，将被测漆包线拉直后放在千分尺砧座和测微杆之间，然后调整微螺杆，使之刚好夹住漆包线，此时就可以读数了。读数时，先看千分尺上的整数读数，再看千分尺上的小数读数，两者相加即为铜漆包线的直径尺寸。千分尺的整数刻度一般1小格为1mm，可动刻度上的分度值一般是每格为0.01mm
转速表	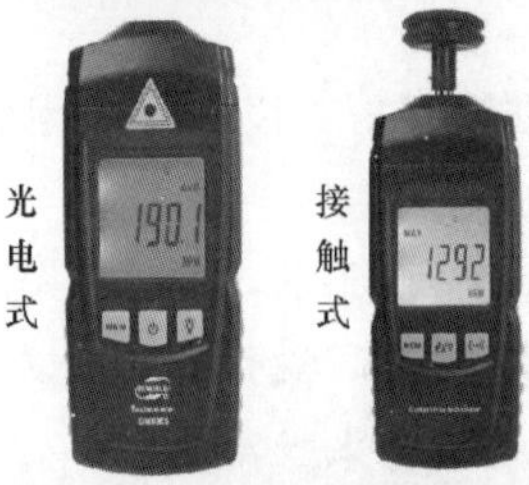 光电式 接触式	用于测试电气设备的转速和线速度	使用时，先要用眼观察电动机转速，大致判断其速度，然后把转速表的调速盘转到所要测的转速范围内。若没有把握判断电动机转速时，要将速度盘调到高位观察，确定转速后，再向低挡调，可以使测试结果准确。测量转速时，手持转速表要保持平衡，转速表测试轴与电动机轴要保持同心，逐渐增加接触力，直到测试指针稳定时再记录数据
电烙铁		焊接线路接头和元器件	使用外热式电烙铁要经常将铜头取下，清除氧化层，以免日久造成铜头烧死；电烙铁通电后不能敲击，以免缩短使用寿命；电烙铁使用完毕后，应拔下插头，待其冷却后再放置于干燥处，以免受潮漏电
喷灯		焊接铅包电缆的铅包层，截面积较大的铜芯线连接处的搪锡，以及其他电连接的镀锡	在使用喷灯前，应仔细检查油桶是否漏油，喷嘴是否堵塞、漏气等。根据喷灯所规定使用的燃料油的种类，加注相应的燃料油，其油量不得超过油桶容量的3/4，加油后应拧紧加油处的螺塞。喷灯点火时，喷嘴前严禁站人，且工作场所不得有易燃物品。点火时，在点火碗内加入适量燃料油，用火点燃，待喷嘴烧热后，再慢慢打开进油阀；打气加压时，应先关闭进油阀。同时，注意火焰与带电体之间要保持一定的安全距离
手摇绕线机	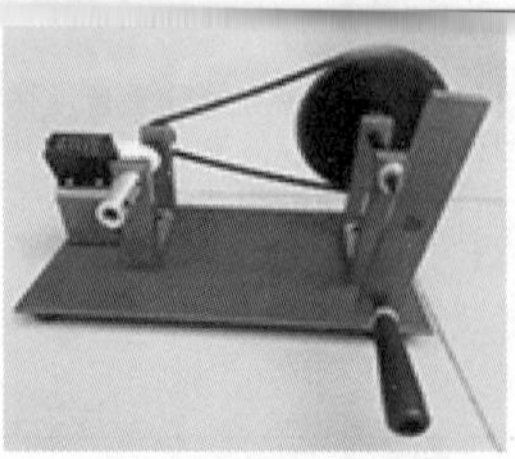	主要用来绕制电动机的绕组、低压电器的线圈和小型变压器的线圈	使用手摇绕线机时要注意：① 要把绕线机固定在操作台上；② 绕制线圈要记录开始时指针所指示的匝数，并在绕制后减去该匝数

续表

名称	图示	用途	使用及注意事项
拉具		用于拆卸皮带轮、联轴器、电动机轴承和电动机风叶	使用拉具拉电动机皮带轮时，要将拉具摆正，丝杆对准机轴中心，然后用扳手上紧拉具的丝杠，用力要均匀。在使用拉具时，如果所拉的部件与电动机轴间已经锈死，可在轴的接缝处浸些汽油或螺栓松动剂，然后用手锤敲击皮带轮外圆或丝杆顶端，再用力向外拉皮带轮
脚扣		用于攀登电力杆塔	使用前，必须检查弧形扣环部分有无破裂、腐蚀，脚扣皮带有无损坏，若已损坏应立即修理或更换。不得用绳子或电线代替脚扣皮带。在登杆前，对脚扣要做人体冲击试验，同时应检查脚扣皮带是否牢固、可靠
蹬板		用于攀登电力杆塔	用于攀登电力杆塔。使用前，应检查外观有无裂纹、腐蚀，并经人体冲击试验合格后再使用；登高作业动作要稳，操作姿势要正确，禁止随意从杆上向下扔蹬板；每年对蹬板绳子做一次静拉力试验，合格后方能使用
梯子		电工登高作业工具	梯子有人字梯和直梯，使用方法比较简单，梯子要安稳，注意防滑；同时，梯子安放位置与带电体应保持足够的安全距离
錾子		用于打孔，或者对已生锈的小螺栓进行錾断	使用时，左手握紧錾子（注意錾子的尾部要露出4cm左右），右手握紧手锤，再用力敲打
紧线器		在架空线路时用来拉紧电线的一种工具	使用时，将镀锌钢丝绳绕于右端滑轮上，挂置于横担或其他固定部位，用另一端的夹头夹住电线，摇柄转动滑轮，使钢丝绳逐渐卷入轮内，电线被拉紧而收缩至适当的程度

3.2 电锤的使用

记忆口诀

直梯登高要防滑，人字梯要防张开。
脚扣蹬板登电杆，手脚配合应协调。
紧线器，紧电线，慢慢收紧勿滑线。
喷灯虽小温度高，能融电缆的铅包。
电烙铁焊元器件，根据需要选规格。

3.1.3 手动电动工具的使用

电工常用的手动式电动工具主要有手电钻、电锤，见表3-3。

表3-3　　手动式电动工具的使用

名称	图示	用途	使用及注意事项
手电钻		用于钻孔	在装钻头时要注意钻头与钻夹保持在同一轴线，以防钻头在转动时来回摆动。在使用过程中，钻头应垂直于被钻物体，用力要均匀，当钻头被钻物体卡住时，应立即停止钻孔，检查钻头是否卡得过松，重新紧固钻头后再使用。钻头在钻金属孔过程中，若温度过高，很可能引起钻头退火，为此，钻孔时要适量加些润滑油
电锤		用于钻孔	电锤使用前应先通电空转一会儿，检查转动部分是否灵活，待检查电锤无故障时方能使用；工作时应先将钻头顶在工作面上，然后再起动开关，尽可能避免空打孔；在钻孔过程中，发现电锤不转时应立即松开开关，检查出原因后再起动电锤。用电锤在墙上钻孔时，应先了解墙内有无电源线，以免钻破电线发生触电。在混凝土中钻孔时，应注意避开钢筋

使用手电钻、电锤等手动电动工具时，应注意以下几点。

（1）使用前首先要检查电源线的绝缘是否良好，如果导线有破损，可用电工绝缘胶布包缠好。电动工具最好是使用三芯橡皮软线作为电源线，并将电动工具的外壳可靠接地。

（2）检查电动工具的额定电压与电源电压是否一致，开关是否灵活、可靠。

（3）电动工具接入电源后，要用电笔测试外壳是否带电，如不带电方能使用。操作过程中若需接触电动工具的金属外壳时，应戴绝缘手套，穿电工绝缘鞋，并站在绝缘板上。

（4）拆装手电钻的钻头时要用专用钥匙，切勿用螺丝刀和手锤敲击电钻夹头，如图3-1所示。

（5）装钻头时要注意，钻头与钻夹应保持同一轴线，以防钻头在转动时来回摆动。

（6）在使用过程中，如果发现声音异常，应立即停止钻孔，如果因连续工作时间过长，电动工具发烫，要立即停止工作，让其自然冷却，切勿用水淋浇。

（7）钻孔完毕，应将导线绕在手动电动工具上，并放置在干燥处以备下次使用。

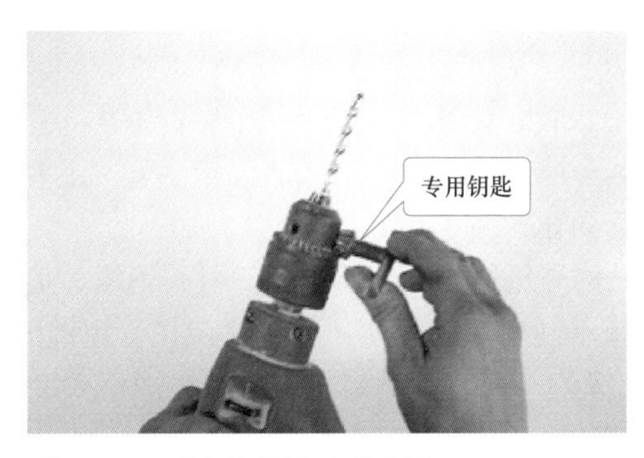

图 3－1　手电钻换钻头的方法

3.1.4　电气安全用具的使用

3.3　电气安全用具

电气安全用具是指在电气作业中，为了保证作业人员的安全，防止触电、坠落、灼伤等工伤事故所必须使用的各种电工专用工具或用具。电气安全用具可按用途分为基本安全用具、辅助安全用具和一般防护安全用具。

1. 基本安全用具

基本安全用具是可以直接接触带电部分，能够长时间可靠地承受设备工作电压的工具。常用的有绝缘杆、绝缘夹钳等，如图 3－2 所示。

（1）绝缘杆。绝缘杆是一种专用于电力系统内的绝缘工具组成的统一称呼，可以被用于带电作业，带电检修以及带电维护作业的器具。

(a) 绝缘杆

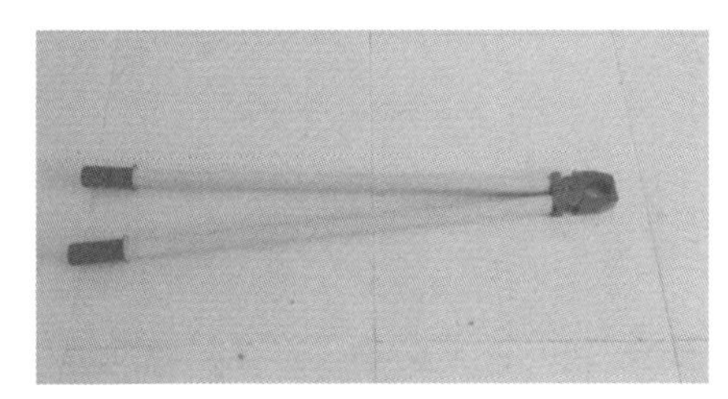
(b) 绝缘夹钳

图 3－2　绝缘杆和绝缘夹钳

（2）绝缘夹钳。绝缘夹钳是用来安装和拆卸高压熔断器或执行其他类似工作的工具，主要用于 35kV 及以下电力系统。

特别提醒

操作时，要选用相应电压等级的经过定期试验合格的基本安全用具。

2. 辅助安全用具

辅助安全用具是指绝缘强度不足以承受电气设备的工作电压，用来进一步加强基本安全用具的可靠性和防止接触电压及跨步电压危险的工具。因此，不能用辅助绝缘安全工器具直接接触高压设备带电部分。

常用的有绝缘手套、绝缘靴、绝缘垫（毯）、绝缘站台等。

（1）绝缘手套。绝缘手套是一种用橡胶制成的五指手套，主要用于电工作业，具有保护手或人体的作用。可防电、防水、耐酸碱、防滑、防油。

（2）绝缘靴。绝缘靴又称高压绝缘靴，矿山靴。所谓绝缘，是指用绝缘材料把带电体封闭起来，借以隔离带电体或不同电位的导体，使电流能按一定的通路流通。

（3）绝缘垫（毯）。绝缘垫（毯）都是用特种橡胶制成，表面有防滑槽纹，其厚度不应小于 5mm，用于配电等工作场合的台面或铺地绝缘材料。

绝缘垫（毯）一般铺设在高、低压开关柜前，作为固定的辅助安全用具。

（4）绝缘站台。绝缘站台由干燥的木板或木条制成，站台四角用绝缘瓷瓶做台脚。

特别提醒

操作时，要选用相应电压等级并经过定期试验合格的辅助安全用具。

3. 一般防护安全用具

一般防护安全用具包括临时接地线、遮栏、标示牌等。

（1）临时接地线。临时接地线一般装设在被检修区段两端的电源线路上，用来防止突然来电，临时接地线还用来消除邻近高压线路所产生的感应电，以及用来放尽线路或设备上可能残存的静电。临时接地线主要由软导线和接线夹头组成。其中，三根短的软导线是接向三根相线用的，一根长的软导线是接向接地线用的，如图 3-3 所示。

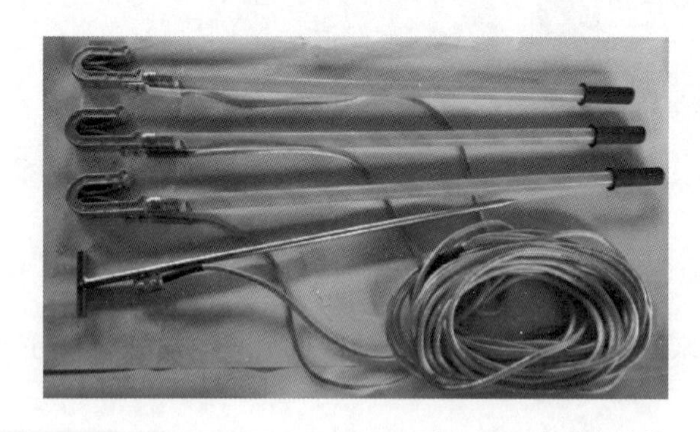

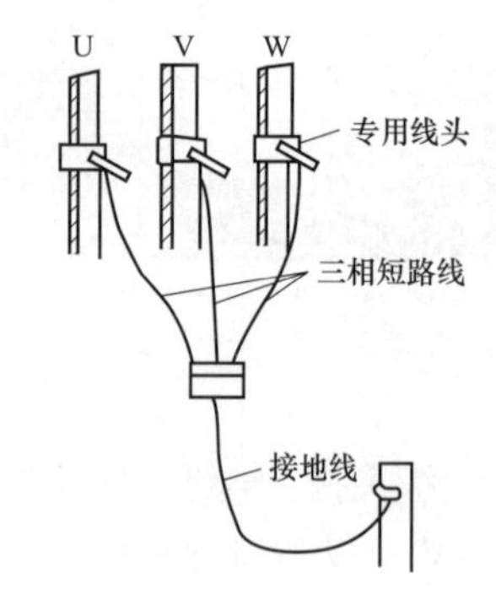

图 3-3　临时接地线

（2）遮栏。遮栏主要用来防止工作人员无意碰到或过分接近带电体，也用作检修安全距离不够时的安全隔离装置。遮栏由干燥的木材或其他绝缘材料制成。在过道和入口等处可采用栅栏。

遮栏和栅栏必须安装牢固，并不得影响工作。遮栏高度及其与带电体的距离应符合屏护的安全要求。

（3）标示牌。标示牌由绝缘材料制成。其作用是普告工作人员不得过分接近带电部分，指明工作人员准确的工作地点，提醒工作人员应当注意的问题，以及禁止向某段线输送电等。标示牌种类很多，如“止步，高压危险！”“在此工作”“已接地”“有人工作，禁止合闸！”等。

4. 验电器

验电器分为高压和低压两种。低压验电器又称验电笔，主要用来检查低压电气设备或线路是否带有电压。高压验电器用于测量高压电气设备或线路上是否带有电压（包括感应电压）。如图 3－4 所示，高压验电器型式较多，使用时应按产品使用说明书要求正确使用。

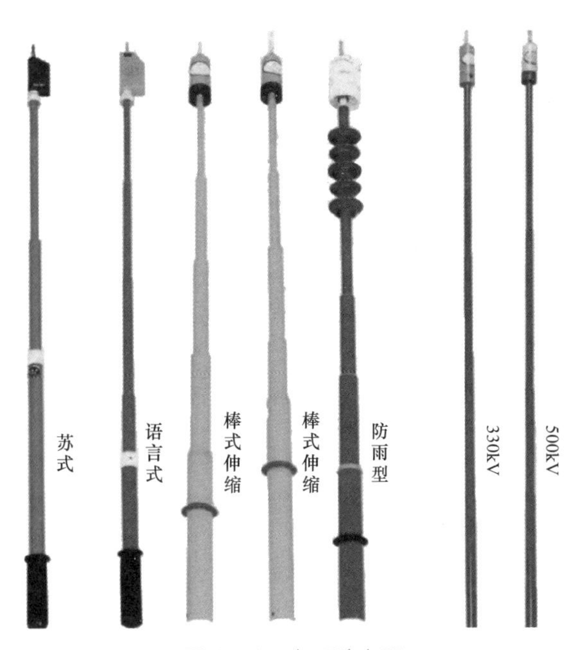

图 3－4 高压验电器

用高压验电器验电时应戴绝缘手套，并使用被测设备相应电压等级的验电器。验电前后应在有电的设备上或线路上进行试验，以检验所使用的验电器是否良好。

5. 电气安全用具使用要求

所有电气安全用具都要按规定进行定期试验和检查，对不符合要求的安全用具应及时停用并更换，以保证使用时安全、可靠。

安全用具的技术性能必须符合规定，选用安全用具必须符合工作电压，且必须符合电气安全工作制度、电业安全工作规程的规定。

电气安全用具要妥善保管，放置做到整齐清楚，使用方便。电气安全用具不准作其他用具使用。

3.2 常用电工仪表的使用

3.2.1 万用表的使用

万用表又称为多用表，主要用来测量电阻，交、直流电压，电流。有的万用表还可以测量晶体管的主要参数和电容器的电容量等。

万用表是最基本、最常用的电工仪表，主要有指针式万用表和数字式万用表两大类。

3.4 指针式万用表简介

1. 指针式万用表的使用

下面以 MF7 型万用表为例介绍指针式万用表的使用方法。

（1）测量电阻。测量电阻必须使用万用表内部的直流电源。打开背面的电池盒盖，右边是低压电池仓，装入一枚 1.5V 的 2 号电池；左边是高压电池仓，装入一枚 15V 的层叠电池，如图 3－5 所示。现在也有的厂家生产的 MF47 型万用表，$R\times10$k 挡使用的是 9V 层叠电池。

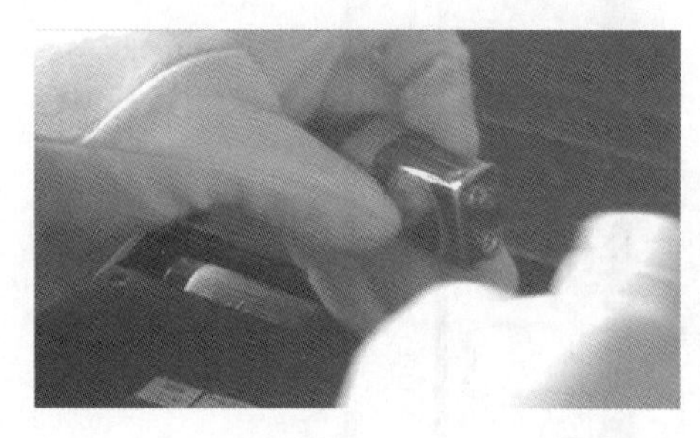
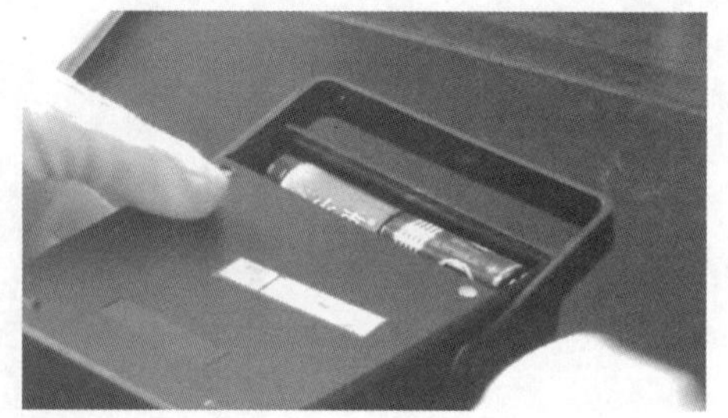

图 3－5 安装电池

指针式万用表测量电阻的方法可以总结为如下口诀。

操作口诀

测量电阻选量程，两笔短路先调零。
旋钮到底仍有数，更换电池再调零。
断开电源再测量，接触一定要良好。
两手悬空测电阻，防止并联变精度。
要求数值很准确，表针最好在格中。
读数勿忘乘倍率，完毕挡位电压中。

测量电阻选量程——测量电阻时，首先要选择适当的量程。量程选择时，应力求使测量数值应尽量在欧姆刻度线的 0.1～10 之间的位置，这样读数才准确。

一般测量 100Ω 以下的电阻可选“$R\times1\Omega$”挡，测量 100～1kΩ 的电阻可选“$R\times10\Omega$”，测量 1k～10kΩ 可选“$R\times100\Omega$”挡，测量 10k～100kΩ 可选“$R\times1\text{k}\Omega$”，测量 10kΩ 以上的

电阻可选“$R \times 10\text{k}\Omega$”挡。

两笔短路先调零——选择好适当的量程后，要对表针进行欧姆调零。注意，每次变换量程之后都要进行一次欧姆调零操作，如图 3-6 所示。欧姆调零时，操作时间应尽可能短。如果两支表笔长时间碰在一起，万用表内部的电池会过快消耗。

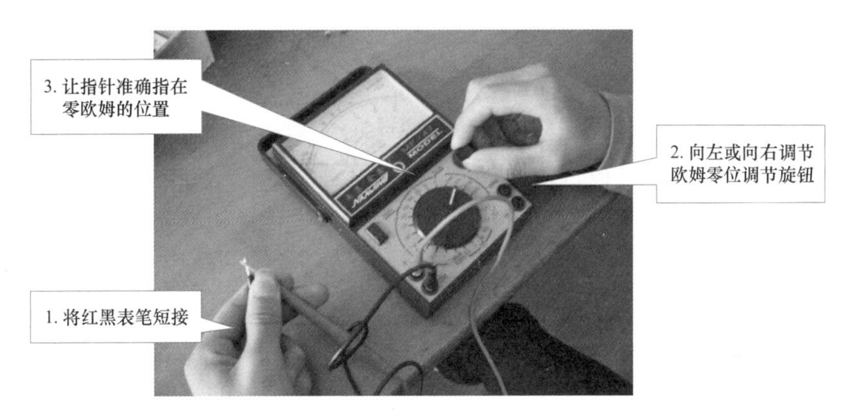

图 3-6 欧姆调零的操作方法

旋钮到底仍有数，更换电池再调零——如果欧姆调零旋钮已经旋到底了，表针始终在 0Ω 线的左侧，不能指在“0”的位置上，说明万用表内的电池电压较低，不能满足要求，需要更换新电池后再进行上述调整。

断开电源再测量，接触一定要良好——如果是在路测量电阻器的电阻值，必须先断开电源再进行测量，否则有可能损坏万用表，如图 3-7 所示。换言之，不能带电测量电阻。在测量时，一定要保证表笔接触良好（用万用表测量电路其他参数时，同样要求表笔接触良好）。

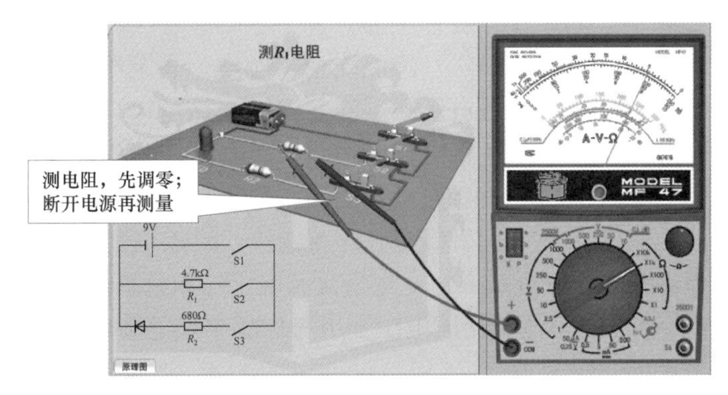

图 3-7 电阻测量应断开电源

两手悬空测电阻，防止并联变精度——测量时，两只手不能同时接触电阻器的两个引脚。因为两只手同时接触电阻器的两个引脚，等于在被测电阻器的两端并联了一个电阻（人体电阻），所以将会使得到的测量值小于被测电阻的实际值，影响测量的精确度。

要求数值很准确，表针最好在格中——量程选择要合适，若太大，不便于读数；若太小，无法测量。只有表针在标度尺的中间部位时，读数最准确。

读数勿忘乘倍率——读数乘以倍率（所选择挡位，如 $R\times10$、$R\times100$ 等），就是该电阻的实际电阻值。例如选用 $R\times100$ 挡测量，指针指示为 40，则被测电阻值为

$$40\times100\Omega=4000\Omega=4k\Omega$$

完毕挡位电压中——测量工作完毕后，要将量程选择开关置于交流电压最高挡位，即交流 1000V 挡位。

（2）测量交流电压。测量 1000V 以下交流电压时，挡位选择开关置所需的交流电压挡。测量 1000～2500V 的交流电压时，将挡位选择开关置于“交流 1000V”挡，正表笔插入“交直流 2500V”专用插孔。

指针式万用表测量交流电压的方法及注意事项可归纳以下口诀。

操作口诀

量程开关选交流，挡位大小符要求。
确保安全防触电，表笔绝缘尤重要。
表笔并联路两端，相接不分火或零。
测出电压有效值，测量高压要换孔。
表笔前端莫去碰，勿忘换挡先断电。

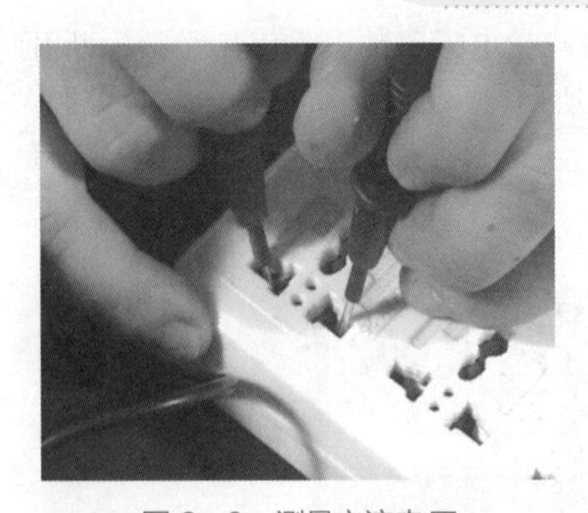

图 3-8　测量交流电压

量程开关选交流，挡位大小符要求——测量交流电压，必须选择适当的交流电压量程。若误用电阻量程、电流量程或者其他量程，有可能损坏万用表。此时，一般情况是内部的保险管损坏，可用同规格的保险管更换。

确保安全防触电，表笔绝缘尤重要——测量交流电压必须注意安全，这是该口诀的核心内容。因为测量交流电压时人体与带电体的距离比较近，所以特别要注意安全，如图 3-8 所示。如果表笔有破损、表笔引线有破碎露铜等，应该完全处理好后才能使用。

表笔并联路两端，相接不分火或零——测量交流电压与测量直流电压的接线方式相同，即万用表与被测量电路并联，但测量交流电压不用考虑哪个表笔接火线，哪个表笔接零线的问题。

测出电压有效值，测量高压要换孔——用万用表测得的电压值是交流电的有效值。如果需要测量高于 1000V 的交流电压，要把红表笔插入 2500V 插孔。不过，在实际工作中一般不容易遇到这种情况。

（3）测量直流电压。测量 1000V 以下直流电压时，挡位选择开关置于所需的直流电压挡。测量 1000～2500V 的直流电压时，将挡位选择开关置于“直流 1000V”挡，正表笔插

入“交直流 2500V”专用插孔。

指针式万用表测量直流电压的方法及注意事项可归纳为如下口诀。

操作口诀

确定电路正负极，挡位量程先选好。
红笔要接高电位，黑笔接在低位端。
表笔并接路两端，若是表针反向转。
接线正负反极性，换挡之前请断电。

确定电路正负极，挡位量程先选好——用万用表测量直流电压之前，必须分清电路的正负极（或高电位端、低电位端），注意选择好适当的量程挡位。

电压挡位合适量程的标准是：表针尽量指在满偏刻度的 2/3 以上的位置（这与电阻挡合适倍率标准有所不同，一定要注意）。

红笔要接高电位，黑笔接在低位端——测量直流电压时，红笔要接高电位端（或电源正极），黑笔接在低位端（或电源负极），如图 3–9 所示。

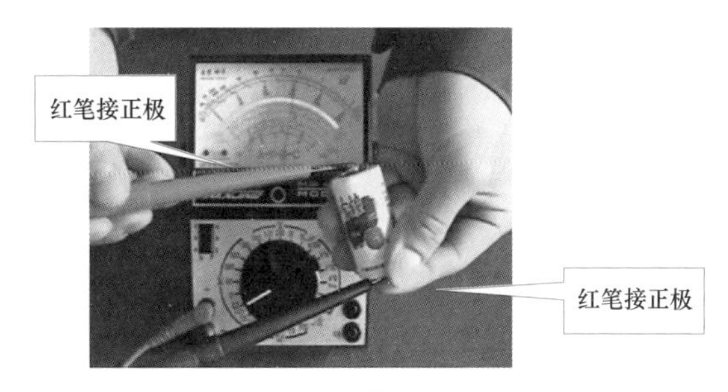

图 3–9　测量直流电压

表笔并接路两端，若是表针反向转，接线正负反极性——测量直流电压时，两只表笔并联接入电路（或电源）两端。如果表针反向偏转，俗称打表，说明正负极性搞错了，此时应交换红、黑表笔再进行测量。

换挡之前请断电——在测量过程中，如果需要变换挡位，一定要取下表笔，断电后再变换电压挡位。

（4）测量直流电流。一般来说，指针式万用表只有直流电流测量功能，不能用直接用指针式万用表测量交流电流。

MF47 型万用表测量 500mA 以下直流电流时，将挡位选择开关置所需的“mA”挡。测量 500mA～5A 的直流电流时，将挡位选择开关置于“500mA”挡，正表笔插入“5A”插孔。

指针式万用表测量直流电流的方法及注意事项可归纳为以下口诀。

操作口诀

量程开关拨电流，确定电路正负极。
红色表笔接正极，黑色表笔要接负。
表笔串接电路中，高低电位要正确。
挡位由大换到小，换好量程再测量。
若是表针反向转，接线正负反极性。

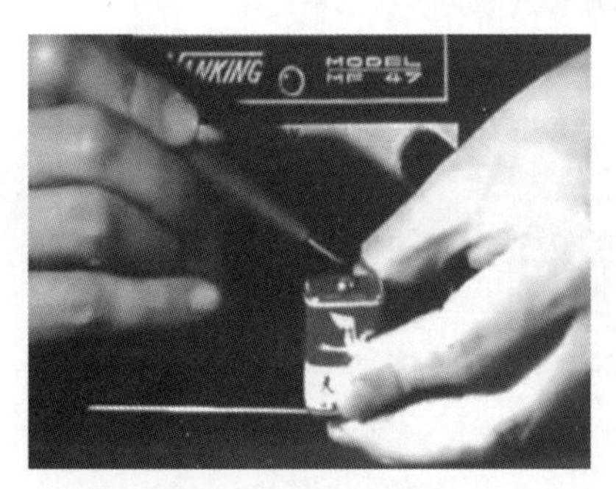

图 3-10　测量直流电流

量程开关拨电流，确定电路正负极——指针式万用表都具有测量直流电流的功能，但一般不具备测量交流电流的功能。在测量电路的直流电流之前，需要首先确定电路正、负极性。

红色表笔接正极，黑色表笔要接负——这是正确使用表笔的问题，测量时，红色表笔接电源正极，黑色表笔接电源负极，图 3-10 所示为测量直流电流的方法。

表笔串接电路中，高低电位要正确——测量前，应将被测量电路断开，再把万用表串联接入被测电路中，红表笔接电路的高电位端（或电源的正极），黑表笔接电路的低电位端（或电源的负极），这与测量直流电压时表笔的连接方法完全相同。

万用表置于直流电流挡时，相当于直流表，内阻会很小。如果误将万用表与负载并联，就会造成短路，烧坏万用表。

挡位由大换到小，换好量程再测量——在测量电流之前，可先估计一下电路电流的大小，若不能大致估计电路电流的大小，最好的方法是挡位由大换到小。

若是表针反向转，接线正负反极性——在测量时，若是表针反向偏转，说明正负极性接反了，应立即交换红、黑表笔的接入位置。

（5）指针式万用表使用注意事项。

1）测量先看挡，不看不测量。每次拿起表笔准备测量时，必须再核对一下测量类别及量程选择开关是否拨对位置。为了安全，必须养成这种习惯。

2）测量不拨挡，测完拨空挡。测量中不能任意拨动量程选择开关，特别是测高压（如 220V）或大电流（如 0.5A）时，以免产生电弧，烧坏转换选择开关触点。测量完毕，应将量程选择开关拨到交流最高挡或“OFF”位置。

3）表盘应水平，读数要对正。使用万用表应水平放置，待指针稳定后读数，读数时视线要正对着表针。

4）量程要合适，针偏过大半。选择量程，若事先无法估计被测量大小，应尽量选较大的量程，然后根据偏转角大小，逐步换到较小的量程，直到指针偏转到满刻度的 2/3 左右为止。

5）测 R 不带电，测 C 先放电。严禁在被测电路带电的情况下测电阻。检查电器设备上

的大容量电容器时，应先将电容器短路放电后再测量。

6）测R先调零，换挡需调零。测量电阻时，应先将转换开关旋到电阻挡，把两表笔短接，旋“Ω”调零电位器，使指针指零欧后再测量。每次更换电阻挡时，都应重新调整欧姆零点。

7）黑负要记清，表内黑接“+”。万用表的红表笔为正极，黑表笔为负极。但在电阻挡上，黑表笔接的是内部电池的正极。

8）测I应串联，测U要并联。测量电流时，应将万用表串接在被测电路中；测量电压时，应将万用表并联在被测电路的两端。

9）极性不接反，单手成习惯。测量直流电流和电压时，应特别注意红、黑表笔的极性不能接反。使用万用表测量电压、电流时，要养成单手握笔操作的习惯，以确保安全，如图3-11（a）所示。在不通电时，测量体积较小的元器件，可以双手握笔操作，如图3-11（b）所示。

(a) 单手握笔

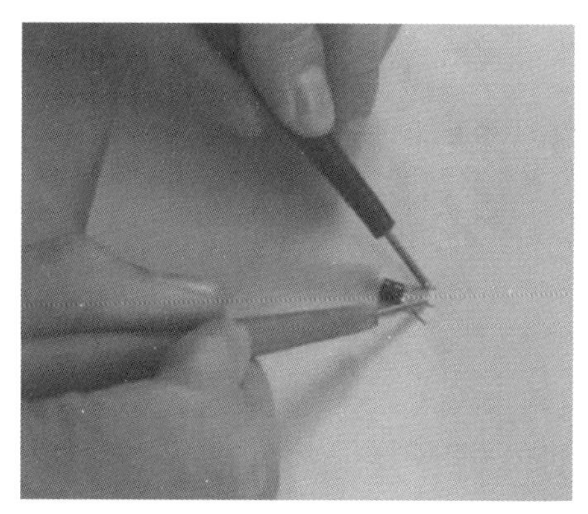

(b) 双手握笔

图3-11　万用表测量操作

2. 数字万用表的使用

（1）测量电阻。

1）将黑表笔插入COM插孔，红表笔插入V/Ω插孔。

2）根据待测电阻标称值（可从电阻器的色环上观察）选择量程，所选择的量程应比电阻器的标称值稍微大一点。

3）将数字万用表表笔与被测电阻并联，从显示屏上直接读取测量结果。如图3-12所示，测量标称阻值是12kΩ的电阻器，实际测得其电阻值为11.97kΩ。

3.5　数字万用表简介

（2）测量直流电压。

1）黑表笔插入COM插孔，红表笔插入V/Ω插孔。

2）将功能开关置于直流电压挡“DCV”或“V ⎓ ”合适量程。

3）两支表笔与被测电路并联（一般情况下，红表笔接电源正极，黑表笔接电源负极），即可测得直流电压值。如果表笔极性接反，在显示电压读数时，显示屏上用“-”

号指示出红表笔的极性。如图3-13所示显示“-3.78”，表明此次测量电压值为3.78V，负号表示红表笔接的是电源负极。

图3-12 测量电阻

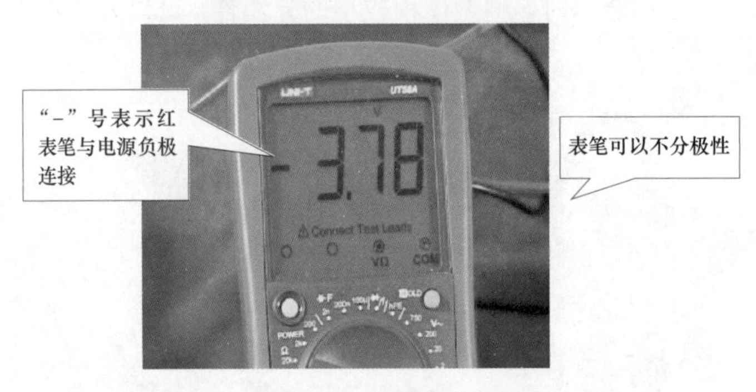

图3-13 测量直流电压

（3）测量交流电压。

1）黑表笔插入COM插孔，红表笔插入V/Ω插孔。

2）将功能开关置于交流电压挡“ACV”或“V～”的合适量程。

3）测量时表笔与被测电路并联，表笔不分极性。直接从显示屏上读数，如图3-14所示。

图3-14 测量交流电压

（4）测量电流。

1）将黑表笔插入COM插孔，当被测电流在200mA以下时，红表笔插入“mA”插孔，

当测量 0.2～20A 的电流时，红表笔插入“20A”插孔。

2）转换开关置于直流电流挡“ACA”或“A－”的合适量程。

3）测量时，必须先断开电路，将表笔串联接入到被测电路中，如图 3－15 所示。显示屏在显示电流值时，同时会指示出红表笔的极性。

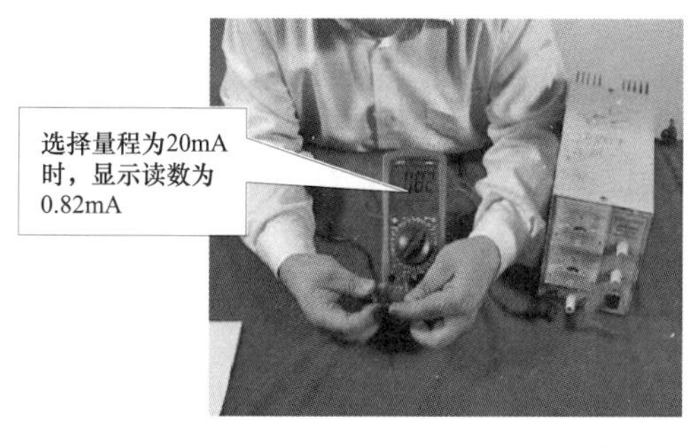

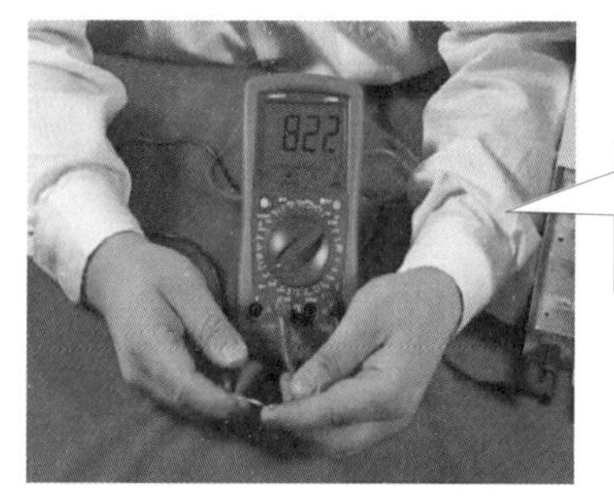

图 3－15 测量电流

（5）使用数字万用表的注意事项。

1）测量 U/I 看高低，量程选择要合适。

如果无法预先估计被测电压或电流的大小，则应先拨至最高量程挡测量一次，再视情况逐渐把量程减小到合适位置，如图 3－16 所示。测量完毕，应将量程开关拨到最高电压挡，并关闭电源。

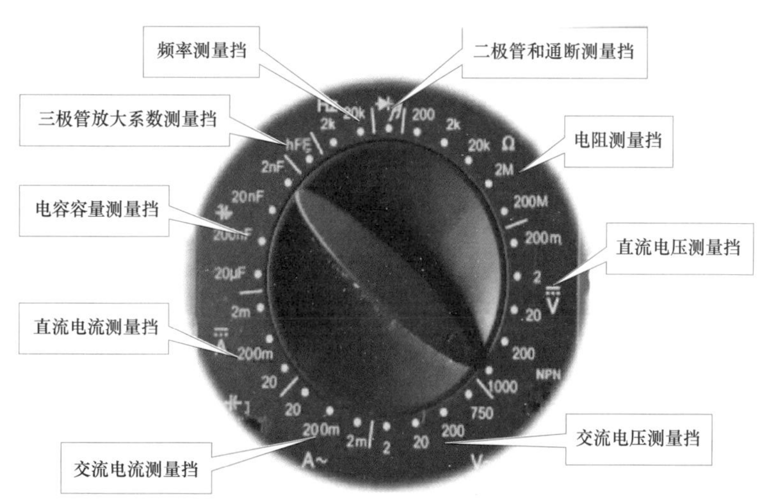

图 3－16 数字万用表的量程选择

2）屏幕显示数字“1”，“1”的含义不一样。

有一些型号的数字万用表，按下电源开关后，没有进行任何测量时，屏幕上也是显示数字“1”。

数字万用表测量时（例如电阻、电压、电流），屏幕仅在最高位显示数字“1”，其他位均消失，“1”的意思是计算值“溢出”，说明实际值已经超过该档测量最大值，挡位需要向更高的一挡拨动。即：量程开关置错位，屏幕出现“1”字样。

如果量程选择开关置于蜂鸣挡（图标是二极管图标），显示 1。始终显示数字“1”，是因为两表笔之间的被测量部分是不通的（或电阻很大于 1000Ω）。

3）量程选择要合适，测量时候不拨挡。

禁止在测量高电压（220V 以上）或大电流（0.5A 以上）时换量程，以防止产生电弧，烧毁开关触点。一般来说，数字万用表的电流量程范围，较小毫安挡，最大电流为 20A 挡。

4）电池电量若不足，及时更换新电池。

当显示“BATT”或“LOWBAT”时，表示电池电压低于工作电压，应更换新电池。如果数字万用表长期不用的话，要将电池取出来，避免因电池漏液腐蚀表内的零器件，如图 3－17 所示。

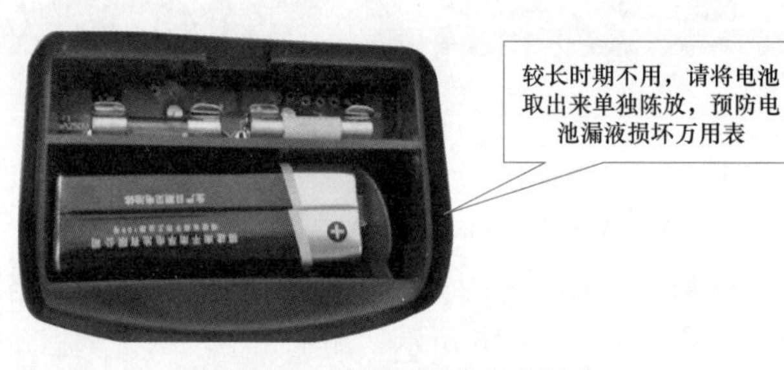

图 3－17　数字万用表的电池盒

3.2.2　钳形电流表的使用

3.6　钳形电流表的使用

钳形电流表由电流互感器和电流表组合而成，是一种不需要中断负载运行（即不断开载流导线）就可测量低压线路上的交流电流大小的携带式仪表。

通常用普通电流表测量电流时，需要将电路切断停机后才能将电流表接入进行测量，这是很麻烦的，有时正常运行的电动机不允许这样做。此时，使用钳形电流表就显得方便多了，可以在不切断电路的情况下来测量电流。

1. 使用前的检查

（1）重点检查钳口上的绝缘材料（橡胶或塑料）有无脱落、破裂等现象，包括表头玻璃罩在内的整个外壳的完好与否，这些都直接关系着测量安全并涉及仪表的性能问题。

图 3－18　检查钳口开合情况

（2）检查钳口的开合情况，要求钳口开合自如（见图 3－18），钳口两个结合面应保证接触良好，如钳口上有油污和杂物，应用汽油擦干净；如有锈迹，应轻轻擦去。

（3）检查零点是否正确，若表针不在零点时可通过调节机构调准。

（4）多用型钳形电流表还应检查测试线和表笔有无损坏，要求导电良好、绝缘完好。

（5）数字式钳形电流表还应检查表内电池的电量是否充足，

不足时必须更新。

2. 使用方法

（1）在测量前，应根据负载电流的大小先估计被测电流数值，选择合适量程，或先选用较大量程的电流表进行测量，然后再根据被测电流的大小减小量程，使读数超过刻度的 1/2，以获得较准的读数。

（2）在进行测量时，用手捏紧扳手使钳口张开，将被测载流导线的位置应放在钳口中心位置，以减少测量误差，如图 3-19 所示。然后，松开扳手，使钳口（铁心）闭合，表头即有指示。

（3）测量 5A 以下的电流时，如果钳形电流表的量程较大，在条件许可时，可把导线在钳口上多绕几圈（见图 3-20），然后测量并读数。线路中的实际电流值为读数除以穿过钳口内侧的导线匝数。

图 3-19　载流导线放在钳口中心位置

图 3-20　测量 5A 以下电流的方法

（4）在判别三相电流是否平衡时，若条件允许，可将被测三相电路的三根相线同方向同时放入钳口中，若钳形电流表的读数为零，则表明三相负载平衡；若钳形电流表的读数不为零，说明三相负载不平衡。

特别提醒

用钳形电流表检测电流时，一定要夹入一根被测导线（电线），夹入两根（平行线）则不能检测电流。

钳形电流表不能测量裸导线电流，以防触电和短路。

3. 钳形电流表使用注意事项

（1）某些型号的钳形电流表附有交流电压刻度，测量电流、电压时，应分别进行，不能同时测量。

（2）钳型表钳口在测量时闭合要紧密，闭合后如有杂音，可打开钳口重合一次。若杂音仍不能消除时，应检查磁路上各接合面是否光洁，有尘污时要擦拭干净。

（3）被测电路电压不能超过钳形表上所标明的数值，否则容易造成接地事故，或者引起触电危险。

（4）在测量现场，各种器材均应井然有序，测量人员应戴绝缘手套，穿绝缘鞋。身体的各部分与带电体之间至少不得小于安全距离（低压系统安全距离为0.1～0.3m）。读数时，往往会不由自主地低头或探腰，这时要特别注意肢体，尤其是头部与带电部分之间的安全距离。

（5）测量回路电流时，应选有绝缘层的导线上进行测量，同时要与其他带电部分保持安全距离，防止相间短路事故发生。测量中禁止更换电流挡位。

（6）测量低压熔断器或水平排列的低压母线电流时，应将熔断器或母线用绝缘材料加以相间隔离，以免引起短路。同时应注意不得触及其他带电部分。

（7）对于数字式钳形电流表，尽管在使用前曾检查过电池的电量，但在测量过程中，也应当随时关注电池的电量情况，若发现电池电压不足（如出现低电压提示符号），必须在更换电池后再继续测量。能否正确地读取测量数据，直接关系到测量的准确性。如果测量现场存在电磁干扰，就必然会干扰测量的正常进行，因此应设法排除干扰。

（8）对于指针式钳形电流表，首先应认准所选择的挡位，其次认准所使用的是哪条刻度尺。观察表针所指的刻度值时，眼睛要正对表针和刻度以避免斜视，减小视差。数字式表头的显示虽然比较直观，但液晶屏的有效视角是很有限的，眼睛过于偏斜时很容易读错数字，还应当注意小数点及其所在的位置，这一点千万不能被忽视。

（9）测量完毕，一定要把调节开关放在最大电流量程位置，以免下次使用时，不小心造成仪表损坏。

钳形电流表的基本使用方法及注意事项可归纳为如下口诀。

操作口诀

不断电路测电流，电流感知不用愁。
测流使用钳形表，方便快捷算一流。
钳口外观和绝缘，用清一定要检查。
钳口开合应自如，清除油污和杂物。
量程大小要适宜，钳表不能测高压。
如果测量小电流，导线缠绕钳口上。
带电测量要细心，安全距离不得小。

3.7 绝缘电阻表的使用

3.2.3 绝缘电阻表的使用

绝缘电阻表俗称兆欧表，主要用来检查电气设备、家用电器或电气线路对地及相间的绝缘电阻，以保证这些设备、电器和线路工作在正常状态，避免发生触电伤亡及设备损坏等事故。

1. 绝缘电阻表的使用方法

（1）将被测设备脱离电源，并进行放电，再把设备清扫干净（双回线，双母线，当一路带电时，不得测量另一路的绝缘电阻）。

（2）测量前应对绝缘电阻表进行校验，即做一次开路试验（测量线开路，摇动手柄，指针应指于“∞”处）和一次短路试验（测量线直接短接一下，摇动手柄，指针应指“0”），

两测量线不准相互缠交，如图 3－21 所示。

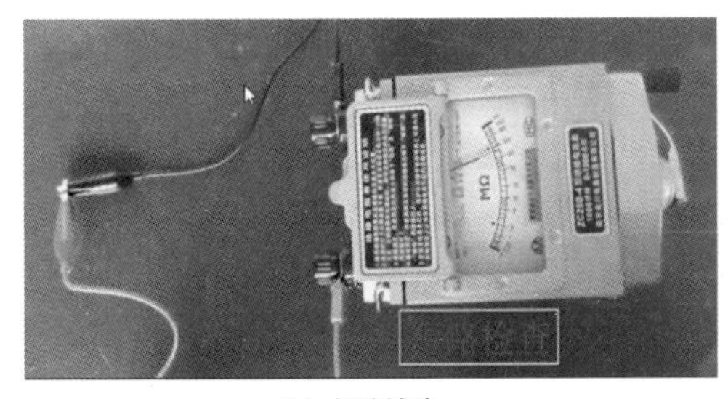

(a) 短路试验

(b) 开路试验

图 3－21　绝缘电阻表校验

（3）正确接线。一般绝缘电阻表上有三个接线柱，一个为线接线柱的标号为“L”，一个为地接线柱的标号为“E”，另一个为保护或屏蔽接线柱的标号为“G”。在测量时，“L”与被测设备和大地绝缘的导体部分相接，“E”与被测设备的外壳或其他导体部分相接。一般在测量时只用“L”和“E”两个接线柱，但当被测设备表面漏电严重、对测量结果影响较大而又不易消除时，例如空气太潮湿、绝缘材料的表面受到浸蚀而又不能擦干净时就必须连接“G”端钮，如图 3－22 所示。同时在接线时还须注意不能使用双股线，应使用绝缘良好且不同颜色的单根导线，尤其对于连接“L”接线柱的导线必须具有良好绝缘。

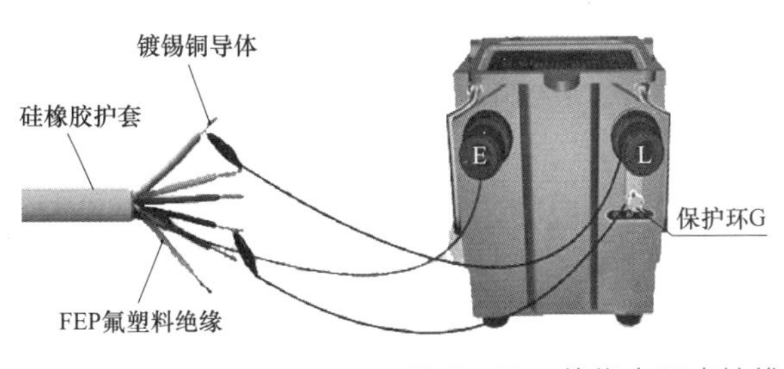

图 3－22　绝缘电阻表接线示例

（3）在测量时，绝缘电阻表必须放平。如图 3－23 所示，左手按住表身，右手摇动绝缘电阻表摇柄，以 120r/min 的恒定速度转动手柄，使表指针逐渐上升，直到出现稳定值后，再读取绝缘电阻值（严禁在有人工作的设备上进行测量）。

（4）对于电容量大的设备，在测量完毕后，必须将被测设备进行对地放电（绝缘电阻表没停止转动时及放电设备切勿用手触及）。

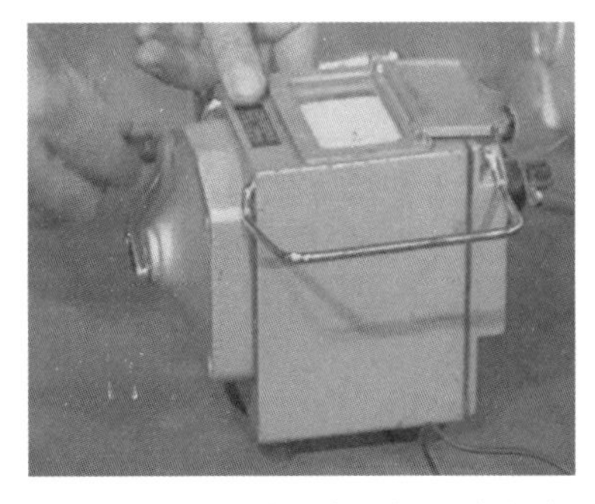

图 3－23　摇动发电机摇柄的方法

2. 绝缘电阻表使用注意事项

绝缘电阻表本身工作时要产生高电压，为避免人身及设备事故，必须重视以下几点注意事项。

（1）不能在设备带电的情况下测量其绝缘电阻。测量前被测设备必须切断电源和负载，并进行放电；已用绝缘电阻表测量过的设备如要再次测量，也必须先接地放电。

（2）绝缘电阻表测量时要远离大电流导体和外磁场。

（3）与被测设备的连接导线，要用绝缘电阻表专用测量线或选用绝缘强度高的两根单芯多股软线，两根导线切忌绞在一起，以免影响测量准确度。

（4）测量过程中，如果指针指向“0”位，表示被测设备短路，应立即停止转动手柄。

（5）被测设备中如有半导体器件，应先将其插件板拆去。

（6）测量过程中不得触及设备的测量部分，以防触电。

（7）测量电容性设备的绝缘电阻时，测量完毕，应对设备充分放电。

（8）测量过程中手或身体的其他部位不得触及设备的测量部分或绝缘电阻表接线桩，即操作者应与被测量设备保持一定的安全距离，以防触电。

（9）数字式绝缘电阻表多采用 5 号电池或者 9V 电池供电，工作时所需供电电流较大，因此在不使用时务必要关机，即便有自动关机功能的绝缘电阻表，建议用完后就手动关机。

（10）记录被测设备的温度和当时的天气情况，有利于分析设备的绝缘电阻是否正常。

3.2.4 电能表的使用

1. 电能表的种类

电能表是用来测量电能的仪表，又称电度表、火表、千瓦小时表。

交流电能表按其相线又可分为单相电能表、三相三线电能表和三相四线电能表。

电能表按其工作原理可分为电气机械式电能表和电子式电能表（又称静止式电能表、固态式电能表）。其中，电子式电能表可分为全电子式电能表和机电式电能表。

电能表按其用途可分为有功电能表、无功电能表、最大需量表、标准电能表、复费率分时电能表、预付费电能表、损耗电能表和多功能电能表等。

2. 单相电能表

机械式单相电能表主要由铭牌、电压线圈、电流线圈、计度器、接线盒、转盘等组成，机械式单相电能表的结构及接线原理图如图 3－24 所示。

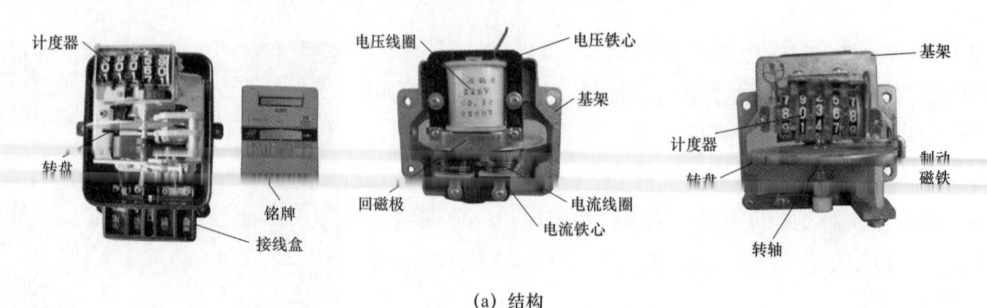

(a) 结构

图 3－24 机械式单相电能表的结构及接线原理图（一）

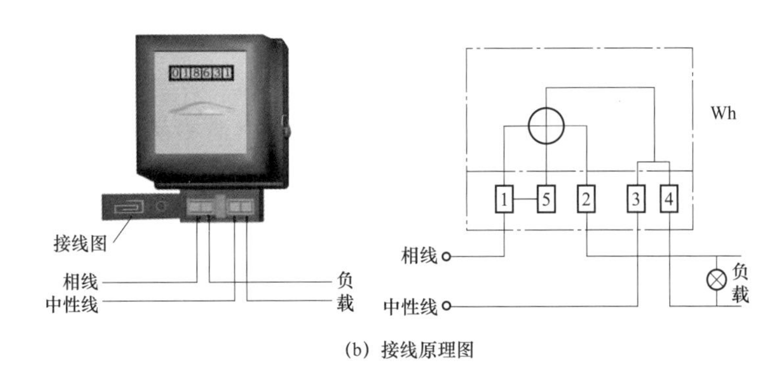

(b) 接线原理图

图 3-24 机械式单相电能表的结构及接线原理图（二）

3. 三相电能表

三相有功电能表的结构基本上与单相电能表相同，不同的是三相电能表有二组（三线制）或者三组（四线制）电压、电流线圈。三相有功电能表接线原理图如图 3-25 所示。

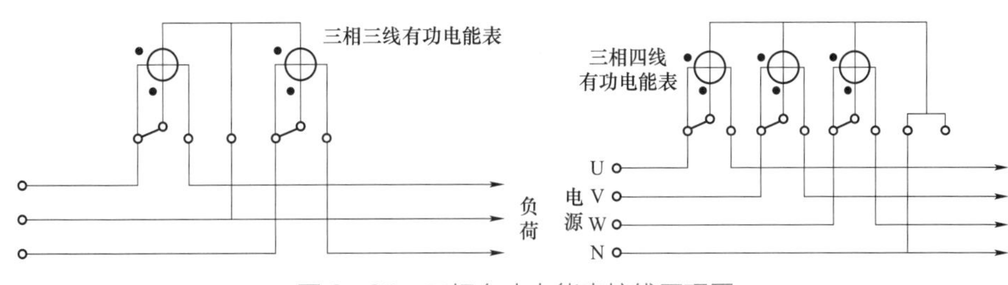

图 3-25 三相有功电能表接线原理图

（1）在低电压（不超过 500V）和小电流（几十安）的情况下，电能表可直接接入电路进行测量。在高电压或大电流的情况下，电能表不能直接接入线路，需配合电压互感器或电流互感器使用，如图 3-26 所示。

（2）测量三相有功电能时，应根据负荷情况，使用三相三线有功电能表或三相四线有功电能表。当三相负荷平衡时，可使用三相三线有功电能表；当三相负荷不平衡时，应使用三相四线有功电能表。

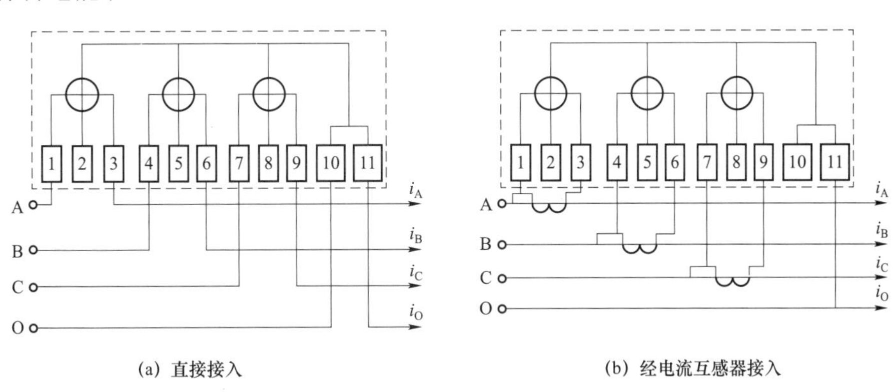

(a) 直接接入　　(b) 经电流互感器接入

图 3-26 三相四线制电能表接线原理图

特别提醒

直接接入式三相电能表计量的电能，可直接从其计度器的窗口上两次读数差算出。采用间接接入式三相电能表计量电能时，其实际计量的电能数，应为两次查表读数的差乘以电流互感器和电压互感器的比率后所得的数值。

3.2.5 电流表的使用

电流表是专门用来测量电路电流的一种仪表，常用的电流表有指针式电流表和数字电流表两类。

1. 电流表测量直流电流

用来测量直流电流的仪表称为直流电流表。直流电流表按量程可分为安培表、毫安表、微安表，分别以符号 A、mA 和μA 表示。直流电流表有固定式与便携式两种，固定式电流表的外形有方形和圆形。

电流表有两个接线柱，在接线柱的旁边有“+”及“-”的符号。电流表的“+”端接电路高电位端，“-”端接低电位端，电流从电流表的“+”极流到“-”极。

电流表的表头允许通过的电流较小，一般设计为 50μA～5mA 的量程，测量几毫安以下的直流电流时，可直接利用表头进行测量。测量较大电流的直流电流表都在表头的两端并联附加电阻，这个并联电阻称为分流器，一般分流电阻装在电流表的内部。直流电流表接入法如图 3-27 所示。

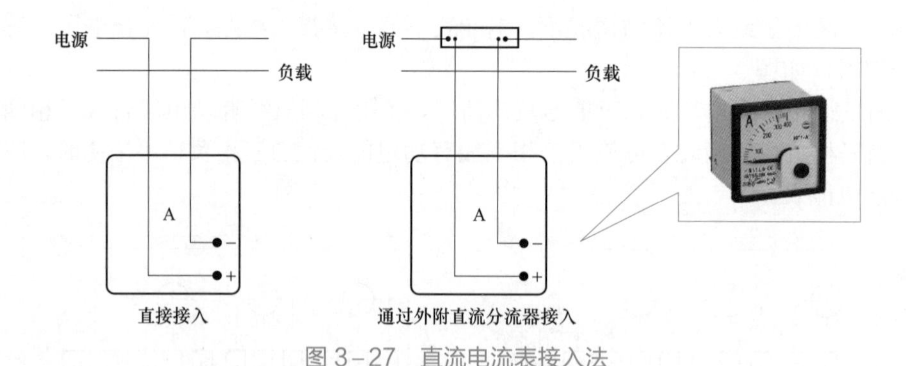

图 3-27 直流电流表接入法

特别提醒

测量直流电流时，必须注意仪表的极性。若极性接错，指针将因反偏而损坏。

仪表必须与负载串联，不能并联。因为电流表的内阻很小，并联时相当于将电源正、负极短接，电流很大，会损坏电源和电流表。

2. 电流表测量交流电流

因为交流电流表的测量机构与直流电流表不同，所以其本身的量程比直流电流表大。电力系统中常用的交流电流表是 1T1－A 型电磁式交流电流表，其最大量程为 200A。因此，在此范围内，电流表可以与负载串联，如图 3－28（a）所示。

在低压线路中，当负载电流大于电流表的量程时，应采用电流互感器。将电流互感器一次绕组与电路中的负载串联，二次绕组接电流表，如图 3－28（b）所示。在高压电路中，电流表的接线方法与图 3－25 相同，但电流互感器必须为高压用电流互感器。

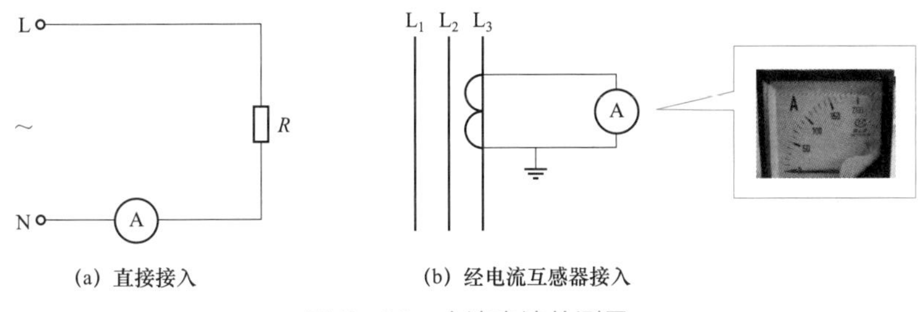

图 3－28　交流电流的测量

特别提醒

直流电流表和交流电流表区别很大，不能交换测量，而且也没有办法交换测量。

3.2.6　电压表的使用

电压表是用来测量电路中电压的仪表。在强电领域，交流电压表常用来测量监视线路的电压大小。

电压表按被测电流波形，可分为直流电压表和交流电压表。电压表根据量程的不同，分为微伏表（表盘上标有“μV”）、毫伏表（表盘上标有“mV”）、伏特表（表盘上标有“V”）、千伏表（表盘上标有“kV”）。

1. 直流电压的测量

测量直流电压时，将电压表与被测电路并联，电压表的正极与被测电路的“＋”极端相连，负极则与被测电路“－”极端相连。

为使被测电路的工作不因接入电压表受影响，则电压表的内阻应很大。当电压表内阻相对被测电路来讲不够大，则需要在电压表侧串联一个大电阻进行测量。

2. 交流电压的测量

交流电压表的接线是不分极性的，但在一个系统中，所有的电压表接线应是一致的，特别是 220V 或使用互感器的电压表必须遵守这一规则。

测量高电压时，必须采用电压互感器。电压表的量程应与互感器二次的额定值相符。交流电压表及其电压互感器回路必须配置熔断器，以防短路。

三相交流电压测量的接线方法如图 3－29 所示。

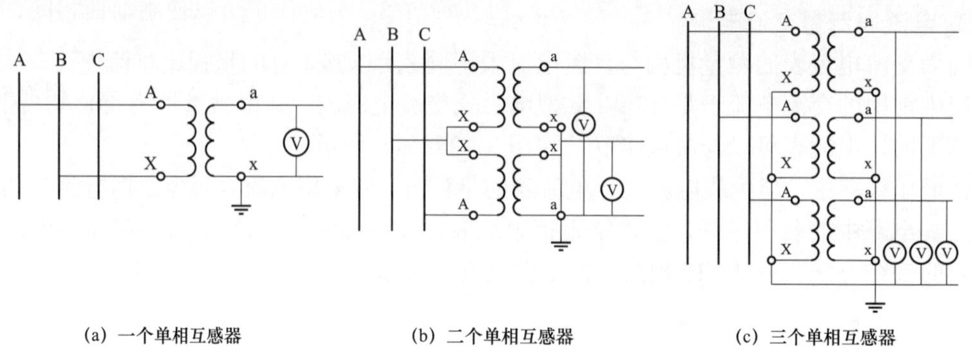

(a) 一个单相互感器　　(b) 二个单相互感器　　(c) 三个单相互感器

图 3-29　三相交流电压测量的接线方法

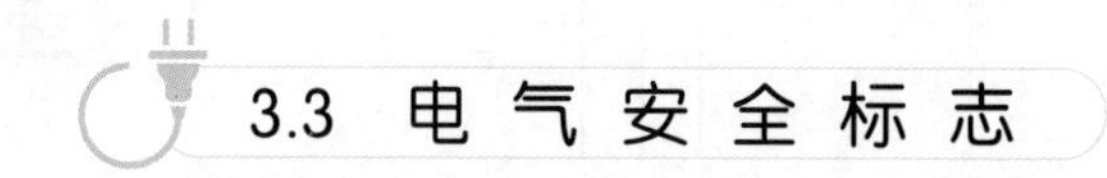

3.3 电气安全标志

3.3.1 电气安全色

1. 安全色的作用

安全色（safety color）是特定的表达安全信息的颜色。颜色常被用作为加强安全和预防事故而设置的标志。安全色要求醒目，容易识别。

采用安全色可以使人的感官适应能力在长期生活中形成和固定下来，以利于生活和工作，目的是使人们通过明快的色彩能够迅速发现和分辨安全标志，提醒人们注意，防止事故发生。

2. 安全色的含义和用途

安全色应该有统一的规定。

国际标准化组织建议采用红色、黄色和绿色三种颜色作为安全色，并用蓝色作为辅助色。GB 2893—82 规定红、蓝、黄、绿四种颜色为安全色。其含义和用途见表 3-4。

表 3-4　安全色的含义和用途

序号	颜色	含义	用途
1	红色	表示禁止、停止、消防和危险	禁止、停止和有危险的器件设备或者环境涂红色标记
2	蓝色	表示指令、必须遵守的规定	一般用于指令标志，如必须佩戴个人防护用具涂蓝色标记
3	黄色	表示警告、注意	用于警告人们需要注意的器件、设备或者环境涂黄色标记
4	绿色	表示提示信息、安全、通行	用于提示标志、行人和车辆通行标志等，如机器启动按钮、安全信号旗涂绿色标记

3. 安全色的应用

在实际应用中，安全色常采用其他颜色（即对比色）做背景色，使其更加醒目，以提高安全色的辨别度。

对比色是使安全色更加醒目的反衬色，有黑、白两种，如安全色需要使用对比色时，应按如下方法使用，即红与白、蓝与白、绿与白、黄与黑。另外，也可以使用红白相间、蓝白相间、黄黑相间条纹表示强化含义。

电力工业有关法规规定，变电站母线的涂色 L1 相涂黄色、L2 相涂绿色、L3 相涂红色。在设备运行状态，绿色信号闪光表示设备在运行的预备状态，红色信号灯表示设备正投入运行状态，提醒工作人员集中精力，注意安全运行等。

特别提醒

安全色不包括灯光、荧光颜色和航空、航海、内河航运所用的颜色，以及为其他目的而使用的颜色。

3.3.2　电气安全标志牌

3.8　电气安全标志

1. 种类

电气安全牌由安全色、几何图形和图形符号构成，用以表达特定的安全信息的标志。有禁止标志、警告标志、指令标志和提示标志等 4 大类型，如图 3－30 所示。

(a) 禁止标志

(b) 警告标志

(c) 指令标志

(d) 提示标志

图 3－30　电气安全牌示例

（1）禁止类标志牌。

用于禁止人们不安全行为。圆形，背景为白色，红色圆边，中间为一红色斜杠，图像用黑色。一般常用的有“禁止烟火”“禁止启动”等。

（2）警告类标志牌。

用于提醒人们注意周围环境，避免可能发生的危险。等边三角形，背景为黄色，边和图像都用黑色。一般常用的有“当心触电”“注意安全”等。

（3）指令类标志牌。

用于强制人们必须作出某种动作或采用某种防范措施。圆形，背景为蓝色，图像及文字用白色。一般常用的有“必须戴安全帽”“必须戴护目镜”等。

（4）提示类标志牌。

用于向人们提供某一信息，如标明安全设施或安全场所。矩形、背景用绿色，图像和文字用白色。

2. 使用规定

安全牌一般由钢板、塑料等材料制成，同时也不应有反光现象。

安全牌应安装在光线充足明显之处；高度应略高于人的视线，使人容易发现；一般不应安装于门窗及可移动的部位，也不宜安装在其他物体容易触及的部位；安全标志不宜在大面积或同一场所使用过多，通常应在白色光源的条件下使用，光线不足的地方应增设照明。

《电业安全工作规程》（发电厂和变电所电气部分）明确规定了悬挂标示牌和装设遮栏的不同场合的用途：

（1）在一经合闸即可送电到工作地点的开关和刀闸的操作把手上，均应悬挂白底红字的"禁止合闸，有人工作"标示牌。如线路上有人工作，应在线路开关和刀闸操作把手上悬挂"禁止合闸，线路有人工作"的标示牌。

（2）在施工地点带电设备的遮拦上；室外工作地点的围栏上；禁止通过的过道上；高压试验地点、室外架构上；工作地点临近带电设备的横梁上悬挂白底、红边、黑字、有红色箭头的"止步，高压危险！"的标示牌。

（3）在室外和室内工作地点或施工设备上悬挂绿底中有直径210mm的圆圈，黑字写于白圆圈中的"在此工作"标示牌。

（4）在工作人员上下的铁架、梯子上悬挂绿底中有直径210mm白圆圈黑字的"从此上下"标示牌。

（5）在工作人员上下的铁架临近可能上下的另外铁架上，运行中变压器的梯子上悬挂白底红边黑字的"禁止攀登，高压危险！"标示牌。

第4章

高低压电器及应用

国际上公认的高低压电器的分界线是AC 1kV或者DC 1200V。高压电器是在高压线路中用来实现关合、开断、保护、控制、调节、量测的设备。电力系统中使用的高压电器器件比较多，按用途和功能可分为开关电器、限制电器、变换电器和组合电器。低压电器是在低压线路及各种用电场合中能根据外界的信号和要求，手动或自动地接通、断开电路，以实现对电（路）或非电对象的切换、控制、保护、检测、变换和调节的电器或设备。生活中，一般低压电器设备是指在380/220V电网中承担通断控制的设备。

4.1 常用高压电器及应用

4.1.1 高压断路器

1. 高压断路器的作用及结构

4.1 高压断路器

高压断路器又称高压开关，在高压线路中具有控制和保护的双重作用。

（1）控制作用。根据电力系统运行的需要，将部分或全部电气设备，以及部分或全部线路投入或退出运行。

（2）保护作用。高压断路器具有完善的灭弧结构和足够的断流能力。当电力系统某一部分发生故障时，它和保护装置、自动装置相配合，将该故障部分从系统中迅速切除，减少停电范围，防止事故扩大，保护系统中各类电气设备不受损坏，保证系统无故障部分安全运行。

高压断路器主要结构大体分为导流部分、灭弧部分、绝缘部分和操作机构部分。高压断路器的工作状态（断开或者闭合）是由其操动机构控制的。

2. 高压断路器的种类

高压断路器的类型见表4-1。

表4-1 高压断路器的类型

分类方法	种类
按灭弧装置分	油断路器、真空断路器、六氟化硫断路器
按使用场合分	户内安装式断路器、户外安装式断路器、柱（杆）上断路器

3. 常用高压断路器

（1）油断路器。油断路器是采用绝缘油液为散热灭弧介质的高压断路器，又分多油断路器和少油断路器。现在多油断路器已经淘汰，户内一般使用的少油断路器和柱（杆）上油断路器，如图 4－1 所示。

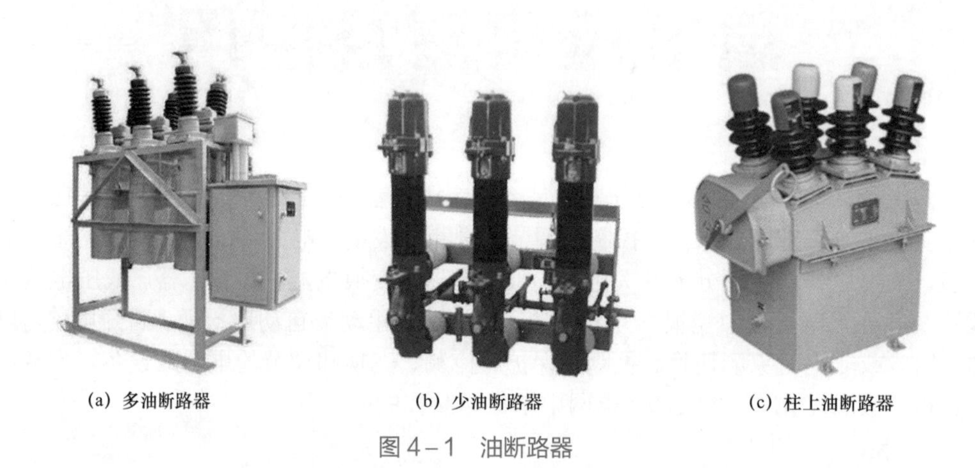

(a) 多油断路器　(b) 少油断路器　(c) 柱上油断路器

图 4－1　油断路器

（2）真空断路器。真空断路器是将接通、分断的过程采用大型真空开关管来控制完成的高压断路器，适合于对频繁通断的大容量高压的电路控制。常用真空断路器额定电压等级有 12、40.5kV；额定电流规格有 630、1000、1250、1600、2000、2500、3150、4000A 等。

真空断路器是目前应用最多的高压断路器，广泛用于农村高压电网、大型冶炼电弧炉、大功率高压电动机等的控制操作。

真空断路器按照安装场合不同，分为户内真空断路器和户外真空断路器两类，如图 4－2 所示。户内真空断路器又分固定式与手车式；以操作的方式不同又区别为电动弹簧储能操作式、直流电磁操作式、永磁操作式等。

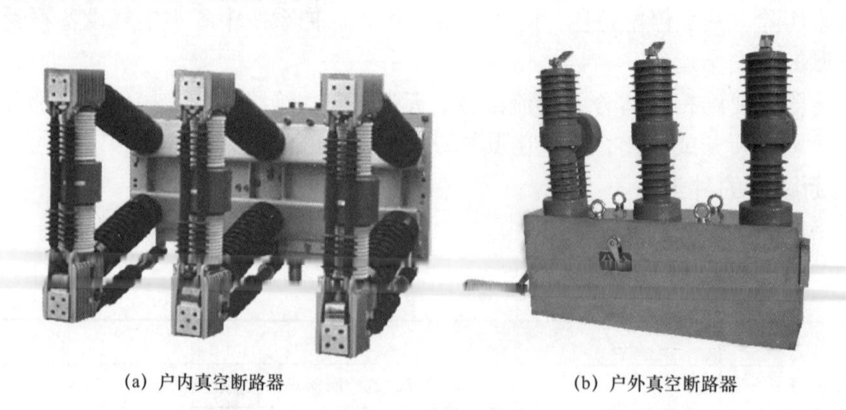

(a) 户内真空断路器　(b) 户外真空断路器

图 4－2　真空断路器

（3）六氟化硫断路器。六氟化硫断路器在用途上与油断路器、真空断路器相同。其特点是分断、接通的过程在无色无味的六氟化硫（SF_6，惰性气体）中完成。相同电容量的情况下，由六氟化硫为灭弧介质构成的断路器占地最少，结构最紧凑。

六氟化硫断路器的基本组件如图4-3所示，开关的旋转触头被封闭在其中，由侧面的操动机构进行通、断控制。

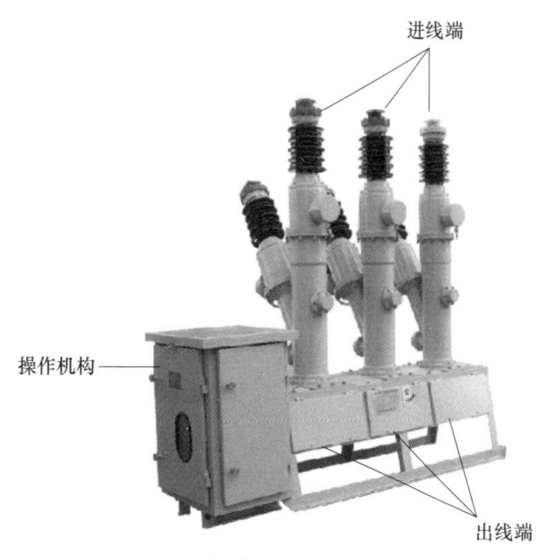

图4-3 六氟化硫断路器的基本组件

4. 高压断路器的选用

为了保证高压电器在正常运行、检修、短路和过电压情况下的安全，选用高压断路器的一般原则如下：

（1）按正常工作条件包括电压、电流、频率、机械荷载等选择高压断路器。其额定电压应符合所在回路的系统标称电压，其允许最高工作电压 U_{max} 不应小于所在回路的最高运行电压 U_y，即 $U_{max} \geqslant U_y$。其额定电流 I_n 不应小于该回路在各种可能运行方式下的持续工作电流 I_g，即 $I_n \geqslant I_g$。

（2）按短路条件包括短时耐受电流、峰值耐受电流、关合和开断电流等选择高压断路器。

（3）按环境条件包括温度、湿度、海拔、地震等选择高压断路器。

（4）按承受过电压能力包括绝缘水平等选择高压断路器。

（5）按各类高压电器的不同特点包括开关的操作性能、熔断器的保护特性配合、互感器的负荷及准确等级等选择高压断路器。

5. 高压断路器的维护

（1）清洁维护。高压油断路器的进、出线套管应定期清扫，保持清洁，以免漏电。

（2）油箱及绝缘油检查。

1）经常检查油箱有无渗漏现象，有无变形；连接导线有无放电现象和异常过热现象。

2）绝缘油必须保持干净，要经常注意表面的油色。如发现油色发黑，或出线胶质状，应更换新油。

3）目测油位是否正常，当环境温度为20℃时，应保持在油位计的1/2处。

4）定期做油样试验，每年做耐压试验一次和简化试验一次。

5）在运行正常的情况下，一般3～4年更换一次新油。

6）油断路器经过若干次（一般为4～5次）满容量跳闸后，必须进行解体维护。

（3）检查通断位置的指示灯泡是否良好；若发现红绿灯指示不良，应立即更换或维修。

高压断路器记忆口诀

高压断路器开关，控制保护能实现。
结构复杂种类多，广泛用于供配电。
灭弧装置较完善，操作维护较方便。
正常情况控电路，能够快速重合电。
故障情形断电路，特殊时通短路电。

4.2 高压隔离开关

4.1.2 高压隔离开关

1. 高压隔离开关的作用

高压隔离开关需要与高压断路器配套使用，其主要作用是：在有电压无载荷情况下分断与闭合电路，起隔离电压的作用，以保证高压电器及装置在检修工作时的安全。具体来说，高压隔离开关的作用表现在以下 4 个方面。

（1）隔离电压。在检修电气设备时，用隔离开关将被检修的设备与电源电压隔离，并形成明显可见的断开间隙，以确保检修的安全。

（2）倒闸。投入备用母线或旁路母线以及改变运行方式时，常用隔离开关配合断路器，协同操作来完成。例如：在双母线电路中，可用高压隔离开关将运行中的电路从一条母线切换到另一条母线上。

（3）分、合小电流。因隔离开关具有一定的分、合小电感电流和电容电流的能力，故一般可用来进行以下操作：

1）分、合避雷器、电压互感器和空载母线；

2）分、合励磁电流不超过 2A 的空载变压器；

3）关合电流不超过 5A 的空载线路。

（4）在高压成套配电装置中，高压隔离开关常用作电压互感器、避雷器、配电所用变压器及计量柜的高压控制电器。

特别提醒

因为高压隔离开关没有灭弧装置，断流能力差，所以不能带负荷操作。也就是说，高压隔离开关不能用于切断、投入负荷电流和开断短路电流，仅可用于不产生强大电弧的某些切换操作。否则在高压作用下，断开点将产生强烈电弧，并很难自行熄灭，甚至可能造成飞弧（相对地或相间短路），烧损设备，危及人身安全。

为防止误操作，电力系统中的高压隔离开关和断路器之间通常都装有连锁机构。

2. 高压隔离开关的类型

（1）按安装地点分，高压隔离开关可分为户内式和户外式，如图 4-4 所示。户外式隔离开关常作为供电线路与用户分开的第一断路隔离开关；户内式隔离开关往往与高压断路器串联连接，配套使用，以保证供电的可靠性。

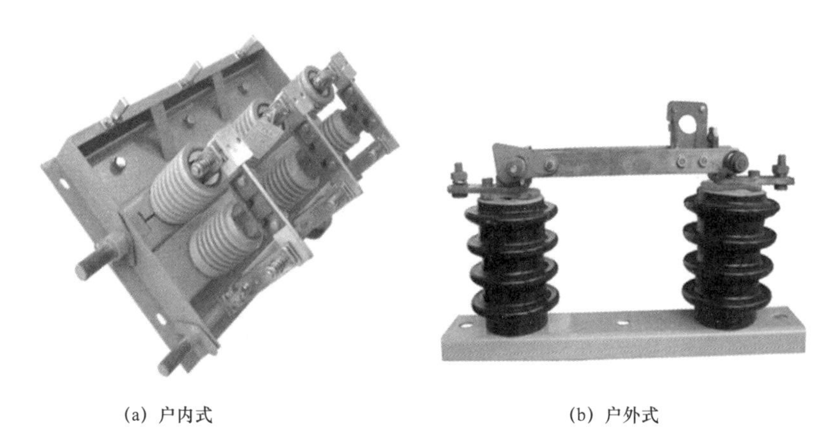

(a) 户内式　　(b) 户外式

图4－4　高压隔离开关

（2）按绝缘支柱数目分，高压隔离开关可分为单柱式、双柱式和三柱式。

（3）按极数分，高压隔离开关可分为单极和三极两种。室内配电装置一般采用户内式三极的高压隔离开关。

3. 高压隔离开关安装要求

（1）户外型的隔离开关，露天安装时应水平安装，使带有瓷裙的支持绝缘子能起到防雨作用；户内型隔离开关，在垂直安装时，静触头在上方，带有套管的可以倾斜一定角度安装。

（2）一般情况下，静触头接电源，动触头接负荷，但安装在受电柜里的隔离开关，采用电缆进线时，则电源在动触头侧，这种接法俗称“倒进火”。

（3）隔离开关的动静触头应对准，否则合闸时会出现旁击火花，使合闸后动静触头接触面压力不均匀，造成接触不良。

（4）隔离开关的操动机构，传动机械应调整好，使分合闸操作能正常进行。还要满足三相同期的要求，即分合闸时三相动触头同时动作，不同期的偏差应小于3mm。

（5）处于合闸位置时，动触头要有足够的切入深度，以保证接触面积符合要求；但又不允许合过头，要求动触头距静触头底座有 3～5mm 的空隙，否则合闸过猛时将敲碎静触头的支持绝缘子。处于拉开位置时，动、静触头间要有足够的拉开距离，以便有效地隔离带电部分。

4. 隔离开关的维护

（1）运行时，随时巡视检查把手位置、辅助开关位置是否正确，如图4－5所示。

（2）检查闭锁及连锁装置是否良好，接触部分是否可靠，如图4－6所示。

（3）检查刀片和触头是否清洁。检查绝缘子是否完好、清洁，操作时是否可靠及灵活，如图4－7所示。

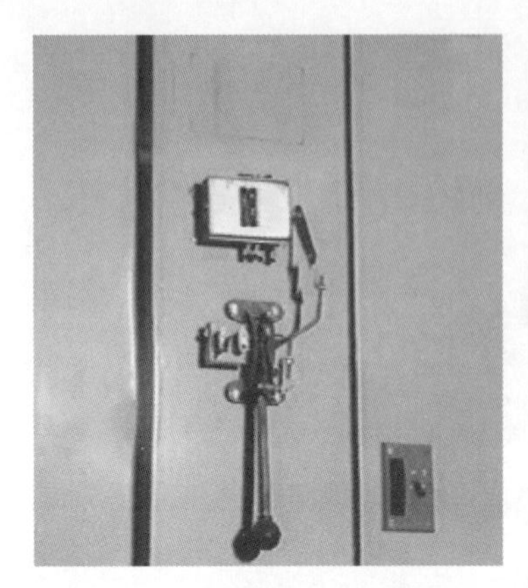

图 4-5　隔离开关的把手位置和辅助开关位置

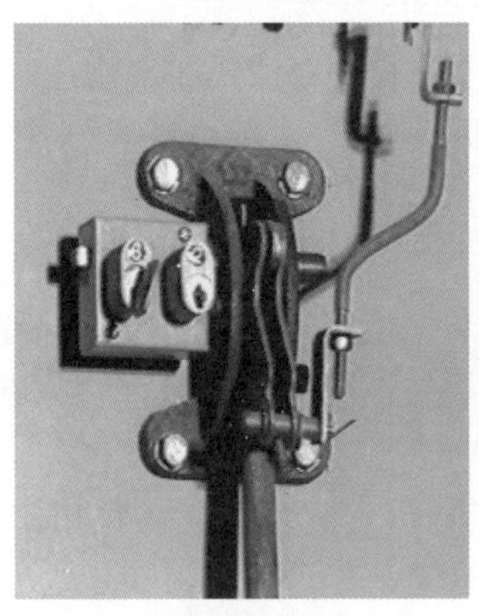

(a) 闭锁及连锁装置

(b) 接触部分

图 4-6　检查闭锁、连锁装置和接触部分

(a) 刀片和触头

(b) 绝缘子

图 4-7　刀片、触头和绝缘子的检查

高压隔离开关记忆口诀

高压隔离的开关，需要配套断路器。
为了防止误操作，连锁机构巧设计。
户外安装应水平，户内安装要垂直。
主要功能是隔离，倒闸分合小电流。
户内户外两形式，操作不能带负荷。
合闸操作要果断，分闸动作慢快慢。
如果发生误操作，配合断路器断电。

4.1.3　高压负荷开关

1. 高压负荷开关的作用

4.3　高压负荷开关

高压负荷开关是一种功能介于高压断路器和高压隔离开关之间的高压电器。高压负荷开关常与高压熔断器串联配合使用，用于控制电力变压器。

高压负荷开关主要用于 10kV 电流不太大的高压电路中带负荷分断、接通电路。在规定的使用条件下，高压负荷开关可以接通和断开一定容量的空载变压器（室内 315kVA，室外 500kVA）；可以接通和断开一定长度的空载架空线路（室内 5km，室外 10km）；可以接通和断开一定长度的空载电缆线路。

2. 高压负荷开关的性能特点

（1）高压负荷开关具有简单的灭弧装置和一定的分合闸速度，在额定电压和额定电流的条件下，能通断一定的负荷电流和过负荷电流。

（2）高压负荷开关不能断开超过规定的短路电流，通常要与高压熔断器串联使用，借助熔断器来进行短路保护，这样可代替高压断路器。

（3）有明显的断开点，多用于固定式高压设备。

（4）高压负荷开关一般以手动方式操作。

3. 高压负荷开关的类型及结构特点

高压负荷开关的种类较多，主要有固体产气式、压气式、压缩空气式、SF_6 式、油浸式、真空式高压负荷开关 6 种，见表 4-2。

表 4-2　　高压负荷开关的类型

种类	说明
固体产气式高压负荷开关	利用开断电弧本身的能量使弧室的产气材料产生气体来吹灭电弧，其结构较为简单，适用于 35kV 及以下的产品
压气式高压负荷开关	利用开断过程中活塞的压气吹灭电弧，其结构也较为简单，适用于 35kV 及以下产品

续表

种类	说明
压缩空气式高压负荷开关	利用压缩空气吹灭电弧，能开断较大的电流，其结构较为复杂，适用于 60kV 及以上的产品
SF_6 式高压负荷开关	利用 SF_6 气体灭弧，其开断电流大，开断性能好，但结构较为复杂，适用于 35kV 及以上产品
油浸式高压负荷开关	利用电弧本身能量使电弧周围的油分解气化并冷却熄灭电弧，其结构较为简单，但质量大，适用于 35kV 及以下的户外产品
真空式高压负荷开关	利用真空介质灭弧，电寿命长，相对价格较高，适用于 220kV 及以下的产品

在 10kV 供电线路中，目前较为流行的是产气式、压气式和真空式三种高压负荷开关，其特点见表 4-3。在我国标准中，高压负荷开关分为一般型和频繁型两种。产气式和压气式属于一般型，而真空式属于频繁型。

表 4-3　　三种高压负荷开关的特点

类型	结构	机械寿命（次）
产气式高压负荷开关	简单，有可见断口	2000
压气式高压负荷开关	较复杂，有可见断口	2000
真空式高压负荷开关	复杂，无可见断口	10 000

常用高压负荷开关如图 4-8 所示。

(a) 产气式　(b) 压气式　(c) 真空式

图 4-8　常用高压负荷开关

4. 高压负荷开关的选用

选用高压负荷开关，必须满足额定电压、额定电流、开断电流、极限电流及热稳定度等 5 个条件。

高压负荷开关的选用原则是：从满足配电网安全运行的角度出发，在满足功能的条件下，

应尽量选择结构简单、价格便宜，操作功率小的产品。换言之，能选用一般型就不选用频繁型；在一般型中，能用产气式而尽可能不用压气式。

5. 高压负荷开关的使用

（1）高压负荷开关应垂直安装，开关框架、合闸机构、电缆外皮、保护钢管均应可靠接地（不能串联接地）。

（2）高压负荷开关运行前应进行数次空载分、合闸操作，各转动部分应无卡阻。合闸应到位，分闸后有足够的安全距离。

（3）与高压负荷开关串联使用的熔断器熔体应选配得当，即应使故障电流大于负荷开关的开断能力时保证熔体先熔断，然后高压负荷开关才能分闸。

（4）高压负荷开关合闸时应接触良好，连接部无过热现象。

（5）巡检时，应注意检查有无绝缘子脏污、裂纹、掉瓷、闪烁放电现象；开关上不能用水冲（户内型）。

（6）一台高压柜控制一台变压器时，更换熔断器最好将该回路高压柜停运。

高压负荷开关记忆口诀

高压负荷开关件，手动方式来操作。
灭弧装置较简单，带载分接控电路。
串联高压熔断器，代替高压断路器。
常用开关有六种，五个条件来选用。

4.1.4 高压熔断器

4.4 高压熔断器

1. 高压熔断器的作用

高压熔断器是一种最简单的短路保护电器，当电路或电路中的设备过载或发生故障时，当其所在电路的电流超过规定值并经一定时间后，熔件发热而熔化，从而切断电路、分断电流，达到保护电路或设备的目的。

高压熔断器串联在被保护电路及设备中（例如高压输电线路、电力变压器、电压互感器等电气设备），主要用来进行短路保护，但有的也具有过负荷保护功能。

2. 高压熔断器的类型

根据安装条件不同，高压熔断器可分为户内管式高压熔断器和户外高压跌落式熔断器。

（1）户内管式熔断器。户内管式高压熔断器属于固定式的高压熔断器，如图 4－9 所示。

户内管式高压熔断器一般采用有填料的熔断管，通常为一次性使用。户内管式高压熔断器的基本结构如图 4－10 所示。

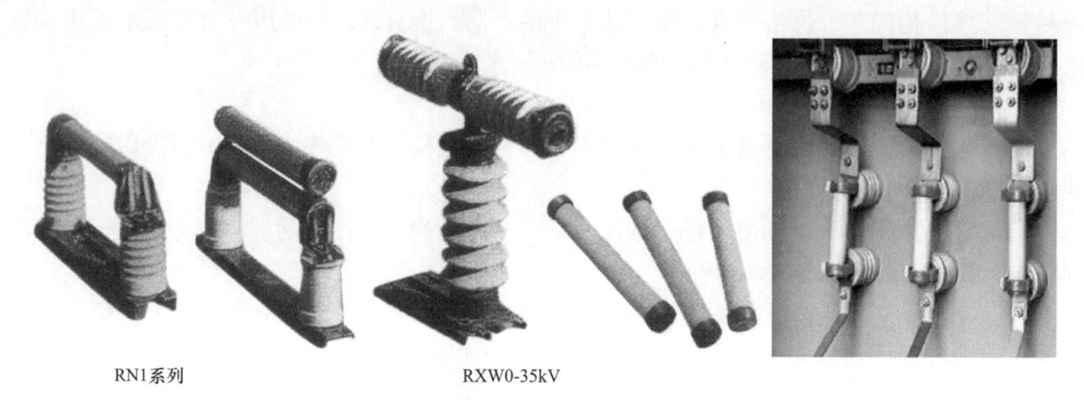

图 4-9　户内管式高压熔断器

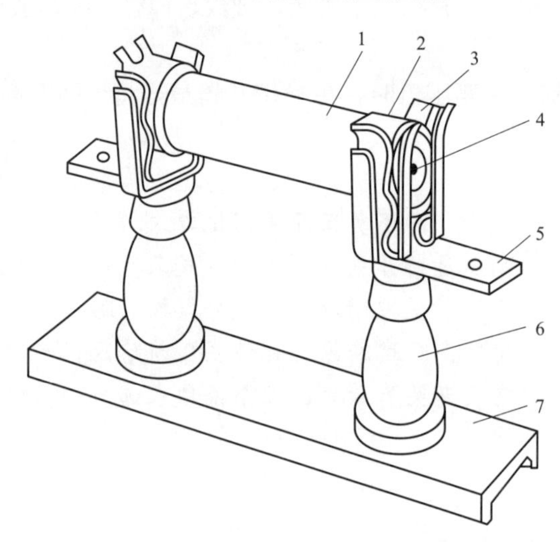

图 4-10　RN1、RN2 型管式高压熔断器基本结构

1—瓷熔管；2—金属管帽；3—弹性触座；4—熔断指示器；
5—接线端子；6—瓷绝缘子；7—底座

（2）户外高压跌落式熔断器。户外高压跌落式熔断器主要作为 3～35kV 电力线路和变压器的过负荷和短路保护。

3. 高压跌落式熔断器

（1）结构。户外高压跌落式熔断器主要由绝缘瓷套管、熔丝管、动静触头等组成，如图 4-11 所示。熔体由铜银合金制成，焊在编织导线上，并穿在熔管内。正常工作时，熔体使熔管上的活动关节锁紧，故熔管能在上触头的压力下处于合闸状态。

（2）高压跌落式熔断器的应用。高压跌落式熔断器在 35、10kV 的供配电中常被安装在电力变压器的高压进线一侧，它既是熔断器又可兼作变压器的检修隔离开关，如图 4-12 所示。

跌落式熔断器使用专门的铜熔丝，在发生短路熔断后可更换。更换时，选用的熔丝应与原来的规格一致，如图 4-13 所示。

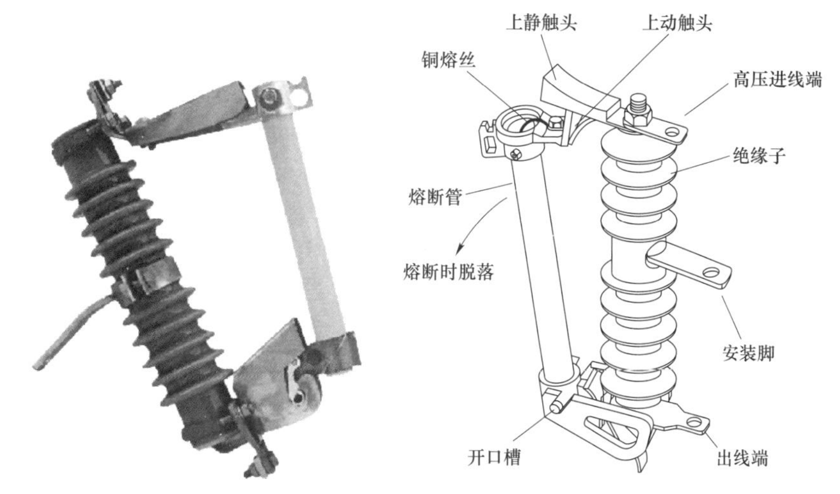

图 4－11　户外高压跌落式熔断器的结构

图 4－12　户外跌落式熔断器的安装位置

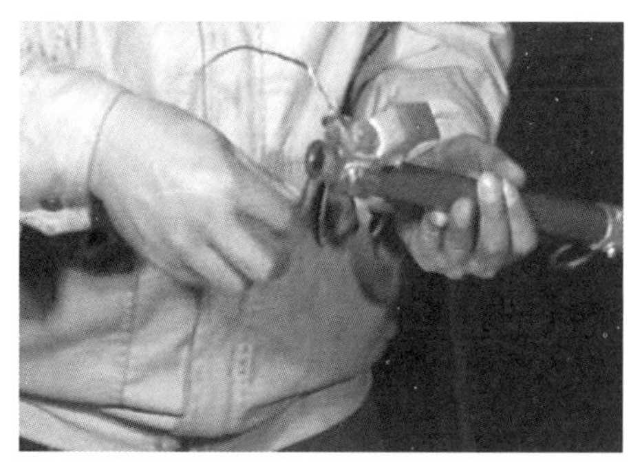
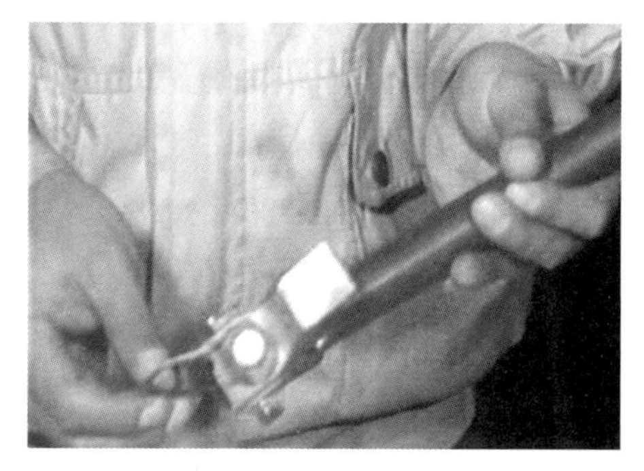

图 4－13　更换熔丝操作

跌落式熔断器熔丝按“配电变压器内部或高、低压出线管发生短路时能迅速熔断”的原则来进行选择，熔丝的熔断时间必须小于或等于 0.1s。

配电变压器容量在 100kVA 以下者，高压侧熔丝额定电流按变压器容量额定电流的 2～3

倍选择；容量在 100kVA 以上者，高压熔丝额定电流按变压器容量额定电流的 1.5～2 倍选择；变压器低压侧熔丝按低压侧额定电流选择。

（3）跌落式熔断器运行维护。

1）日常运行维护管理。熔断器合闸操作，必须使动、静触头接触良好。

熔管内必须使用标准熔体，禁止用铜丝、铝丝代替熔体，更不准用铜丝、铝丝及铁丝将触头绑扎住使用。

熔体熔断后应更换新的同规格熔体，不可将熔断后的熔体联结起来再装入熔管继续使用。

应定期对熔断器进行巡视，每月不少于一次夜间巡视，查看有无放电火花和接触不良现象，有放电，会伴有嘶嘶的响声，要尽早安排处理。

2）停电检修时的检查。静、动触头接触是否吻合，紧密完好，有否烧伤痕迹。

熔断器转动部位是否灵活，有否锈蚀、转动不灵等异常，零部件是否损坏、弹簧有否锈蚀。

熔体本身有否受到损伤，经长期通电后有无发热伸长过多变得松弛无力。

熔管内产气用消弧管是否烧伤，是否损伤变形，长度是否缩短。

清扫绝缘子并检查有无损伤、裂纹或放电痕迹，拆开上、下引线后，用 2500V 绝缘电阻表测试绝缘电阻应大于 300MΩ。

检查熔断器上、下连接引线有无松动、放电、过热现象。

特别提醒

高压隔离开关、高压负荷开关、高压真空断路器的区别如下：

（1）高压负荷开关是可以带负荷分断的，有自灭弧功能，但它的开断容量很小。

（2）高压隔离开关的结构上没有灭弧罩，一般是不能能带负荷分断。一些能分断负荷的隔离开关，只是结构上与负荷开关不同，相对来说简单一些。

（3）高压负荷开关和高压隔离开关，都可以形成明显断开点，大部分断路器不具有隔离功能，也有少数断路器具有隔离功能。

（4）高压隔离开关不具备保护功能，高压负荷开关一般是加熔断器保护，只有速断和过流保护功能。

（5）高压断路器的开断容量可以在制造过程中做得很高。主要是依靠加电流互感器配合二次设备来保护。可具有短路保护、过载保护、漏电保护等功能。

4.1.5 电压互感器

4.5 电压互感器

1. 电压互感器的作用

电压互感器其实就是一个带铁心的变压器。电压互感器将高电压按比例转换成低电压，即 100V，电压互感器一次侧接在一次系统，二次侧接测量仪表、继电保护等。

电压互感器本身的阻抗很小，一旦二次侧发生短路，电流将急剧增长而烧毁线圈。为此，电压互感器的一次侧接有熔断器，二次侧可靠接地，以免一次侧、二次侧绝缘损毁时，二次侧出现对地高电位而造成人身和设备事故。

在电能计量装置中，采用电压互感器后，电能表上的读数，乘以电压互感器的变比，就是实际使用电量。

特别提醒

电压互感器和变压器的区别如下：

电压互感器和变压器都是用来变换线路上的电压。变压器变换电压的目的是输送电能，因此容量很大，一般都是以千伏安或兆伏安为计算单位；而电压互感器变换电压的目的，主要是用来给测量仪表和继电保护装置供电，用来测量线路的电压、功率和电能，或者用来在线路发生故障时保护线路中的贵重设备、电机和变压器，因此电压互感器的容量很小，一般都只有几伏安、几十伏安，最大也不超过1000VA。

2. 电压互感器的种类

电压互感器的种类见表4-4。

表4-4 电压互感器的种类

分类方法	种类	说明
按安装地点分	户内式，户外式	35kV及以下一般为户内式；35kV以上一般为户外式
按相数分	单相式，三相式	35kV及以上不能制成三相式
按绕组数目分	双绕组式，三绕组式	三绕组电压互感器除一次侧和基本二次侧外，还有一组辅助二次侧，供接地保护用
按绝缘方式分	干式	结构简单、无着火和爆炸危险，但绝缘强度较低，只适用于6kV以下的户内式装置
	浇注式	结构紧凑、维护方便，适用于3～35kV户内式配电装置
	油浸式	绝缘性能较好，可用于10kV以上的户外式配电装置
	充气式	用于SF_6全封闭电器中

常用电压互感器如图4-14所示。

(a) 干式

(b) 油浸式

(c) 浇注式

(d) 充气式

图4-14 常用电压互感器

3. 电压互感器的接线

（1）一台单相电压互感器接线方式。如图 4－15 所示，也称 Vv 接线方式，广泛用于中性点绝缘系统或经消弧线圈接地的 35kV 及以下的高压三相系统，特别是 10kV 三相系统，接线来源于三角形接线，只是“口”没闭住，称为 Vv 接，此接线方式可以节省一台电压互感器，可满足三相有功、无功电能计量的要求，但不能用于测量相电压，不能接入监视系统绝缘状况的电压表。

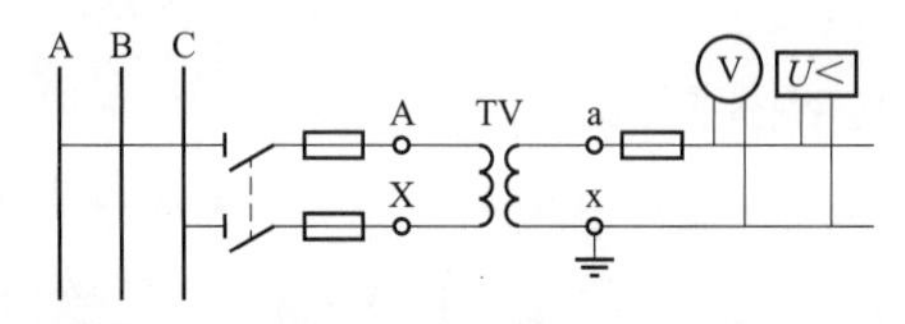

图 4－15　电压互感器的 Vv 接线方式

（2）两台单相互感器接成不完全星形接线方式。也称 Y，vn 接线方式，如图 4－16 所示，主要采用三铁心柱三相电压互感器。其多用于小电流接地的高压三相系统，二次侧中性接线引出接地，此接线为了防止高压侧单相接地故障，高压侧中性点不允许接地，故不能测量对地电压。

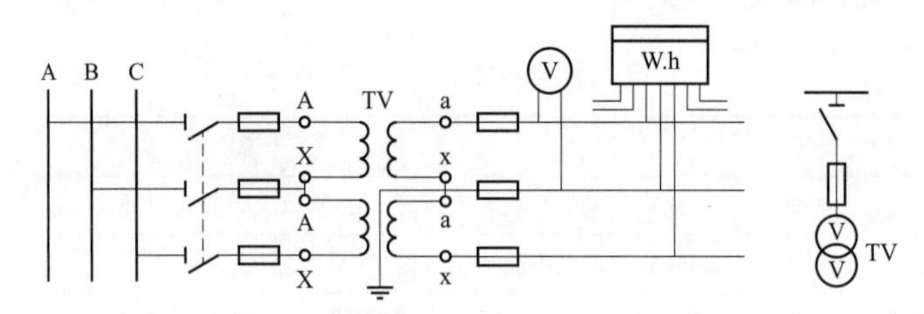

图 4－16　电压互感器的 Y，vn 接线方式

（3）YN，vn 接线方式。用 3 台单相电压互感器构成一台三相电压互感器，也可以用一台三铁心柱式三相电压互感器，将其高、低压绕组接成星形。YN，vn 接线方式，如图 4－17 所示，多用于大电流接地系统。

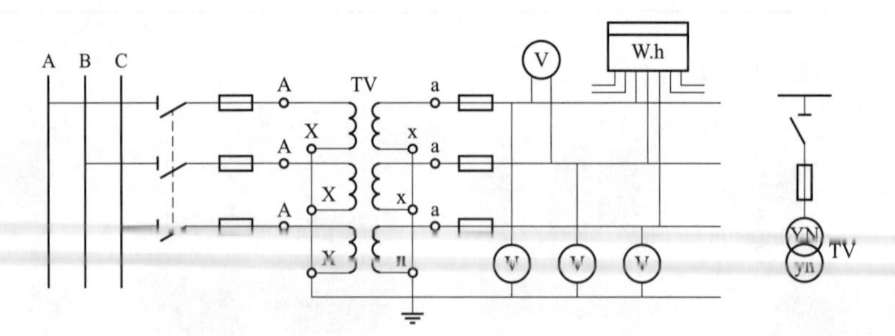

图 4－17　电压互感器的 YN，vn 接线方式

（4）三台单相三绕组电压互感器接线方式。又称为 YN，vn，do 接线方式，俗称开口三角接线，如图 4－18 所示。在正常运行状态下，开口三角的输出端上的电压均为零，如

果系统发生一相接地时，其余两个输出端的出口电压为每相剩余电压绕组的二次电压的 3 倍，这样便于交流绝缘监视电压继电器的电压整定。但此接线方式在 10kV 及以下的系统中不采用。

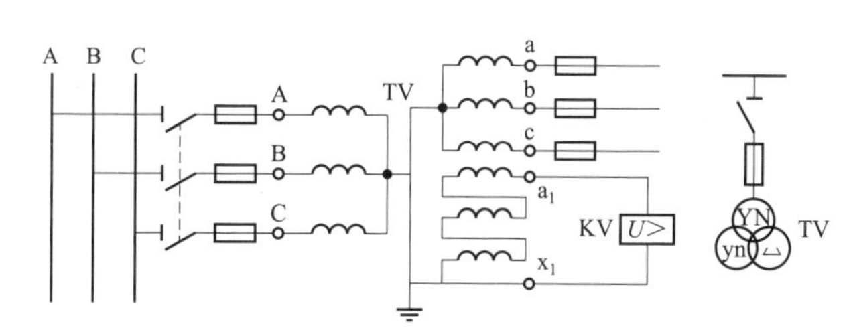

图 4－18　电压互感器 YN，vn，do 接线方式

4. 电压互感器应用注意事项

（1）电压互感器在投入运行前要按照规程规定的项目进行试验检查。例如，测极性、连接组别、摇绝缘、核相序等。

（2）电压互感器的接线应保证其正确性，一次绕组和被测电路并联，二次绕组应和所接的测量仪表、继电保护装置或自动装置的电压线圈并联，同时要注意极性的正确性。

（3）接在电压互感器二次侧的负荷不应超过其额定容量，否则，会使互感器的误差增大，难以达到测量的正确性。

（4）电压互感器二次侧不允许短路。由于电压互感器内阻抗很小，若二次回路短路时，会出现很大的电流，将损坏二次设备甚至危及人身安全。电压互感器可以在二次侧装设熔断器以保护其自身不因二次侧短路而损坏。在可能的情况下，一次侧也应装设熔断器以保护高压电网不因互感器高压绕组或引线故障危及一次系统的安全。

（5）为了确保人在接触测量仪表和继电器时的安全，电压互感器二次绕组必须有一点接地。因为接地后，当一次和二次绕组间的绝缘损坏时，可以防止仪表和继电器出现高电压危及人身安全。

特别提醒

为了确保安全，电压互感器的二次绕组连同铁心必须可靠接地，二次侧绝对不容许短路。

4.1.6　电流互感器

1. 电流互感器的作用

4.6　电流互感器

电流互感器（TA）是依据电磁感应原理将一次侧大电流转换成二次侧小电流来测量的仪器，具有电流变换和电气隔离两重作用，它将高压回路或低压回路的大电流转变为低压小电流（国家规定电流互感器的二次额定电流为 5A 或 1A），供给仪表和继电保护装置，实现测量、计量、保护等作用。如变比为 400/5 的电流互感器，可以把实际为 400A 的电流转变为 5A 的电流。

2. 电流互感器的类型

（1）按照用途不同，电流互感器可分为测量用电流互感器和保护用电流互感器两类，如图4-19所示。

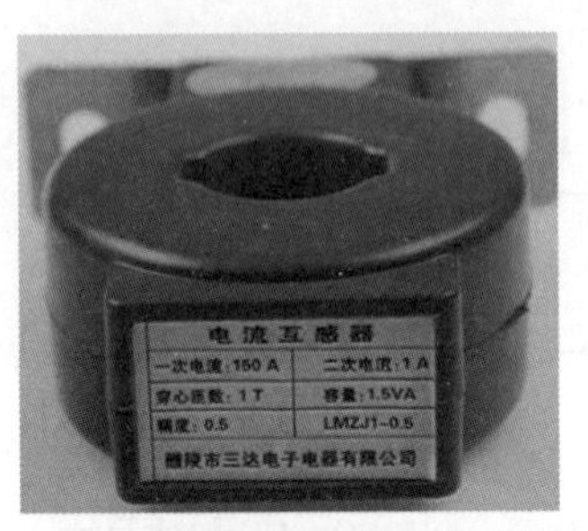

（a）测量用电流互感器

（b）保护用电流互感器

图4-19　电流互感器

测量用电流互感器，作为交流电流信号采集元件，在正常工作电流范围内，向测量、计量等装置提供电网的电流信息。

保护用电流互感器，用于在电网故障状态下，向继电保护等装置提供电网故障电流信息。常用的保护用电流互感器有过负荷保护电流互感器、差动保护电流互感器和接地保护电流互感器（零序电流互感器）。

保护用电流互感器的工作条件与测量用电流互感器完全不同，保护用互感器只是在比正常电流大几倍几十倍的电流时才开始有效的工作。

（2）电流互感器还可以按照安装方式分类和绝缘介质分类，见表4-5。

表4-5　电流互感器的种类

分类方法	种类	说明
按安装方式分	贯穿式电流互感器	用来穿过屏板或墙壁的电流互感器
	支柱式电流互感器	安装在平面或支柱上，能起到支撑被测导体的作用
	套管式电流互感器	没有一次导体和一次绝缘，直接套装在绝缘的套管上的一种电流互感器
	母线式电流互感器	没有一次导体但有一次绝缘，直接套装在母线上使用的一种电流互感器

续表

分类方法	种类	说明
按绝缘介质分	干式电流互感器	由普通绝缘材料经浸漆处理作为绝缘
	浇注式电流互感器	用环氧树脂或其他树脂混合材料浇注成型的电流互感器
	油浸式电流互感器	由绝缘纸和绝缘油作为绝缘，一般为户外型
	气体式电流互感器	主绝缘由 SF_6 气体构成
按工作原理分	电磁式电流互感器	根据电磁感应原理实现电流变换的电流互感器
	电子式电流互感器	可以是各种测量原理，一般需要提供辅助电源，输出可以是模拟量或数字量的电流互感器

3. 电流互感器应用注意事项

(1) 电流互感器的接线应遵守串联原则，即一次绕组应与被测电路串联，二次绕组与所有仪表负载串联。

(2) 根据被测电流的大小选择合适的电流比，否则误差将增大。同时，二次侧一端必须接地，以防绝缘一旦损坏时，一次侧高压窜入二次低压侧，造成人身和设备事故。

(3) 二次侧绝对不允许开路。因为二次侧一旦开路，一次侧电流全部成为磁化电流，造成铁心过度饱和磁化，发热严重乃至烧毁线圈；同时，磁路过度饱和磁化后，使误差增大。电流互感器在正常工作时，二次侧近似于短路，若突然使其开路，则励磁电动势由数值很小的值骤变为很大的值，铁心中的磁通呈现严重饱和的平顶波，因此二次侧绕组将在磁通过零时感应出很高的尖顶波，其值可达到数千甚至上万伏，危及工作人员的安全及仪表的绝缘性能。

另外，二次侧开路使二次侧电压达几百伏，一旦触及将造成触电事故。因此，电流互感器二次侧都备有短路开关，防止二次侧开路。在使用过程中，二次侧一旦开路应马上撤掉电路负载，然后，再停车处理。一切处理好后方可再用。

(4) 为了满足测量仪表、继电保护、断路器失灵判断和故障滤波等装置的需要，在发电机、变压器、母线分段断路器、母线断路器、旁路断路器等回路中均设 2～8 个二次绕组的电流互感器。对于大电流接地系统，一般按三相配置；对于小电流接地系统，依具体要求按二相或三相配置。

(5) 对于保护用电流互感器的装设地点，若有两组电流互感器，且位置允许时，应设在断路器两侧，使断路器处于交叉保护范围之中。

(6) 电流互感器通常布置在断路器的出线或变压器侧。

(7) 为了减轻发电机内部故障时的损伤，用于自动调节励磁装置的电流互感器应布置在发电机定子绕组的出线侧。为了便于分析和在发电机并入系统前发现内部故障，用于测量仪表的电流互感器宜装在发电机中性点侧。

4. 电流互感器的接线

电流互感器在三相电路中的几种常见接线方式如图 4-20 所示。

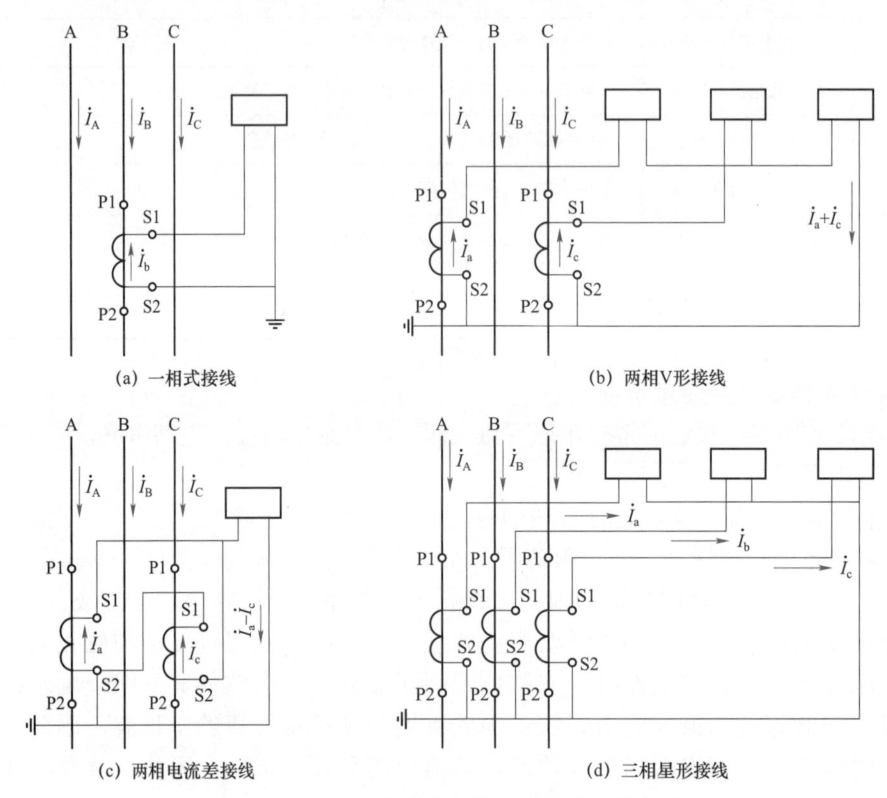

图 4-20　三相电路中电流互感器的接线方式

（1）一相式接线。该接线方式电流线圈通过的电流，反应一次电路相应相的电流。通常在负荷平衡的三相电路如低压动力线路中，供测量电流、电能或接过负荷保护装置之用。

（2）两相 V 形接线。该接线方式也称为两相不完全星形接线。在继电保护装置中称为两相两继电器接线。在中性点不接地的三相三线制电路中，广泛用于测量三相电流、电能及作过电流继电保护之用。两相 V 形接线的公共线上的电流反映的是未接电流互感器那一相的相电流。

（3）两相电流差接线。在继电保护装置中，此接线也称为两相一继电器接线。该接线方式适于中性点不接地的三相三线制电路中作过电流继电保护之用。该接线方式电流互感器二次侧公共线上的电流量值为相电流的 $\sqrt{3}$ 倍。

（4）三相星形接线。这种接线方式中的三个电流线圈，正好反映各相的电流，广泛用在负荷一般不平衡的三相四线制系统中，如图 4-21 所示；也可用在负荷可能不平衡的三相三线制系统中，作三相电流、电能测量及过电流继电保护之用。

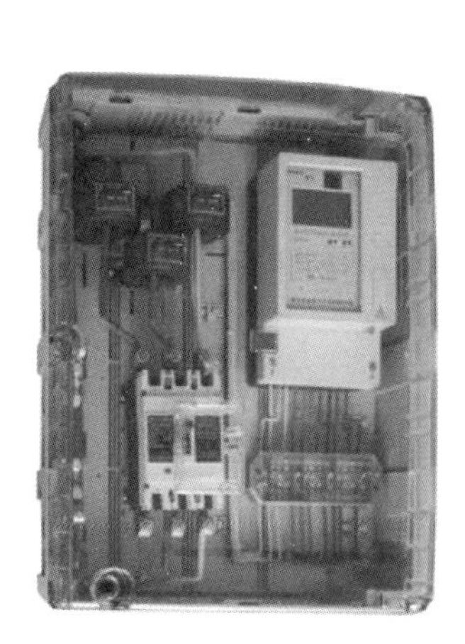

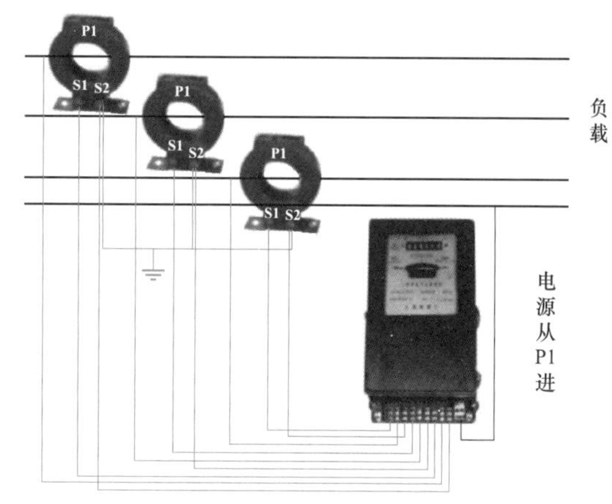

图 4－21　三相四线电能表互感器接线

4.1.7　避雷器

1. 避雷器的作用

避雷器也称为过电压保护器或过电压限制器，是用于保护电气设备免受雷击时高瞬态过电压危害，并限制续流时间，也常限制续流幅值的一种电器。其主要作用是通过并联放电间隙或非线性电阻的作用，对入侵流动波进行削幅，降低被保护设备所受过电压值，从而起到保护线路和设备的作用。

4.7　避雷器

避雷器不仅可用来防护雷电产生的高电压，也可用来防护操作高电压。

2. 避雷器的类型及原理

避雷器的主要类型有管型避雷器、阀型避雷器和氧化锌避雷器，如图 4－22 所示。

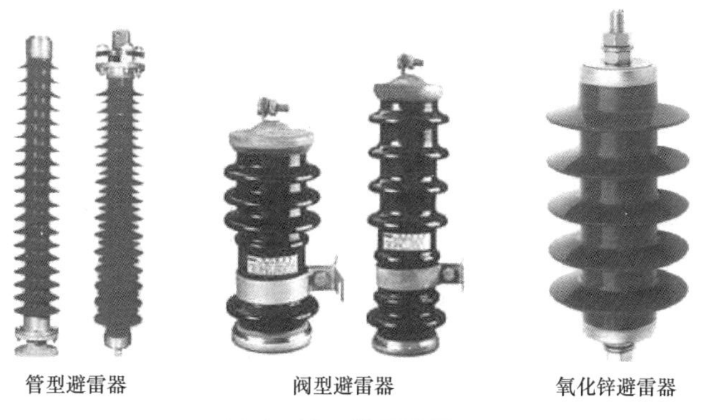

图 4－22　常用避雷器

不同类型避雷器的主要工作原理是不同的，但是它们的工作实质都是为了保护通信线缆和通信设备不受损害。

（1）管型避雷器。管型避雷器实际是一种具有较高熄弧能力的保护间隙，它由两个串联间隙组成，一个间隙在大气中，称为外间隙，它的任务就是隔离工作电压，避免产气管被流经管子的工频泄漏电流所烧坏；另一个间隙装设在气管内，称为内间隙或者灭弧间隙。管型避雷器一般用在供电线路上作避雷保护，它是利用产气材料在电弧高温下产生的高压气体来熄灭工频续流电弧的。

（2）阀型避雷器。阀型避雷器由火花间隙及阀片电阻组成，阀片电阻的制作材料是特种碳化硅。当有雷电高电压时，火花间隙被击穿，阀片电阻的电阻值下降，将雷电流引入大地，这就保护了线缆或电气设备免受雷电流的危害。在正常的情况下，火花间隙是不会被击穿的，阀片电阻的电阻值较高，不会影响线路正常工作。

（3）氧化锌避雷器。氧化锌避雷器是主要利用氧化锌良好的非线性伏安特性，使在正常工作电压时流过避雷器的电流极小（微安或毫安级）；当过电压作用时，电阻急剧下降，泄放过电压的能量，达到保护的效果。这种避雷器和传统避雷器的差异是它没有放电间隙，利用氧化锌的非线性特性起到泄流和开断的作用。

3. 避雷器的选用

不同类型避雷器的选用见表 4－6。

表 4－6　　不同类型避雷器的选用

序号	名称	系列代号	应用范围
1	低压阀式避雷器	FS	用于低压网络，保护交流电器、电能表和配电变压器低压绕组
2	配电用普通阀式避雷器		用于 3～10kV 交流配电系统，保护变压器等电气设备
3	电站用普通阀式避雷器	FZ	用于 3～110kV 交流系统，保护变压器等电气设备
4	电站用磁吹阀式避雷器	FCZ	用于 35kV 及以上交流系统，保护变压器等电气设备，尤其适合于绝缘水平较低或需要限制操作过电压的场合
5	保护旋转电机用磁吹阀式避雷器	FCD	用于保护交流发电机和电动机
6	无间隙金属氧化物避雷器	YW	包括序号 1～序号 5 中的全部应用范围
7	有串联间隙金属氧化物避雷器	YC	用于 3～10kV 交流系统，保护配电变压器、电缆头和其他电气设备，与 YW 相比各有其特点
8	有并联间隙氧化物避雷器	YB	用于保护旋转电机和要求保护性能特别好的场合
9	直流金属氧化物避雷器	YL	用于保护直流电气设备

4. 避雷器的安装要求

（1）避雷器应垂直安装，倾斜不得大于 15°，如图 4－23 所示。安装位置应尽可能接近保护设备，避雷器与 3～10kV 设备的电气距离，一般不大于 15m，易于检查巡视的带电部分距地面若低于 3m，应设遮栏。

（2）避雷器的引线与母线、导线的接头，截面积不得小于规定值：3～10kV 铜引线截面积不小于 $16mm^2$，铝引线截面积不小于 $25mm^2$，35kV 及以上按设计要求。并要求上、下引线连接牢固，不得松动，各金属接触表面应清除氧化膜及油漆。

（3）避雷器周围应有足够的空间，带电部分与相邻导线或金属构架的距离不得小于 0.35m，底板对地不得小于 2.5m，以免周围物体干扰避雷器的电位分布而降低间隙放电电压。

图 4－23 10kV 避雷器安装实物图

（4）高压避雷器的拉线绝缘子串必须固定牢固，其弹簧应适当调整，确保伸缩自由，弹簧盒内的螺母不得松动，应有防护装置；同相各拉紧绝缘子串的拉力应均匀。

（5）均压环应水平安装，不得歪斜，三相中心孔应保持一致；全部回路（从母线、线路到接地引线）不能迂回，应尽量短而直。

（6）对 35kV 及以上的避雷器，接地回路应装设放电记录器，而放电记录器应密封良好，安装位置应与避雷器一致，以便于观察。

（7）避雷器底座对地绝缘应良好，接地引下线与被保护设备的金属外壳应可靠连接，并与总接地装置相连。

5. 避雷器运行维护

避雷器在运行中应与配电装置同时进行巡视检查，在雷电活动后应增加特殊巡视。

（1）在日常运行中，应检查避雷器的污染状况。发现避雷器的瓷套表面严重污秽时，必须及时清扫。

（2）检查避雷器上端引线处密封是否良好，避雷器密封不良会进水受潮易引起事故。检查避雷器与被保护电气设备之间的电气距离是否符合要求，避雷器应尽量靠近被保护的电气设备。

（3）检查避雷器导线与接地引线有无烧伤痕迹和断股现象。

（4）雷雨后应检查放电记录器的动作情况。放电记录器动作次数过多时，应进行检修。

（5）定期用 1000～2500V 绝缘电阻表测量绝缘电阻，测量结果与前一次或同型号避雷器的试验值相比较，绝缘电阻值不应有显著变化。

4.2 常用低压电器及应用

4.2.1 低压电器简介

1. 低压电器的种类

按照不同的分类方法，低压电器的种类见表 4－7。

表 4-7　　低压电器的种类

序号	分类方法	种类	说明
1	按使用的系统分	低压配电电器	主要用于低压配电系统中
		低压控制电器	主要用于电力拖动系统中
2	按动作方式分	手动电器	通过人力操作而动作的电器
		自动电器	按照信号或某个物理量的高低而自动动作的电器
3	按动作原理分	电磁式电器	根据电磁感应原理动作的电器，如接触器、继电器、电磁铁等
		非电磁式电器	依靠外力或非电量信号（如速度、压力、温度等）的变化而动作的电器，如转换开关、行程开关、速度继电器、压力继电器、温度继电器等

2. 电磁式低压电器的基本结构

电磁式低压电器主要由电磁机构和触头系统两大部分组成。低压电器的辅助结构主要有灭弧装置。

（1）电磁机构。电磁机构的主要作用是将电磁能量转换成机械能量，产生电磁吸力带动触头动作，用来接通或分断电路。常用的电磁机构有 3 种形式，如图 4-24 所示。

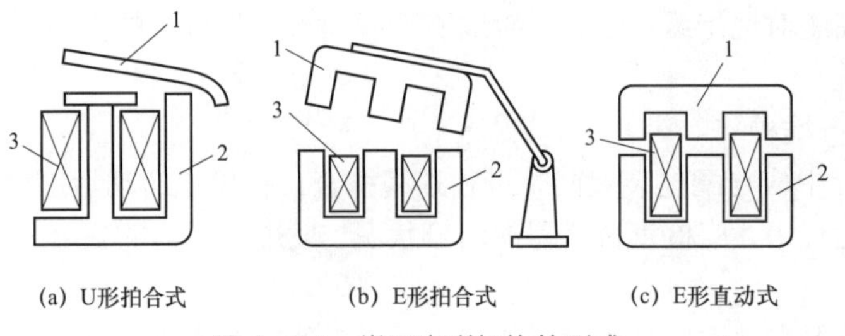

(a) U形拍合式　(b) E形拍合式　(c) E形直动式

图 4-24　常用电磁机构的形式

1—衔铁；2—铁心；3—吸引线圈

（2）触头系统。触头系统是低压电器的执行部件，用来实现电路的接通和断开。触头的结构形式如图 4-25 所示。

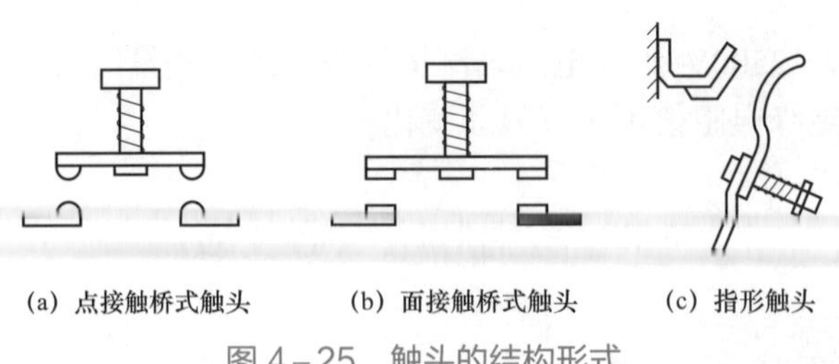
(a) 点接触桥式触头　(b) 面接触桥式触头　(c) 指形触头

图 4-25　触头的结构形式

（3）灭弧装置。电弧是动、静触头在分断过程中，由于瞬间的电荷密度极高，导致动、静触头间形成大量炽热的电荷流，产生弧光放电现象。电弧的存在不仅降低了电器的使用寿命，又延长了电路的分断时间，甚至会导致事故。常用的灭弧方法有电动力灭弧、金属栅片灭弧和磁吹灭弧。

4.2.2　低压刀开关

1. 刀开关的种类、结构及型号

4.8　低压刀开关

常用的低压刀开关主要有胶盖刀开关（又称为开启式负荷开关）、铁壳开关（又称为封闭式负荷开关）、HS 型双投刀开关（又称为转换开关）、HR 型熔断器式刀开关（又称为刀熔开关），其结构如图 4-26 所示。

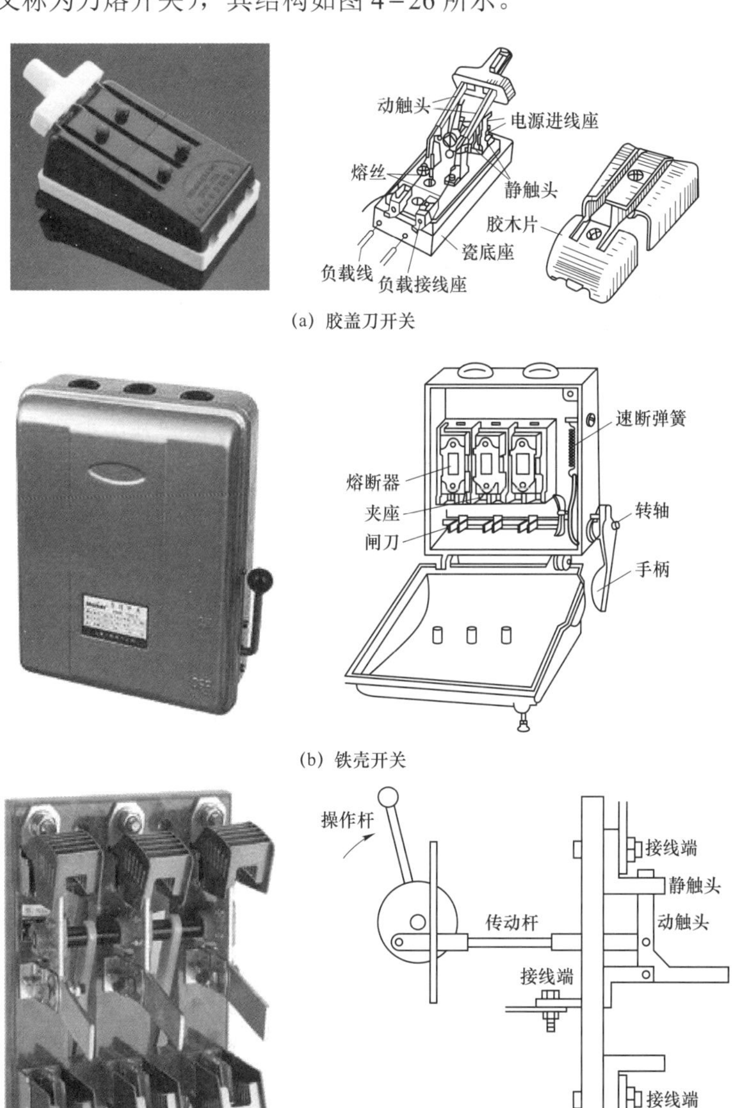

(a) 胶盖刀开关

(b) 铁壳开关

(c) HS型双投刀开关

图 4-26　常用刀开关的结构（一）

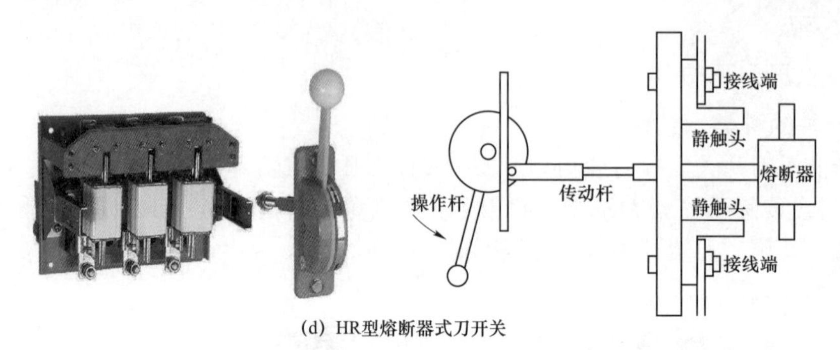

(d) HR型熔断器式刀开关

图 4-26 常用刀开关的结构（二）

刀开关在分断有负载的电路时，其触刀与插座之间会产生电弧。为此采用速断刀刃的结构，使触刀迅速拉开，加快分断速度，保护触刀不致被电弧所灼伤。对于大电流刀开关，为了防止各极之间发生电弧闪烁，导致电源相间短路，刀开关各极间设有绝缘隔板，有的设有灭弧罩。

2. 刀开关的作用

（1）胶盖刀开关的作用。胶盖刀开关留有安装熔丝的位置，其短路分断能力由安装的熔断器的分断能力决定。此时，它具有一定短路保护作用。胶盖刀开关主要有以下两个方面的用途。

1）用于电压为 220V 或 380V、电流在 60A 以下的交流低压电路，以及不频繁接通和分断电路作为控制开关。

2）用于将电路与电源隔离，作为线路或设备的电源总闸（如对照明、电热负载及小功率电动机等电路的控制）。

（2）铁壳开关的作用。铁壳开关适用于不频繁地接通和分断负载的电路，并能作为线路末端的短路保护，也可用来控制 15kW 以下交流电动机的不频繁直接启动及停止。

铁壳开关设置了联锁装置（即外壳门机械闭锁），开关在合闸状态时，箱盖外壳门不能打开；在箱盖打开时，开关无法接通，以确保操作安全。

（3）HS 型双投刀开关的作用。常用于双电源的切换或双供电线路的切换。

（4）HR 型熔断器式刀开关的作用。熔断器式刀开关实际上是将刀开关和熔断器组合成一体的电器，在供配电线路上应用很广泛。刀熔开关可以切断故障电流，但不能切断正常的工作电流。

3. 刀开关的选择

（1）开关的额定电压。刀开关的额定电压应大于或等于线路工作电压。

（2）开关的极数。刀开关的极数应与控制支路数相同。

（3）电流的选择。用于照明、电热电路时额定电流略大于线路工作电流；用于控制电动机时额定电流等于线路工作电流的 3 倍。

特别提醒

60A 以下的铁壳开关，应采用半封闭瓷插式熔断器；100A 以上等级的铁壳开关，应采用有填料的管式熔断器。

胶盖刀开关和铁壳开关由于自身结构的原因，使用过程中具有一定的安全隐患，目前已逐渐趋于淘汰。

4.2.3　低压断路器

1. 低压断路器的作用

低压断路器俗称自动空气开关或空气开关，是一种不仅可以接通和分断正常负荷电流和过负荷电流，还可以接通和分断短路电流的开关电器。

4.9　低压断路器

低压断路器容量范围很大，最小为 4A，而最大可达 5000A。低压断路器广泛应用于低压配电系统的各级馈出线（包括进线、出线、计量、补偿等），各种机械设备的电源控制和用电终端的控制和保护。

低压断路器在电路中除起电源开关作用外，还具有一定的保护功能，如过负荷、短路、欠压和漏电保护等。低压断路器可用于不频繁地启动电动机或接通、分断电路。

2. 低压断路器的分类

低压断路器的分类方式很多，见表 4-8。

表 4-8　低压断路器的分类

分类方法	种类	说明
按使用类别分	选择型	保护装置参数可调
	非选择型	保护装置参数不可调
按灭弧介质分	空气式和真空式	目前国产多为空气式断路器
按结构分	框架式	大容量断路器多采用框架式结构
	塑料外壳式	小容量断路器多采用塑料外壳式结构
按用途分	导线保护用断路器	主要用于照明线路和保护家用电器，额定电流在 6～125A 范围内
	配电用断路器	在低压配电系统中作过载、短路、欠电压保护之用，也可用作电路的不频繁操作，额定电流一般为 200～4000A
	电动机保护用断路器	在不频繁操作场合，用于操作和保护电动机，额定电流一般为 6～63A
	漏电保护断路器	主要用于防止漏电，保护人身安全，额定电流多在 63A 以下
按性能分	普通式	—
	限流式	一般具有特殊结构的触头系统

3. 低压断路器的结构、符号

低压断路器主要由触头、灭弧系统和脱扣器（包括过电流脱扣器、失电压脱扣器、热脱扣器、分励脱扣器和自由脱扣器等）3 个部分组成。低压断路器的结构及图形符号如图 4-27 所示。

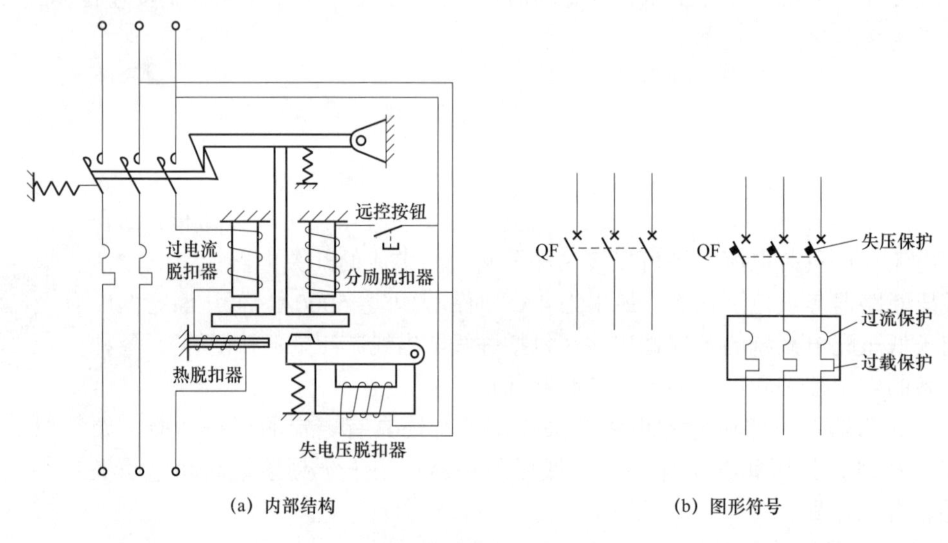

(a) 内部结构　　(b) 图形符号

图 4-27　低压断路器的结构及图形符号

触头主要用于断路器分、合对其相关电器实施控制或联锁，例如向信号灯、继电器等输出信号。万能式断路器有六对触头（三动合、三动断），DW45 有八对触头（四动合、四动断）。塑壳断路器壳架等级额定电流 100A 为单断点转换触头，225A 及以上为桥式触头结构。

4. 低压断路器的选用

选用低压断路器，一般应遵循以下 3 个原则。

（1）额定电压和额定电流应不小于电路正常工作电压和工作电流。

1）用于控制照明电路时，电磁脱扣器的瞬时脱扣整定电流通常应为负载电流的 6 倍。

2）用于电动机保护时，塑壳式断路器电磁脱扣器的瞬时脱扣整定电流应为电动机启动电流的 1.7 倍；框架式断路器的整定电流应为电动机启动电流的 1.35 倍。

3）用于分断或接通电路时，其额定电流和热脱扣器整定电流均应等于或大于电路中负载的额定电流之和。

4）选用断路器作多台电动机短路保护时，电磁脱扣器整定电流为容量最大的一台电动机启动电流的 1.3 倍，再加上其余电动机额定电流之和。

（2）热脱扣器的整定电流要与所控制负载的额定电流一致，否则，应进行人工调节。

（3）选用低压断路器时，在类型、等级、规格等方面要配合上、下级开关的保护特性，不允许因本级保护失灵导致越级跳闸，扩大停电范围。

5. 低压断路器的检测

检测低压断路器时，指针式万用表置于 $R\times10$ 挡或者通断挡，数字万用表置于二极管挡，测量其各组开关的电阻值来判断其是否正常，如图 4-28 所示。

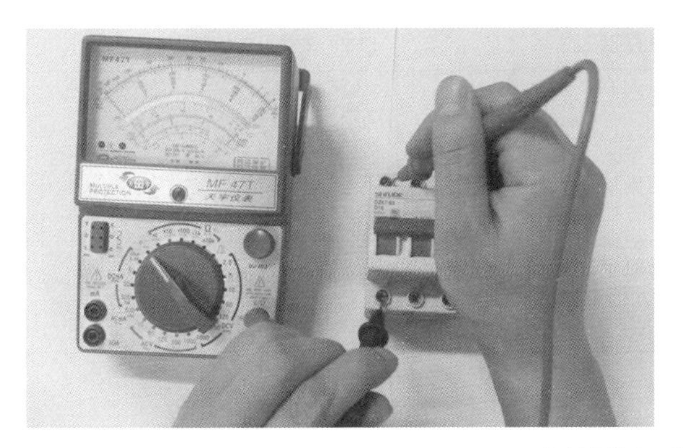

图 4-28　万用表检测低压断路器

若测得低压断路器的各组开关在断开状态下，其阻值均为无穷大；在闭合状态下，均为零（或很小的电阻值），则表明该低压断路器正常；若测得低压断路器的开关在断开状态下，其阻值为零，则表明低压断路器内部触点粘连损坏。若测得低压断路器的开关在闭合状态下，其阻值为无穷大，则表明低压断路器内部触点断路损坏。若测得低压断路器内部的各组开关，有任一组损坏，均说明该低压断路器损坏。具体检测方法请观看本书相关视频。

6. 低压断路器的安装

（1）低压断路器一般应垂直安装，其倾斜度不应大于 5°，操作手柄及传动杠杆的开、合位置应正确，如图 4-29 所示。对于有半导体脱扣装置的低压断路器，其接线应符合相序要求，脱扣装置动作应可靠。直流快速低压断路器的极间中心距离及开关与相邻设备或建筑物的距离不应该小于 500mm，若小于 500mm，要加隔弧板，隔弧板高度不小于单极开关的总高度。

（2）安装时，对触点的压力、开距及分断时间等应进行检查，并符合出厂技术条件。对脱扣装置必须按照设计要求进行校验，在短路或者模拟短路的情况下合闸时，脱扣装置应能够立即自动脱扣。

图 4-29　低压断路器的安装

（3）低压断路器与熔断器配合使用时，熔断器应安装在电源侧。

7. 低压断路器常见故障的处理

低压断路器常见故障原因及处理方法见表 4-9。

表 4-9　　低压断路器常见故障原因及处理方法

序号	故障现象	原因	处理方法
1	手动操作断路器不能闭合	（1）欠电压脱扣器无电压或线圈损坏 （2）储能弹簧变形，导致闭合力减小 （3）反作用弹簧力过大 （4）机构不能复位再扣	（1）检查线路，施加电压或更换线圈 （2）更换储能弹簧 （3）重新调整弹簧反力 （4）调整再扣接触面至规定值
2	电动操作断路器不能闭合	（1）电源电压不符合 （2）电源容量不够 （3）电磁拉杆行程不够 （4）电动机操作定位开关变位 （5）控制器中整流管或电容器损坏	（1）更换电源 （2）增大操作电源容量 （3）重新调整 （4）重新调整 （5）更换损坏元件
3	有一相触头不能闭合	（1）一般型断路器的一相连杆断裂 （2）限流断路器拆开机构的可折连杆的角度变大	（1）更换连杆 （2）调整至原技术条件规定值
4	分励脱扣器不能使断路器分断	（1）线圈短路 （2）电源电压太低 （3）再扣接触面太大 （4）螺钉松动	（1）更换线圈 （2）检查电源 （3）重新调整 （4）拧紧
5	欠电压脱扣器不能使断路器分断	（1）反力弹簧变小 （2）入围储能释放，则储能弹簧变形或断裂 （3）机构卡死	（1）调整弹簧 （2）调整或更换储能弹簧 （3）消除结构卡死原因，如生锈等
6	启动电机时断路器立即分断	（1）过电流脱扣瞬时整定值太小 （2）脱扣器某些零件损坏，如半导体元件、橡皮膜等 （3）脱扣器反力弹簧断裂或落下	（1）重新调整 （2）更换 （3）更换或重新安装
7	断路器闭合后经一定时间自行分断	（1）过电流脱扣器长延时整定值不对 （2）热元件或半导体延时电路元件参数变动	（1）重新调整 （2）调整参数，只能更换整台断路器
8	断路器温升过高	（1）触头压力过低 （2）触头表面过分磨损或接触不良 （3）两个导电零件连接螺钉松动 （4）触头表面油污氧化	（1）拨正或重新装好接触桥 （2）更换转动杆或更换辅助开关 （3）拧紧 （4）清除油污或氧化层
9	欠电压脱扣器噪声	（1）反力弹簧太大 （2）铁心工作面有油污 （3）短路环断裂	（1）重新调整 （2）清除油污 （3）更换衔铁或铁心
10	辅助开关不通	（1）辅助开关的动触点卡死或脱离 （2）辅助开关传动杆断裂或滚轮脱落 （3）触头不接触或氧化	（1）正或重新装好触点 （2）更换转杆或更换辅助开关 （3）调整触头，清理氧化膜
11	带半导体脱扣器之断路器误动作	（1）半导体脱扣器元件损坏 （2）外界电磁干扰	（1）更换损坏元件 （2）清除外界干扰，例如临近的大型电磁铁的操作，接触器的分断、电焊等，予以隔离或更换
12	漏电断路器经常自行分断	（1）漏电动作电流变化 （2）线路有漏电	（1）送制造厂重新校正 （2）找出原因，如系导线绝缘损坏，则更换导线
13	漏电断路器不能闭合	（1）操作机构损坏 （2）线路某处有漏电或接地	（1）送制造厂处理 （2）清除漏电或接地故障

4.2.4　组合开关

4.10　组合开关

1. 组合开关的作用

组合开关经常作为转换开关使用，在电气控制线路中也可作为隔离开关使用，还可不频繁接通和分断电气控制线路。

（1）组合开关适用于 AC 380V 以下及 DC 220V 以下的电器线路中，供手动不频繁地接通和断开电路、转换电源和负载。

（2）用于控制 5kW 以下的小容量交、直流电动机的正反转、Y—△启动和变速换向等。

（3）组合开关在机床电气和其他电气设备中使用广泛，可使控制回路或测量回路线路简化，可在一定程度上避免操作上的失误和差错。

2. 组合开关的结构、图形符号

组合开关由装在同一转轴上的多个单极旋转开关叠装在一起组成，其结构如图 4－30 所示。当转动手柄时，动片即插入相应的静片中，使电路接通。

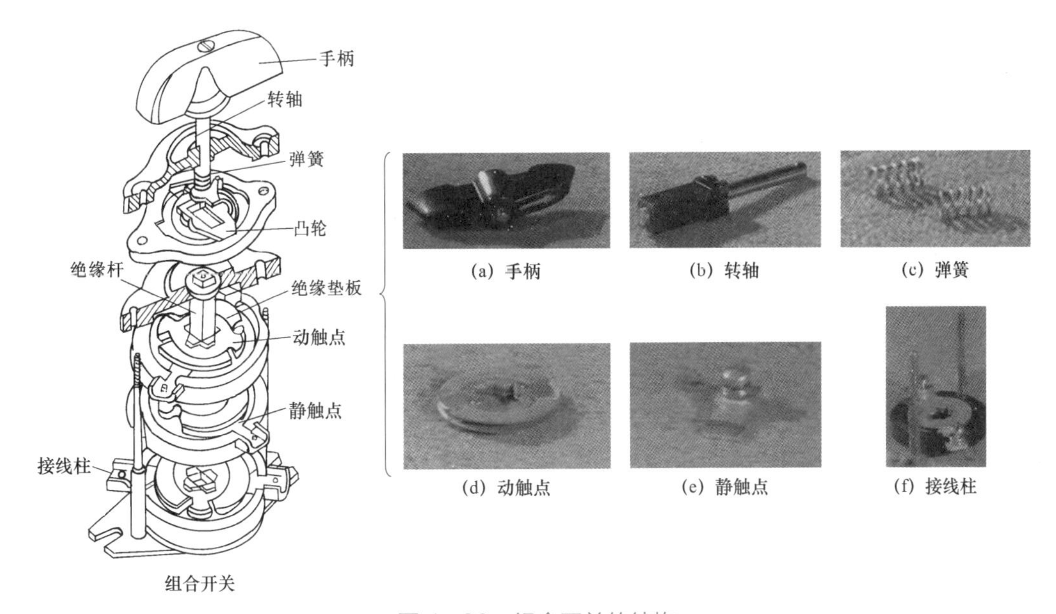

图 4－30　组合开关的结构

如图 4－31 所示的组合开关内部有 3 对静触点，分别用 3 层绝缘板相隔，各自附有连接线路的接线桩，3 个动触点互相绝缘，与各自的静触点对应，套在共同的绝缘杆上，绝缘杆的一端装有操作手柄，手柄每次转动 90°，即可完成 3 组触点之间的开合或切换。开关内装有速断弹簧，用来加速开关的分断速度。

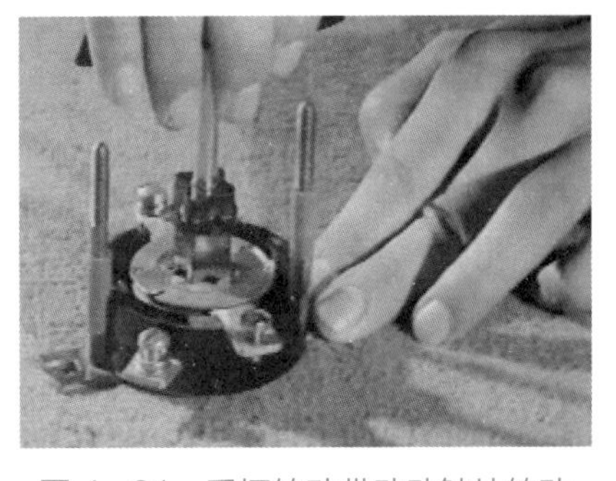

图 4－31　手柄转动带动动触片转动

组合开关手柄的操作位置是以角度来表示的，不同型号的组合开关，其手柄有不同的操作位置。

根据组合开关在电路中的不同作用，组合开关图形与文字符号有以下两种。

（1）当在电路中用作隔离开关时，其图形符号如图 4-32 所示，其文字标注符为 QS，有单极、双极和三极之分，机床电气控制线路中一般采用三极组合开关。

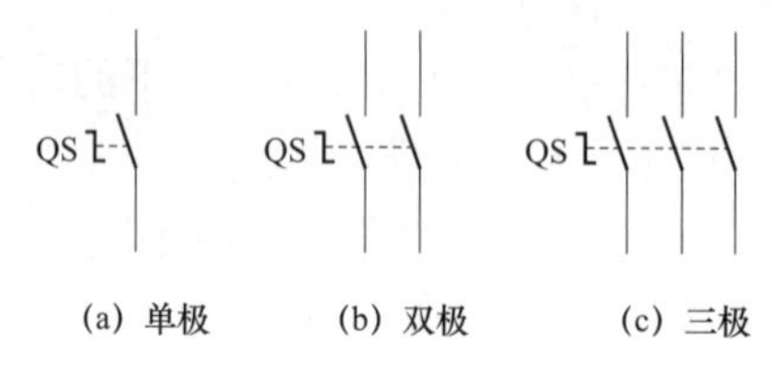

图 4-32 组合开关作隔离开关时的图形符号

（2）组合开关作转换开关使用时的图形符号如图 4-33 所示，其是一个三极组合开关，Ⅰ与Ⅱ分别表示组合开关手柄转动的两个操作位置，Ⅰ位置线上的三个空点右方画了三个黑点，表示当手柄转动到Ⅰ位置时，L1、L2 与 L3 支路线分别与 U、V、W 支路线接通；而Ⅱ位置线上三个空点右方没有相应黑点，表示当手柄转动到Ⅱ位置时，L1、L2 与 L3 支路线与 U、V、W 支路线处于断开状态。文字标注符号为 SA。

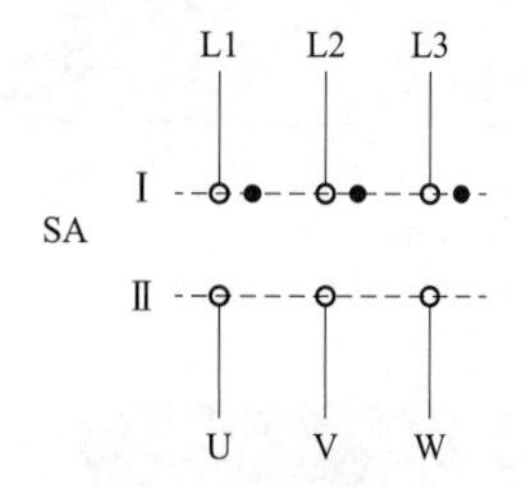

图 4-33 组合开关作转换开关时的图形符号

3. 组合开关的选用

（1）组合开关用作隔离开关时，其额定电流应为低于被隔离电路中各负载电流的总和。

（2）组合开关用于控制电动机时，其额定电流一般取电动机额定电流的 1.5～2.5 倍。每小时切换次数不宜超过 20 次。

（3）组合开关用于控制电动机正、反转，在从正转切换到反转的过程中，必须先经过停止位置，待电动机停转后，再切换到反转位置。

（4）应根据电气控制线路中实际需要，确定组合开关接线方式，正确选择符合接线要求的组合开关规格。

特别提醒

组合开关本身不带过载和短路保护装置，在其所控制的电路中，必须另外加装保护设备，才能保证电路和设备安全。如果组合开关控制的用电设备功率因数较低时，应按容量等级降低使用，以利于延长其使用寿命。

4 组合开关的检测

组合开关内部触点的好坏可以用万用表来检测。一般选择万用表的 $R\times10$ 挡，用两表笔分别测量组合开关的每一对触点，电阻值为 0 或很小，说明内部触点接触良好[见图 4-34(a)]；如果电阻值很大甚至为无穷大，则说明该对触点有问题［见图 4-34（b)］。测量完一对触点后，转动手柄，再测量另一对触点，直至全部测量完毕。

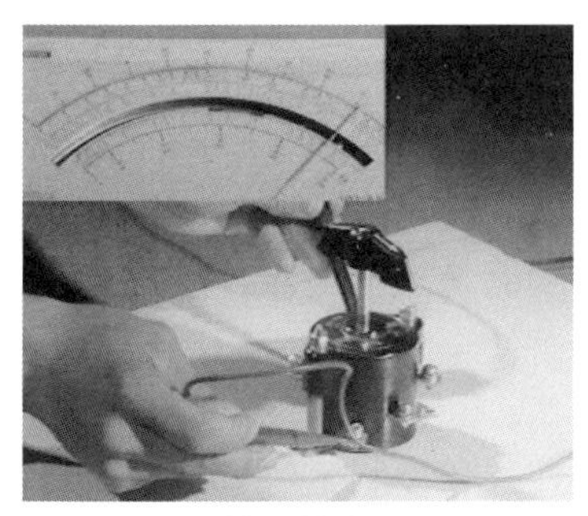
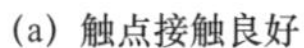
(a) 触点接触良好

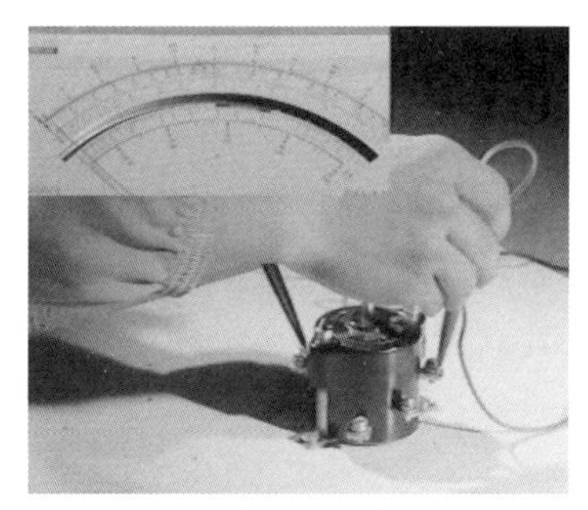
(b) 触点接触不良

图 4-34　组合开关的检测

5. 组合开关的安装

在机床电气设备上，组合开关多作为电源开关，一般不带负载，作空载断开电源或维修切断电源用。

（1）组合开关应安装在控制箱内，其操作手柄最好是在控制箱的前面或侧面，水平旋转位置为断开位状态，如图 4-35 所示。

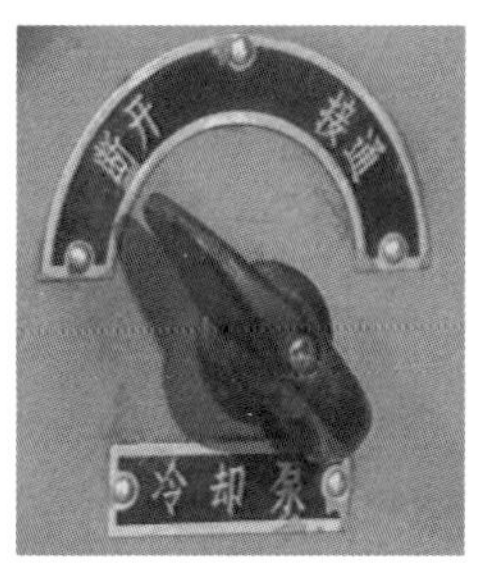

图 4-35　组合开关的安装

（2）在安装时，应按照规定接线，并将组合开关的固定螺母拧紧。

6. 组合开关常见故障处理

组合开关的常见故障及维修方法见表 4-10。

表 4-10　　组合开关的常见故障及维修方法

故障现象	产生原因	维修方法
手柄转动后，内部触头不动作	（1）手柄的转动连接部件磨损 （2）操动机构损坏 （3）绝缘杆变形 （4）轴与绝缘杆装配不紧	（1）调换手柄 （2）修理操动机构 （3）更换绝缘杆 （4）紧固轴与绝缘杆
手柄转动后，触头不能同时接通或断开	（1）开关型号不对 （2）修理开关时触头装配不正确 （3）触头失去弹性或有尘污	（1）更换开关 （2）重新装配 （3）更换触头或清除污垢
开关接线柱相间短路	因铁屑或油污附在接线柱间形成导电将胶木烧焦或绝缘破坏形成短路	清扫开关或调换开关

4.2.5 低压熔断器

4.11 低压熔断器

1. 熔断器的作用

低压熔断器俗称保险丝，是指当电流超过规定值时，以本身产生的热量使熔体熔断，断开电路的一种电器。熔断器是根据电流超过规定值一段时间后，以其自身产生的热量使熔体熔化，从而使电路断开，运用这种原理制成的一种电流保护器。

低压熔断器广泛应用于低压配电系统和控制系统以及用电设备中，作为短路和过电流的保护器。熔断器串联在电路中，在系统正常工作时，低压熔断器相当于一根导线，起接通电路的作用；当通过低压熔断器的电流大于其标称电流一定比例时，熔断器内的熔断材料（或熔丝）发热，经过一定时间后自动熔断，以保护线路，避免发生较大范围的损害。

熔断器还可以用于仪器仪表及线路装置的过载保护和短路保护。

特别提醒

熔断器多数为不可恢复性产品（可恢复熔断器除外），一旦损坏后要用同规格的熔断器更换。

2. 熔断器的结构

熔断器主要由熔体、安装熔体的熔管和熔座3部分组成，见表4－11。

表4－11 熔断器的结构

组成部分	说明
熔体	熔断器的核心，常做成丝状、片状或栅状，制作熔体的材料一般有铅锡合金、锌、铜、银等
熔管	熔体的保护外壳，用耐热绝缘材料制成，在熔体熔断时兼有灭弧作用
熔座	熔断器的底座，作用是固定熔管和外接引线

3. 常用低压熔断器

（1）瓷插式熔断器。瓷插式熔断器应用于低压线路中，作为线路和电气设备的短路保护及过载保护器件。RC1A系列瓷插式熔断器的结构如图4－36所示。

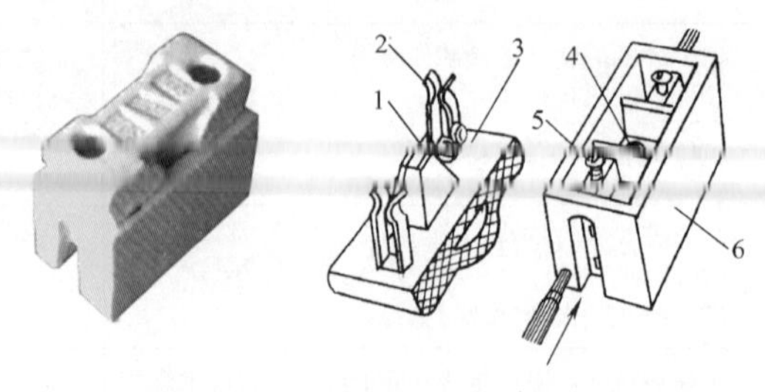

图4－36 RC1A系列瓷插式熔断器的结构

1—熔丝；2—动触头；3—瓷盖；4—空腔；5—静触头；6—瓷座

瓷插式熔断器的特点及应用见表4-12。

表4-12　瓷插式熔断器的特点及应用

特点	结构简单，价格低廉，更换方便，使用时将瓷盖插入瓷座，拔下瓷盖便可更换熔丝
应用	额定电压380V及以下、额定电流为5～200A的低压线路末端或分支电路中，作线路和用电设备的短路保护，在照明线路中还可起过载保护作用

（2）螺旋式熔断器。螺旋式熔断器又称为塞式熔断器，主要应用于对配电设备、线路的过载和短路保护。RL1系列螺旋式熔断器的结构如图4-37所示。

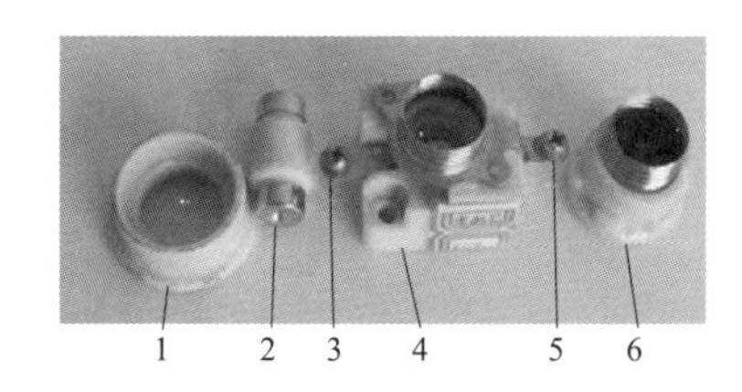

图4-37　RL1系列螺旋式熔断器的结构

1—瓷套；2—熔断管；4—下接线座；4—瓷座；5—上接线座；6—瓷帽

螺旋式熔断器的特点及应用见表4-13。

表4-13　螺旋式熔断器的特点及应用

特点	熔断管内装有石英砂、熔丝和带小红点的熔断指示器，石英砂用来增强灭弧性能。熔丝熔断后有明显指示
应用	在交流额定电压500V、额定电流200A及以下的电路中，作为短路保护器件

（3）封闭管式熔断器。RM10系列封闭管式熔断器的结构如图4-38所示。

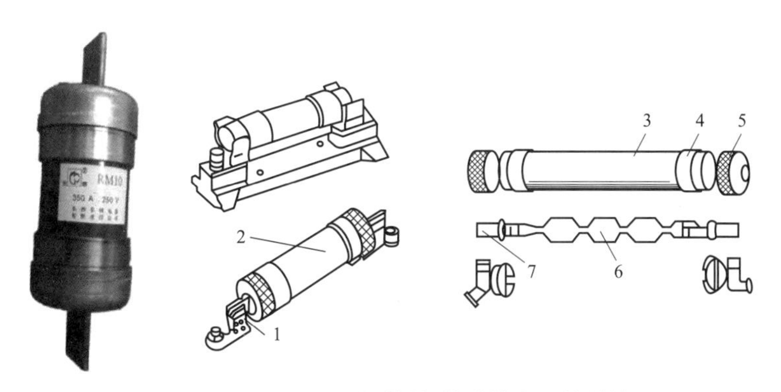

图4-38　RM10系列封闭管式熔断器的结构

1—夹座；2—熔断管；3—钢纸管；4—黄铜套管；5—黄铜帽；6—熔体；7—刀型夹头

RM10封闭管式熔断器的特点及应用见表4－14。

表4－14　RM10封闭管式熔断器的特点及应用

特点	熔断管为钢纸制成，两端为黄铜制成的可拆式管帽，管内熔体为变截面的熔片，更换熔体较方便
应用	用于交流额定电压380V及以下、直流440V及以下、电流在600A以下的电力线路中

（4）有填料封闭管式熔断器。RT0系列有填料封闭管式熔断器的结构如图4－39所示。

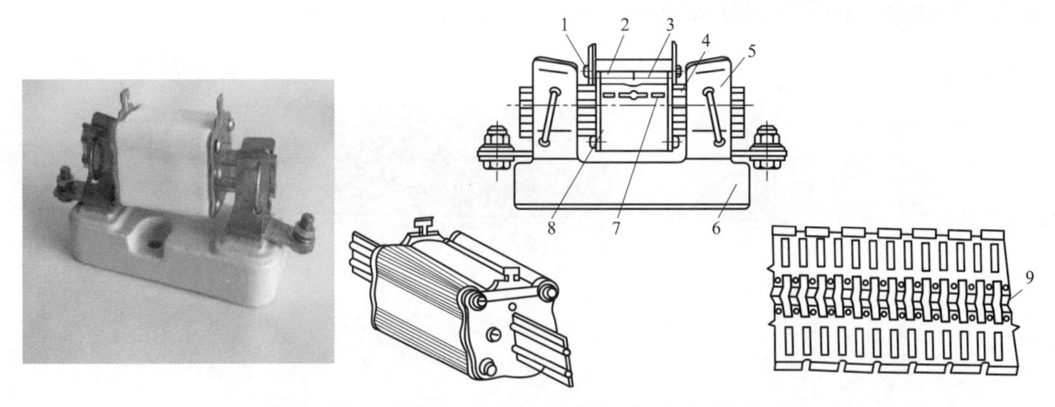

图4－39　RT0系列有填料封闭管式熔断器的结构

1—熔断指示器；2—石英砂填料；3—指示器熔丝；4—夹头；5—夹座；6—底座；7—熔体；8—熔管；9—锡桥

有填料封闭管式熔断器的特点及应用见表4－15。

表4－15　有填料封闭管式熔断器的特点及应用

特点	熔体是两片网状紫铜片，中间用锡桥连接。熔体周围填满石英砂可起灭弧作用
应用	用于交流380V及以下、短路电流较大的电力输配电系统中，作为线路及电气设备的短路保护及过载保护

（5）有填料封闭管式圆筒帽形熔断器。NG30系列有填料封闭管式圆筒帽形熔断器如图4－40所示。

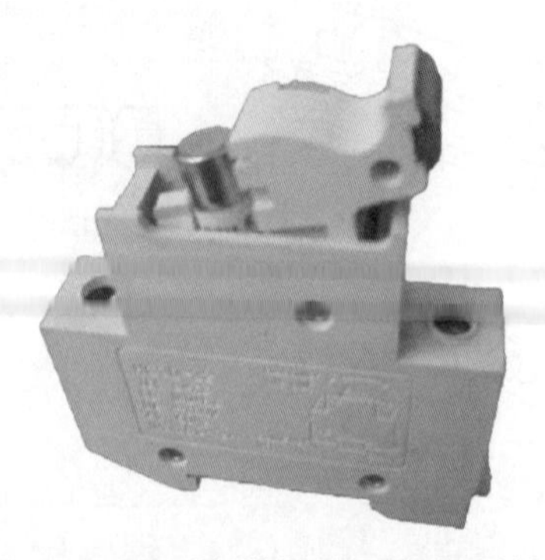

图4－40　NG30系列有填料封闭管式圆筒帽形熔断器

有填料封闭管式圆筒帽形熔断器的特点及应用见表4－16。

表4－16　　有填料封闭管式圆筒帽形熔断器的特点及应用

特点	熔断体由熔管、熔体、填料组成，由纯铜片制成的变截面熔体封装于高强度熔管内，熔管内充满高纯度石英砂作为灭弧介质，熔体两端采用点焊与端帽牢固连接
应用	用于交流50Hz、额定电压380V、额定电流63A及以下工业电气装置的配电线路中

（6）有填料快速熔断器。RS0、RS3系列有填料快速熔断器如图4－41所示。顾名思义，这种熔断器是一种快速动作型的熔断器，熔体为银质窄截面或网状形式，熔体为一次性使用，不能自行更换。

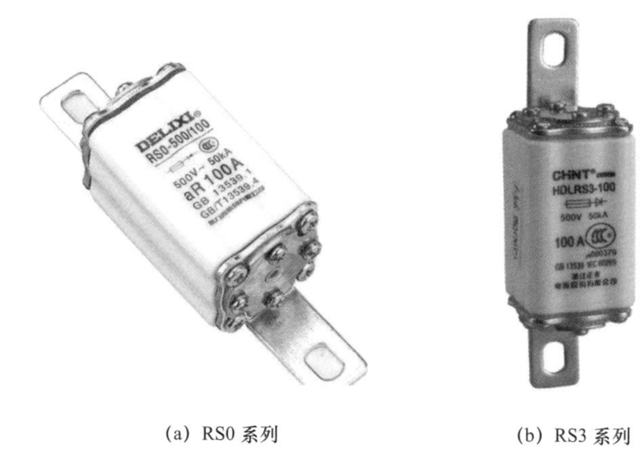

（a）RS0系列　　（b）RS3系列

图4－41　RS0、RS3系列有填料快速熔断器

有填料快速熔断器的特点及应用见表4－17。

表4－17　　有填料快速熔断器的特点及应用

特点	在6倍额定电流时，熔断时间不大于20ms；熔断时间短，动作迅速
应用	主要用于半导体硅整流元件的过电流保护

4. 熔断器的选用

（1）熔断器类型的选用。根据使用环境、负载性质和短路电流的大小选用适当类型的熔断器。

1）瓷插式熔断器，主要用于500V以下小容量线路。

2）螺旋式熔断器，用于500V以下中小容量线路，多用于机床配电电路。

3）无填料封闭管式熔断器，主要用于交流500V、直流400V以下的配电设备中，作为短路保护和防止连续过载用。

4）有填料管式熔断器，它比无填料封闭管式熔断器断流能力大，可达50kA，主要用于具有较大短路电流的低压配电网。

（2）熔断器额定电压和额定电流的选用。熔断器的额定电压必须等于或大于线路的额定电压。

（3）熔体电流的选择。熔断器的额定电流必须等于或大于所装熔体的额定电流。

1）对于没有冲击电流的电阻性负载，熔体的额定电流为 $I_{FR}=1.1I_R$（式中，I_{FR} 为熔体的额定电流；I_R 为负载额定电流）。

2）对一台电动机，熔体的额定电流为 $I_{FR}\geqslant$（1.5～2.5）I_R；

3）如果是多台电动机，熔体的额定电流为 $I_{FR}\geqslant$（1.5～2.5）$I_{Rmax}+\Sigma I_R$（式中，I_{Rmax} 为最大一台电动机额定电流；ΣI_R 为其余小容量电动机额定电流之和）。

熔断器额定电流的选用口诀

熔体电流额定值，选用一定要计算。
熔体形状不相同，根据需要来选用。
照明线路安装时，略大全部电流和。
单台电机运行时，小于额流二点五。
多台电机运行时，小于总和二点五。
减压启动电动机，小于二倍额定流。
绕线式的电动机，小于额流一点五。
变压器的低压侧，小于额流一点五。
并联电容器组群，小于额流一点八。
电焊机装的熔体，小于负流二点五。
电子整流元器件，一点五七额定流。

5. 熔断器的检测

检测低压熔断器，可用万用表检测其电阻值来判断熔体（丝）的好坏。

如图 4-42 所示，指针式万用表选择 $R\times10$ 挡或者通断挡（数字万用表选择通断挡），黑、红表笔分别与熔断器的两端接触，与若测得低压熔断器的阻值很小或趋于零，则表明该低压熔断器正常；若测得低压熔断器的阻值为无穷大，则表明该低压熔断器已熔断。具体检测方法请观看本章提供的视频。

图 4-42　万用表检测熔断器

对于表面有明显烧焦痕迹或人眼能直接看到熔丝已经断了的熔断器，可通过观察法直接判断其好坏。

6. 熔断器应用注意事项

（1）安装熔断器应保证触头、接线端等处接触良好，并应经常检查。若接触不良会使接触部位发热，熔体温度过高就会造成误动作。有时因为接触不良产生火花会干扰弱电装置。

（2）安装熔体时，注意有机械损伤，否则相当于熔体截面变小，电阻增加，保护性能变坏。

（3）螺旋式熔断器的进线应接在底座中心端的下接线端上，出线接在上接线端上，如图4-43所示。

（4）更换熔体时，要检查新熔体的规格和形状是否与更换的熔体一致。熔丝损坏后，千万不能用铜丝或铁丝代替熔丝。

（5）熔体周围温度应与被保护对象的周围温度一致，若相差太大，会使保护动作产生误差。

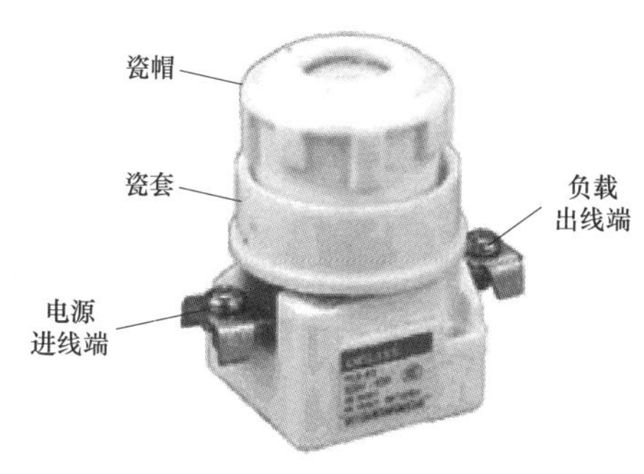

图4-43　螺旋式熔断器的接线规定

特别提醒

熔断器不论因短路电流或过负荷电流，还是其他原因而熔断，不能贸然更换熔体，需查明原因，排除故障后更换。同时不能断一相更换一相，而是同负荷开关的熔体均更换。因其末熔断的熔体也经过热的经历，继续使用易在以后正常工作时熔断。

4.2.6　接触器

1. 接触器的作用

4.12　接触器

广义上的接触器是指工业电中利用线圈流过电流产生磁场，使触头闭合，以达到控制负载的电器，常应用于电力、配电与用电场合。接触器主要用于频繁接通或分断交、直流电路，具有控制容量大，可远距离操作，配合继电器可以实现定时操作，联锁控制，各种定量控制和失压及欠压保护，广泛应用于自动控制电路，其主要控制对象是电动机，也可用于控制其他电力负载，如电热器、照明、电焊机、电容器组等。

2. 接触器的类型

按照不同的分类方法，接触器有多种类型，见表4-18。

表4-18　接触器的类型

分类方法	种类
按主触头通过电流种类分	交流接触器、直流接触器
按操作机构分	电磁式接触器、永磁式接触器
按驱动方式分	液压式接触器、气动式接触器、电磁式接触器
按动作方式分	直动式接触器、转动式接触器

交流接触器和直流接触器的结构及工作原理大致相同，因此本书主要介绍交流接触器。

3. 交流接触器的结构

接触器主要由电磁系统、触头系统、灭弧装置等构成，见表4-19。接触器外形及结构如图4-44所示，在电路图中，接触器的图形符号如图4-45所示。

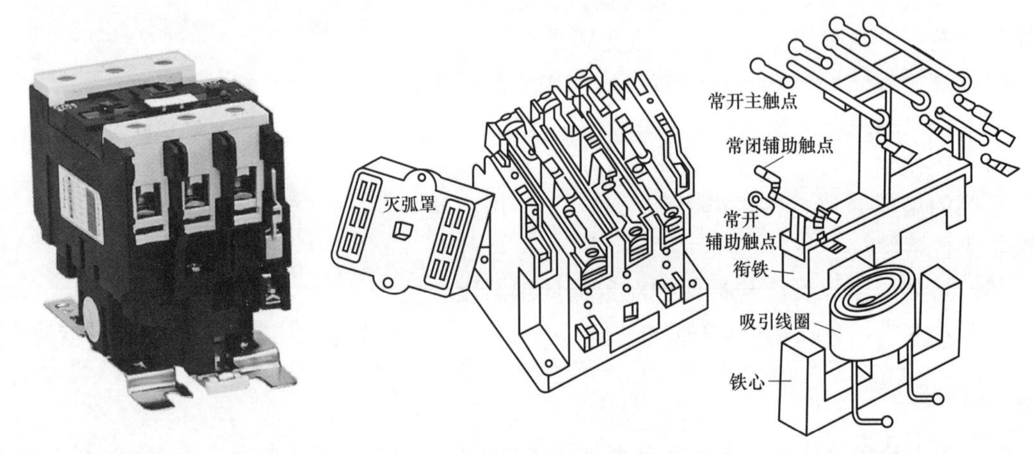

图4-44　交流接触器的外形及结构

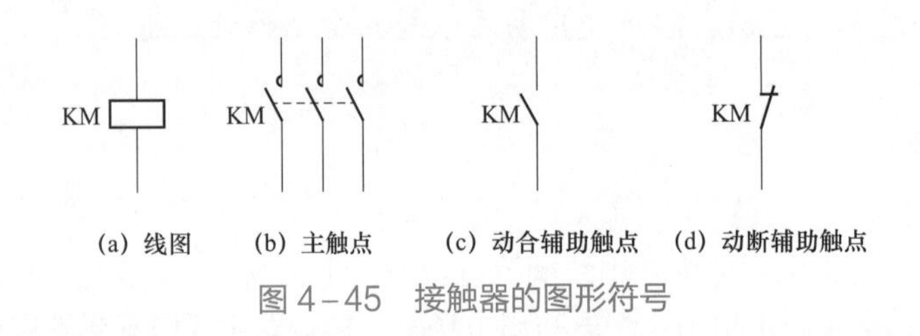

图4-45　接触器的图形符号

表4-19　接触器的结构

装置或系统	组成及说明
电磁系统	可动铁心（衔铁）、静铁心、电磁线圈、反作用弹簧
触头系统	主触头（用于接通、切断主电路的大电流）、辅助触头（用于控制电路的小电流）；一般有三对动合主触头，若干对辅助触头

按功能不同，接触器的触头分为主触头和辅助触头。主触头用于接通和分断电流较大的主电路，体积较大，一般由3对动合触头组成；辅助触头用于接通和分断小电流的控制电路，体积较小，有动断和动合两种触头。根据触头形状的不同，分为桥式触头和指形触头，其形状分别如图4-46所示。

4. 交流接触器的主要参数

（1）交流接触器主触点的额定电压等级有127、220、380、500V等规格。

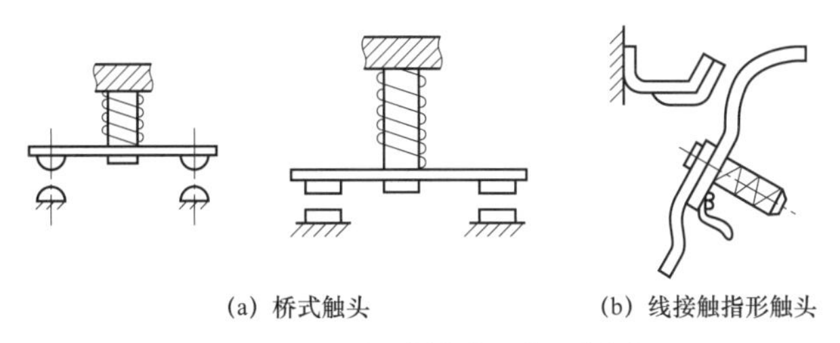

图 4-46　桥式触头和指形触头

（2）主触点额定电流等级有 5、10、20、40、60、100、150、250、400、600A 等。

（3）交流接触器辅助触点的工作电流一般为 5A。

（4）交流接触器的电磁线圈的额定操作频率不大于 600 次/h。

5. 接触器的选用

接触器的选用方法见表 4-20。

表 4-20　接触器的选用

项目	方法及说明
接触器的类型	根据电路中负载电流的种类选择。交流负载应选用交流接触器，直流负载应选用直流接触器。如果控制系统中主要是交流负载，直流电动机或直流负载的容量较小，也可都选用交流接触器来控制，但触点的额定电流应选得大一些
主触头的额定电压	接触器主触头的额定电压应等于或大于负载的额定电压
主触头的额定电流	被选用接触器主触头的额定电流应大于负载电路的额定电流。也可根据所控制的电动机最大功率进行选择。如果接触器是用来控制电动机的频繁启动、正反或反接制动等场合，应将接触器的主触头额定电流降低使用，一般可降低一个等级
吸引线圈工作电压和辅助触点容量	如果控制线路比较简单，所用接触器的数量较少，则交流接触器线圈的额定电压一般直接选用 380V 或 220V。 如果控制线路比较复杂，使用的电器又比较多，为了安全起见，线圈的额定电压可选低一些，这时需要加一个控制变压器

6. 接触器的检测

指针式万用表置于通断挡，将两只表笔分别接触的动合触点，观察是否鸣叫；再手动按下交流接触器的触头，让触头处于闭合状态，观察是否鸣叫，如有鸣叫声，则说明接触器该对触点是完好的。依次测量其他各触点。观察是否鸣叫，说明各触点接触是良好的。

万用表置于电阻挡，将两只表笔分别置于接触器线圈，观察表数字是否有变化，如有，说明线圈是完好的。具体检测方法请观看本章提供的视频。

7. 交流接触器安装

（1）安装固定方式。

1）水平安装：用螺栓（钉）将接触器安装在水平的金属板或格架上，工作时主触点向下运动后闭合，大中型交流接触器一般采用此种方式安装。

2）立面安装：主要适合小型接触器，优点是可按上端为输入、下端为输出的方法排线，

图 4-47 接触器的安装与固定

电气原理易于理解，方便电气检修、维护，而且积尘少、整洁美观，如图 4-47 所示。

（2）连接方法。

1）大中型接触器，由于电流较大，为保证其主触点进、出线的电气接触良好，一般必须用线鼻子经螺栓（钉）加弹簧垫圈后紧固。加弹簧垫圈的目的是防止连接处因机器设备的震动或因主触点处经常冷、热交替变化而松弛，这点很重要。

2）小型接触器连线方法根据接触器本身的制造结构，可以有螺钉压接式、夹钳接线式和快速插接式 3 种不同方法。

3）可采用线头弯“羊眼圈”的方法进行连接。弯制方法如下：离绝缘层根部约 3mm 处向外侧折角，按略大于螺钉直径弯曲圆弧，剪去芯线余端，最后修正圆圈成圆形，如图 4-48 所示。

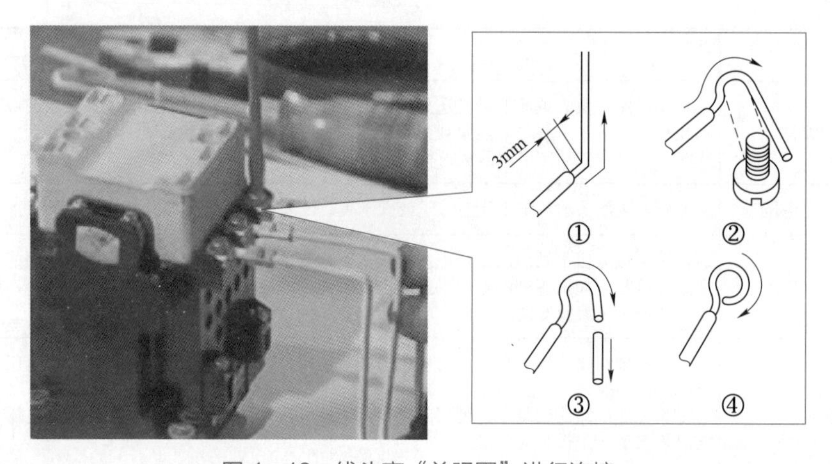

图 4-48 线头弯“羊眼圈”进行连接

特别提醒

（1）安装接触器时，除特殊情况外，一般应垂直安装，其倾角不得超过 5°；有散热孔的接触器，应将散热孔放在上、下位置。

（2）在安装与接线时，注意不要把零件失落入接触器内部，以免引起卡阻而烧毁线圈；同时，应将螺钉拧紧以防振动松脱。

（3）接触器的工作环境要求清洁、干燥，安装位置不能受到剧烈振动，因为剧烈振动容易造成触点抖动，严重时会发生误动作。

（4）接触器不允许在去掉灭弧罩的情况下使用，因为这样很容易发生短路事故。

8. 交流接触器常见故障及处理

交流接触器常见故障及处理方法见表4-21。

表4-21　交流接触器常见故障及处理

故障现象	可能原因	处理方法
触点闭合而铁心不能完全闭合	（1）电源电压过低或波动大 （2）操作回路电源容量不足或断线；配线错误；触点接触不良 （3）选用线圈不当 （4）产品本身受损，如线圈受损，部件卡住；转轴生锈或歪斜 （5）触点弹簧压力不匹配	（1）增高电源电压 （2）增大电源容量，更换线路，修理触点 （3）更换线圈 （4）更换线圈，排除卡住部件；修理损坏零件 （5）调整触点参数
触点熔焊	（1）操作频率过高或超负荷使用 （2）负载侧短路 （3）触点弹簧压力过小 （4）触点表面有异物 （5）回路电压过低或有机械卡住	（1）调换合适的接触器 （2）排除短路故障，更换触点 （3）调整触点弹簧压力 （4）清理触点表面 （5）提高操作电源电压，排除机械卡住，使接触器吸合可靠
触点过度磨损	接触器选用不当，在一些场合造成其容量不足（如在反接振动、操作频率过高、三相触点动作不同步等）	更换适合繁重任务的接触器；如果三相触点动作不同步，应调整到同步
不释放或释放缓慢	（1）触点弹簧压力过小 （2）触点熔焊 （3）机械可动部分卡住，转轴生锈或歪斜 （4）反力弹簧损坏 （5）铁心吸合面有污物或尘埃粘着	（1）调整触点参数 （2）排除熔焊故障，修理或更换触点 （3）排除卡住故障，修理受损零件 （4）更换反力弹簧 （5）清理铁心吸合面
铁心噪声过大	（1）电源电压过低 （2）触点弹簧压力过大 （3）磁系统歪斜或卡住，使铁心不能吸平 （4）吸面生锈或有异物 （5）短路环断裂或脱落 （6）铁心吸面磨损过度而不平	（1）提高操作回路电压 （2）调整触点弹簧压力 （3）排除机械卡住 （4）清理铁心吸面 （5）调换铁心或短路环 （6）更换铁心
线圈过热或烧损	（1）电源电压过高或过低 （2）线圈技术参数与实际使用条件不符合 （3）操作频率过高 （4）线圈制作不良或有机械损伤、绝缘损坏 （5）使用环境条件特殊，如空气潮湿、有腐蚀性气体或环境温度过高等 （6）运动部件卡住 （7）铁心吸面不平	（1）调整电源电压 （2）更换线圈或者接触器 （3）选择合适的接触器 （4）更换线圈，排除线圈机械受损的故障 （5）采用特殊设计的线圈 （6）排除卡住现象 （7）清理吸面或调换铁心

4.2.7　继电器

1. 继电器的特点及功用

4.13　继电器

继电器具有动作快、工作稳定、使用寿命长、体积小等优点，广泛应用于电力保护、自动化、遥控、测量和通信等装置中。与接触器相比，继电器具有触点额定电流很小、不需要灭弧装置、触点种类和数量较多、体积小等特点，但对其动作的准确性要求较高。

一般来说，继电器主要用来反映各种控制信号，其触点通常接在控制电路中，不直接控制电流较大的主电路，而是通过接触器或其他电器对主电路进行控制。作为控制元件，继电器的作用见表4－22。

表4－22　继电器的作用

作用	说明
扩大控制范围	多触点继电器控制信号达到某一定值时，可以按触点组的不同形式，同时换接、开断、接通多路电路
放大	灵敏型继电器、中间继电器等，用一个很微小的控制量，可以控制很大功率的电路
自动、遥控、监测	自动装置上的继电器与其他电器一起，可以组成程序控制线路，从而实现自动化运行
综合信号	当多个控制信号按规定的形式输入多绕组继电器时，经过比较综合，达到预定的控制效果

2. 继电器的种类

继电器的种类很多，常见继电器见表4－23。

表4－23　继电器的种类

分类方法	种类
按输入信号性质分	电流继电器、电压继电器、速度继电器、压力继电器
按工作原理分	电磁式继电器、电动式继电器、感应式继电器、晶体管式继电器和热继电器
按输出方式分	有触点式和无触点式
按外形尺寸分	微型继电器、超小型继电器、小型继电器
按防护特征分	密封继电器、塑封继电器、防尘罩继电器、敞开继电器

3. 继电器的主要技术参数

继电器的种类及型号很多，归纳起来其主要技术参数见表4－24。

表4－24　继电器的主要技术参数

技术参数	含义或说明
额定工作电压	继电器正常工作时线圈所需要的电压，也就是控制电路的控制电压。根据继电器的型号不同，可以是交流电压，也可以是直流电压
直流电阻	继电器中线圈的直流电阻，可以通过万能表测量
吸合电流	继电器能够产生吸合动作的最小电流。在正常使用时，给定的电流必须略大于吸合电流，这样继电器才能稳定地工作。而对于线圈所加的工作电压，一般不要超过额定工作电压的1.5倍，否则会产生较大的电流而把线圈烧毁
释放电流	继电器产生释放动作的最大电流。当继电器吸合状态的电流减小到一定程度时，继电器就会恢复到未通电的释放状态。这时的电流远远小于吸合电流
触点切换电压和电流	继电器允许加载的电压和电流。其决定了继电器能控制电压和电流的大小，使用时不能超过此值，否则很容易损坏继电器的触点

4. 继电器的选用

（1）了解必要的条件。

1）控制电路的电源电压，能提供的最大电流。

2）被控制电路中的电压和电流。

3）被控电路需要几组、什么形式的触点。

选用继电器时，一般控制电路的电源电压可作为选用的依据。控制电路应能给继电器提供足够的工作电流，否则继电器吸合是不稳定的。

（2）查阅有关资料确定使用条件后，可查找相关资料，找出需要的继电器的型号和规格号。若手头已有继电器，可依据资料核对是否可以利用。最后考虑尺寸是否合适。

（3）注意器具的容积。若是用于一般用电器，除考虑机箱容积外，小型继电器主要考虑电路板安装布局。

5. 继电器的测试

在安装、维护、维修继电器时，可通过对继电器的一些参数进行测试，以鉴定其质量好坏，其参数项目见表4－25。

表4－25　　　　测试继电器

项目	测试方法
触点电阻	使用万能表的电阻挡，测量动断触点与动点的电阻，其阻值应为0（用更加精确方式可测得触点阻值在100mΩ以内）；而动合触点与动点的阻值应为无穷大。由此可以区别出哪个是动断触点，哪个是动合触点
线圈电阻	可用万能表 $R\times10$ 挡测量继电器线圈的阻值，从而判断该线圈是否存在着开路现象
吸合电压吸合电流	采用可调稳压电源和电流表，给继电器输入一组电压，且在供电回路中串入电流表进行监测。慢慢调高电源电压，听到继电器吸合声时，记下该吸合电压和吸合电流。为求准确，可以试多几次而求平均值
释放电压释放电流	与测试吸合电压和吸合电流的电路连接方法一样，当继电器发生吸合后，再逐渐降低供电电压，当听到继电器再次发生释放声音时，记下此时的电压和电流，可尝试多几次而取得平均的释放电压和释放电流。一般情况下，继电器的释放电压为吸合电压的10%～50%，如果释放电压太小（小于1/10的吸合电压），则不能正常使用，这样会对电路的稳定性造成威胁，工作不可靠

6. 电压继电器的应用

电压继电器线圈匝数多且导线细，使用时将电压继电器的电磁线圈并联接入所监控的电路中（与负载并联），将动合触头串联接在控制电路中作为执行元件。当电路的电压值变化超过设定值时，电压继电器的触头机构便会动作，触点状态产生切换，发出控制信号。

电压继电器按电压动作类型可分为过电压继电器、低电压（欠压）继电器两种。

（1）选用过电压继电器主要是看额定电压和动作电压等参数，过电压继电器的动作值一般按系统额定电压的1.1～1.2倍整定。

（2）电压继电器线圈的额定电压一般可按电路的额定电压来选择。

电压继电器记忆口诀

电压继电器两种，过电压和欠电压。
线圈匝数多且细，整定范围可细化。
并联负载电路中，密切监控电变化。
额定电压要相符，安装完毕试几下。

7. 电流继电器的应用

电流继电器是反映电流变化的控制电器，主要用于监控电气线路中的电流变化。

电流继电器的线圈匝数少且导线粗，使用时将电磁线圈串接于被监控的主电路中，与负载相串，动作触点串接在辅助电路中。当电路电流的变化超过设定值时，电流继电器便会动作，触点状态场所切换，发出信号。

电流继电器按电流动作类型可分为过电流继电器、欠电流继电器两种。

（1）过电流继电器。过电流继电器正常工作时线圈中虽有负载电流，但衔铁不产生吸合动作；当出现超出整定电流的吸合电流时，衔铁才产生吸合动作。在电气控制线路中出现冲击性过电流故障时，过电流使过电流继电器衔铁吸合，利用其动断触头断开接触器线圈的通电回路，从而切断电气控制线路中电气设备的电源。JT4 系列过流继电器的结构及原理如图 4－49 所示。

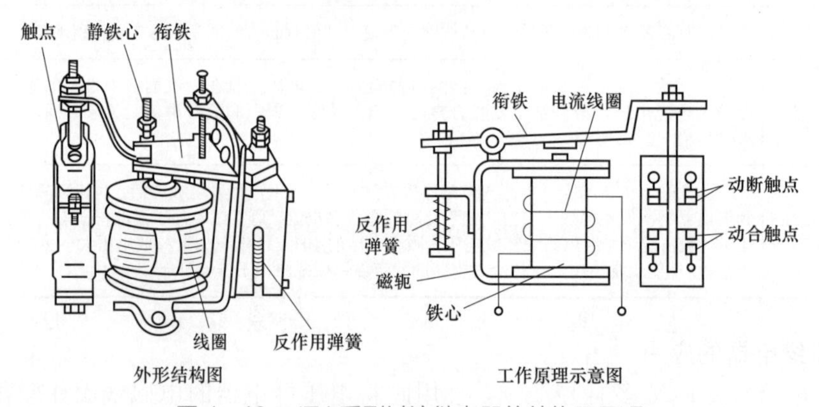

图 4－49　JT4 系列过流继电器的结构及原理

交流过电流继电器整定值 I_x 的整定范围为

$$I_x=(1.1\sim3.5)I_N$$

式中　I_x——吸合电流；

I_N——额定电流。

（2）欠电流继电器。欠电流继电器正常工作时衔铁处于吸合状态，当电路的负载电流降低至释放电流时，衔铁释放。在直流电路中，当负载电流降低或消失往往会导致严重后果（如直流电动机励磁回路断线等），但交流电路中一般不会出现欠电流故障，因此低压电器产品中有直流欠电流继电器没有交流欠电流继电器。

直流欠电流继电器吸合电流 $I_x=(0.3\sim0.65)I_N$。

释放电流 I_F 整定范围为 $I_F=(0.1\sim0.2)I_N$。

（3）电流继电器的选型。电力保护、二次回路电流继电器选型条件如下。

1）有辅源电流继电器需要提供的条件：触点形式（动合点、动断点和转换点的组数）、辅助电压等级，电流整定范围，以及安装方式（柜内安装，面板开孔式、导轨式）。

2）无辅源电流继电器需要提供的条件：触点形式（动合点、动断点和转换点的组数）、电流整定范围，以及安装方式（柜内安装，面板开孔式、导轨式）。

（4）过电流继电器的选用。过电流继电器的主要参数是额定电流和动作电流。额定电流应不低于被保护电动机的额定电流，动作电流可根据电动机工作情况按电动机启动电流的1.1～1.3倍整定。一般绕线转子感应电动机的启动电流按2.5倍额定电流考虑，笼形感应电动机的电流按额定电流的5～8倍考虑。

1）过电流继电器线圈的额定电流一般可按电动机长期工作的额定电流来选择。对于频繁启动的电动机，考虑到启动电流在继电器中的热效应，因此额定电流可选大一级。

2）过电流继电器的动作电流可根据电动机工作情况，一般按电动机启动电流的1.1～1.3倍整定，频繁启动场合可取2.25～2.5倍。一般绕线转了感应电动机的启动电流按2.5倍额定电流考虑，笼形感应电动机的启动电流按额定电流的5～8倍考虑。

8. 中间继电器的应用

中间继电器是传输或转换信号的一种低压电器元件，可将控制信号传递、放大、翻转、分路、隔离和记忆，以达到一点控多点、小功率控大功率的目标。

中间继电器的结构和原理与交流接触器基本相同，与接触器的主要区别在于：接触器的主触头可以通过大电流，而中间继电器的触头只能通过小电流。中间继电器一般没有主触点，只能用于控制电路中。中间继电器一般是直流电源供电，少数使用交流供电。

中间继电器的品种规格很多，常用的有J27系列、J28系列、JZ11系列、JZ13系列、JZ14系列、JZ15系列、JZ17系列和3TH系列。

选用中间继电器时，主要应根据被控制电路的电压等级、所需触点数量、种类、容量等要求来选择。

因为中间继电器的触头容量较小，所以一般不能在主电路中应用。

9. 速度继电器的应用

速度继电器主要用于三相异步电动机反接制动的控制电路中，其任务是当三相电源的相序改变以后，产生与实际转子转动方向相反的旋转磁场，从而产生制动力矩，使电动机在制动状态下迅速降低速度。在电动机转速接近零时立即发出信号，切断电源使之停车（否则电动机开始反方向启动）。

常用的速度继电器有 JY1 型和 JFZ0 型两种，它们具有两个动合触点、两个动断触点，额定电压为 380V，额定电流为 2A。一般速度继电器的转轴在 130r/min 左右即能动作，在 100r/min 时触头即能恢复到正常位置。可以通过螺钉的调节来改变速度继电器动作的转速，以适应控制电路的要求。

选用速度继电器时要注意以下几点。

（1）选用速度继电器时，应根据触头额定电压、触头额定电流、触头数量及额定转速来选择。

图 4－50　速度继电器与电动机的连接

（2）速度继电器的转轴应与电动机同轴连接，如图 4－50 所示。

（3）速度继电器安装接线时，正、反向的触头不能接错，否则不能起到在反接制动时接通和断开反向电源的作用。

（4）速度继电器的金属外壳应可靠接地。

10. 热继电器的应用

热继电器主要用于电动机的过载保护、断相保护、电流不平衡运行控制，也可用于其他电气设备发热状态的控制。

热继电器的热元件与被保护电动机的主电路串接，热继电器的触点串接在接触器线圈所在的控制回路中。

选用热继电器要注意以下几点。

（1）一般电动机轻载启动或短时工作，可选择二相结构的热继电器；当电源电压的均衡性和工作环境较差或多台电动机的功率差别较显著时，可选择三相结构的热继电器；对于三角形接法的电动机，应选用带断相保护装置的热继电器。

（2）热继电器的额定电流应大于电动机的额定电流。

（3）一般将整定电流调整到等于电动机的额定电流；对过载能力差的电动机，可将热元件整定值调整到电动机额定电流的 0.6～0.8 倍；对启动时间较长，拖动冲击性负载或不允许停车的电动机，热元件的整定电流应调节到电动机额定电流的 1.1～1.15 倍。绝对不允许弯折双金属片。

11. 时间继电器的应用

时间继电器实质上是一个定时器，在定时信号发出之后，时间继电器按预先设定好的时间、时序延时接通和分断被控电路。

时间继电器按工作方式可分为通电延时时间继电器和断电延时时间继电器两种，前者较为常用。

时间继电器按动作原理可分为电磁阻尼式、空气阻尼式、晶体管式和电动式等 4 种。近年来，电子式时间继电器发展很快，具有延时时间长、精度高、调节方便等优点，有的还带

有数字显示，非常直观，所以应用很广。

JSZ3系列时间继电器如图4-51所示，其控制电路采用了集成电路，具有体积小、质量轻、结构紧凑、延时范围广、延时精度高、可靠性好、寿命长等特点，适用于机床自动控制和成套设备自动控制等要求高精度、高可靠性的自动控制系统作延时控制元件。

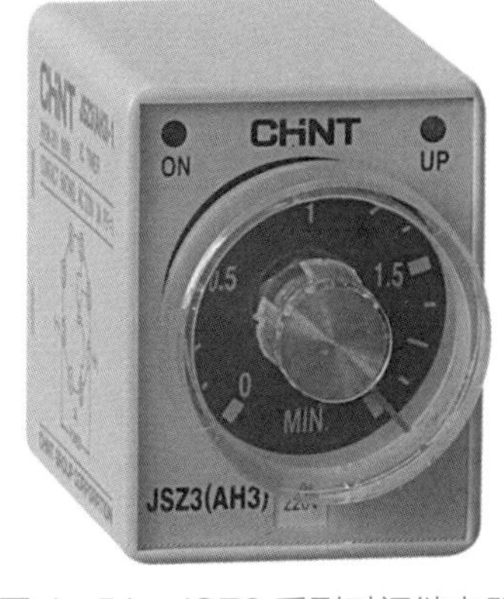

图4-51 JSZ3系列时间继电器

使用时间继电器要注意以下事项。

（1）时间继电器的使用工作电压应在额定工作电压范围内。

（2）严禁在通电的情况下安装、拆卸时间继电器。

（3）对可能造成重大经济损失或人身安全的设备，设计时请务必使技术特性和性能数值有足够余量，同时应该采用二重电路保护等安全措施。

（4）断电延时型时间继电器，通电时间必须大于3s，以使内部电容充足电能。

4.2.8 控制按钮

1. 控制按钮的作用

控制按钮也称为按钮开关，通常简称为按钮，它是一种结构简单且应用十分广泛的主令电器。按钮常用来接通或断开控制电路（其中电流很小），从而达到控制电动机或其他电气设备运行目的的一种开关。

4.14 控制按钮

控制按钮的用途很广，例如车床的启动与停机、正转与反转等；塔式吊车的启动，停止，上升，下降，前、后、左、右、慢速或快速运行等，都需要按钮控制。

在电气自动控制电路中，控制按钮用于手动发出控制信号，以控制接触器、继电器、电磁启动器等，从而间接地实现对负载的控制，如电动机的启动、调速、正/反转及停车。

特别提醒

按钮触点的允许通过电流一般不超过5A，因此不能直接用控制按钮控制主电路的通断。

2. 控制按钮的结构、类型

控制按钮的结构形式很多，例如普通揿钮式、蘑菇头式、自锁式、自复位式、旋柄式、带指示灯式、带灯符号式及钥匙式等。有单钮、双钮、三钮及不同组合形式，一般是采用积木式结构，由按钮帽、复位弹簧、桥式触头和外壳等组成，通常做成复合式，有一对动断触头和动合触头，有的产品可通过多个元件的串联增加触头对数。还有一种自持式按钮，按下后即可自动保持闭合位置，断电后才能打开。常用控制按钮的外形如图 4-52 所示。

图 4-52　常用控制按钮的外形

控制按钮的触头结构位置有动合按钮、动断按钮和复合按钮三种形式，其内部结构及图形符号如图 4-53 所示。

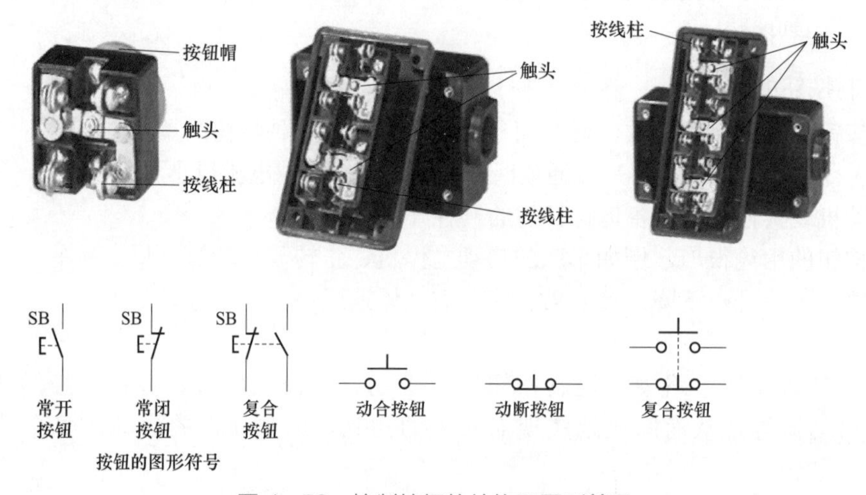

图 4-53　控制按钮的结构及图形符号

（1）动合按钮，在未按下前触点是断开的，按下时触点接通，手指放松后，触点自动复位。

（2）动断按钮，在按下前触点是闭合的，按下时触点断开，手指放松后，触点自动复位。

（3）复合按钮有两组触点，操作前有一组闭合，另一组断开。手指按下时，闭合的触点断开，而断开的触点闭合；手指放开后，两组触点全部自动复位。

为便于识别各按钮作用，避免误操作，在按钮帽上制成不同标志并采用不同颜色以示区别，一般红色表示停止按钮、绿色或黑色表示启动按钮。常用按钮颜色的含义见表 4-26。

表 4-26　　常用按钮颜色的含义及用途

按钮	推荐选用颜色	典型用途举例
紧急-停止/断开	红色	同一按钮既用于紧急的，又用于正常的停止/断开操作
停止/断开	白、灰和黑色（其中最常用的是黑色，红色也允许使用）	同一按钮用于正常的停止/断开操作
启动/接通	白色	当使用白色、黑色来区别启动/接通和停止/断开时，白色用于启动/接通操作器，黑色必须用于停止/断开操作器
停止/断开	黑色	
复位动作	蓝色	用于复位动作

3. 控制按钮的检测

控制按钮的好坏可以用万用表来检测，指针式万用表置于 $R\times10$ 挡，数字万用表置于二极管挡，在按钮按下（闭合）和没有按下（断开）两种状态下，分别测量动断/动合触点的两个接线柱的电阻值，根据测量结果即可判断控制按钮的好坏，如图 4-54 所示。

(a) 未按下按钮

(b) 按下按钮

图 4-54　控制按钮动断触点的检测

若测得控制按钮在断开状态下，其动断静触头的阻值趋于零、动合静触头的阻值为无穷大；在接通的状态下，动断静触头的阻值为无穷大、动合静触头的阻值为零。按下按钮后测得两对静触头的电阻值，应与按钮断开时的测量结果相反，则表明该控制按钮正常。若检测结果与上述电阻值不一致，则说明控制按钮有故障。具体检测方法请观看本书提供的视频。

4. 控制按钮的选用

（1）按钮类型选用应根据使用场合和具体用途确定。例如按制柜面板上的按钮一般选用开启式；需显示工作状态则选用带指示灯式；重要设备为防止无关人员误操作就需选用钥匙式。

（2）按钮颜色根据工作状态指示和工作情况要求选择，一般停止按钮选用红色，启动按钮选用绿色或黑色。

（3）按钮数量应根据电气控制线路的需要选用。例如需要正、反和停三种控制时，应选用三只按钮并装在同一按钮盒内；只需启动及停止控制时，则选用两只按钮并装在同一按钮盒内等。

4.15　行程接近开关

4.2.9　接近开关

1. 接近开关的作用

接近开关又称无触点行程开关，是一种用于工业自动化控制系统中以实现检测、控制，并与输出环节全盘无触点化的新型开关元件。当开关接近某一物体时，即发出控制信号。其除可以完成行程控制和限位保护外，目前已被应用于行程控制、定位控制，以及各种安全保护控制等自动控制系统中。

2. 接近开关的类型及结构形式

因为位移传感器可以根据不同的原理和不同的方法做成，而不同的位移传感器对物体的“感知”方法也不同，所以常见的接近开关有以下几种类型，见表4－27。

表4－27　接近开关的类型

类型	说明
无源接近开关	这种开关不需要电源，通过磁力感应控制开关的闭合状态。当磁或者铁质触发器靠近开关磁场时，靠开关内部磁力作用控制闭合。其特点是不需要电源，非接触式，免维护，环保
涡流式接近开关	也称为电感式接近开关，其是利用导电物体在接近这个能产生电磁场接近开关时，使物体内部产生涡流。这个涡流反作用到接近开关，使开关内部电路参数发生变化，由此识别出有无导电物体移近，进而控制开关的通或断。这种接近开关所能检测的物体必须是导电体
电容式接近开关	这种开关的测量通常是构成电容器的一个极板，而另一个极板是开关的外壳。这个外壳在测量过程中通常是接地或与设备的机壳相连接。当有物体移向接近开关时，不论它是否为导体，由于它的接近，总要使电容的介电常数发生变化，从而使电容量发生变化，使得与测量头相连的电路状态也随之发生变化，由此便可控制开关的接通或断开。这种接近开关检测的对象，不限于导体，可以是绝缘的液体或粉状物等
霍尔接近开关	当磁性物件移近霍尔开关时，开关检测面上的霍尔元件因产生霍尔效应而使开关内部电路状态发生变化，由此识别附近有磁性物体存在，进而控制开关的通或断。这种接近开关的检测对象必须是磁性物体
光电式接近开关	将发光器件与光电器件按一定方向装在同一个检测头内。当有反光面（被检测物体）接近时，光电器件接收到反射光后便有信号输出，由此便可“感知”有物体接近
热释电式接近开关	用能感知温度变化的元件做成的开关称为热释电式接近开关。这种开关是将热释电器件安装在开关的检测面上，当有与环境温度不同的物体接近时，热释电器件的输出便变化，由此便可检测出有物体接近
超声波和微波接近开关	当观察者或系统对波源的距离发生改变时，接近到的波的频率会发生偏移，这种现象称为多普勒效应。声呐和雷达就是利用这个效应的原理制成的。利用多普勒效应可制成超声波接近开关、微波接近开关等。当有物体移近时，接近开关接收到的反射信号会产生多普勒频移，由此可以识别出有无物体接近

接近开关的结构形式较多，通常做成插接式、螺纹式、感应头外接式等，如图4－55

所示，主要根据不同使用场合和安装方式来确定。在技术性能方面做到高电位输出及带延时动作。

图 4－55　接近开关的结构形式

3. 选用接近开关

对于不同材质的检测体和不同的检测距离，应选用不同类型的接近开关，以使其在系统中具有高的性能价格比。

（1）当检测体为金属材料时，应选用高频振荡型接近开关，该类型接近开关对铁镍、A3 钢类检测体检测最灵敏；对铝、黄铜和不锈钢类检测体，其检测灵敏度就低。

（2）当检测体为非金属材料时，如木材、纸张、塑料、玻璃和水等，应选用电容型接近开关。

（3）金属体和非金属材料要进行远距离检测和控制时，应选用光电型接近开关或超声波型接近开关。

（4）对于检测体为金属时，若检测灵敏度要求不高时，可选用价格低廉的无源接近开关或霍尔式接近开关。

特别提醒

无论选用哪种接近开关，都应注意对工作电压、负载电流、响应频率、检测距离等各项指标的要求。

4.2.10　行程开关

1. 行程开关的作用及原理

行程开关又称限位开关，属于机－电元件，其工作原理与按钮相类似，不同的是行程开关触头动作不靠手工操作，而是利用机械运动部件的碰撞使触头动作，从而将机械信号转换

图 4－56　行程开关在铣床上的应用

为电信号，再通过其他电器间接控制运动部件的行程、运动方向或进行限位保护等。

在实际生产中，将行程开关安装在预先安排的位置，当装于生产机械运动部件上的模块撞击行程开关时，行程开关的触点动作，实现电路的切换，如图 4－56 所示。

行程开关广泛用于各类机床和起重机械，用以控制其行程并进行终端限位保护。在电梯的控制电路中，还利用行程开关来控制开关轿门的速度、自动开关门的限位，轿厢的上、下限位保护。

2. 行程开关的类型

行程开关按其结构可分为直动式（按钮式）和滚轮式（旋转式），如图 4－57 所示。其中，滚轮式又分为单滚轮和双滚轮两种。

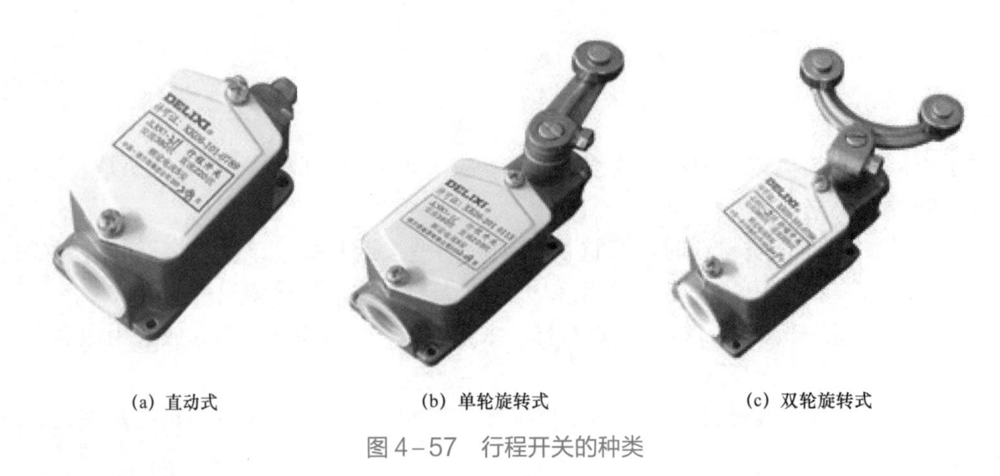

(a) 直动式　(b) 单轮旋转式　(c) 双轮旋转式

图 4－57　行程开关的种类

3. 选用行程开关

选用行程开关，主要应根据被控制电路的特点、要求及生产现场条件和所需触头数量、种类等因素综合考虑。

（1）根据使用场合和控制对象确定行程开关种类。例如当机械运动速度不太快时通常选用一般用途的行程开关，在机床行程通过路径上不宜装直动式行程开关而应选用凸轮轴转动式行程开关。

（2）行程开关额定电压与额定电流则根据控制电路的电压与电流选用。

（3）直动式行程开关不宜用于速度低于 0.4m/min 的场所。

（4）双滚轮行程开关具有两个稳态位置，有“记忆”作用，在某些情况下可以简化线路。

特别提醒

行程（限位）开关属于有触点的机械式位置检测开关，接近开关是无触点的位置检测开关。接近开关可以代替行程（限位）开关。

4.16　主令控制器

4.2.11　主令控制器

1. 主令控制器的作用

主令控制器又称为主令开关，是按照预定程序换接控制电路接线的低压电器，如图4－58所示。

图4－58　主令控制器

主令控制器适用于频繁对电路进行接通和切断，常配合磁力启动器对绕线式异步电动机的启动、制动、调速及换向实行远距离控制，广泛用于各类起重机械的拖动电动机的控制系统中。

由于主令控制器的控制对象是二次电路，所以其触头工作电流不大。

2. 主令控制器的类型

主令控制器按其结构形式（主令能否调节）可分为两类：一类是主令可调式主令控制器；另一类是主令固定式主令控制器。前者的主令片上开有小孔和槽，使之能根据规定的触头关合图进行调整；后者的主令只能根据规定的触头关合图进行适当的排列与组合。

3. 主令控制器的结构

主令控制器一般由触头系统、操作机构、转轴、手柄、复位弹簧、接线柱等组成，如图4－59所示。

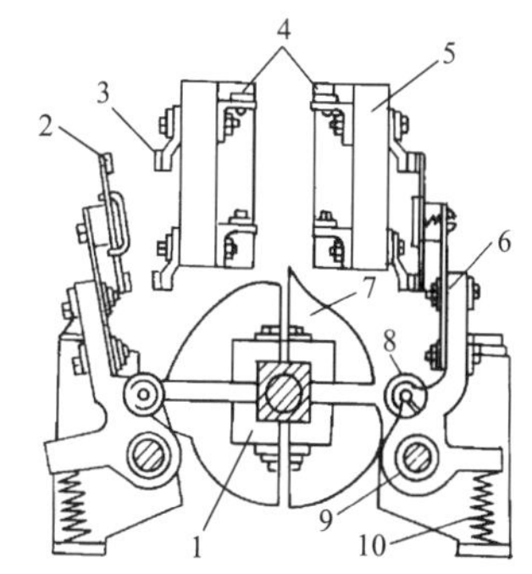

图4－59　主令控制器的结构

1—方形转轴；2—动触头；3—静触头；4—接线柱；5—绝缘板；6—支架；7—凸轮块；8—小轮；9—转动轴；10—复位弹簧

4. 主令控制器的选用

主令控制器主要根据使用环境、所需控制的回路数、触头闭合顺序等进行选择。

（1）主令控制器的控制路数要与所需控制的回路数量相同。

（2）触点闭合的顺序要有规则性。例如：LK1－12/90型主令控制器触点闭合的顺序如图4－60所示。

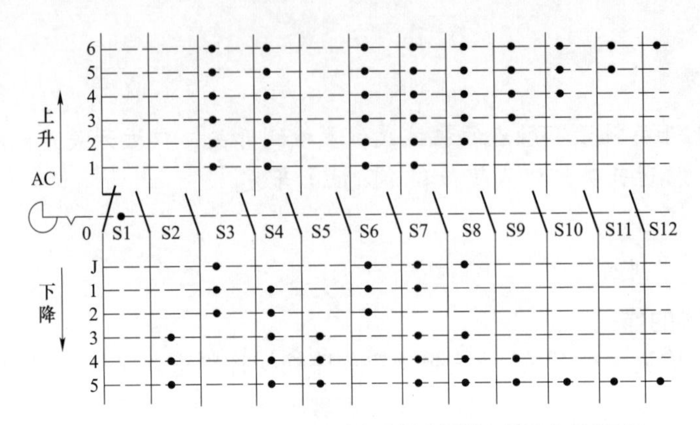

图 4-60　LK1-12/90 型主令控制器触点闭合的顺序

（3）长期允许电流应选择在接通或分断电路时主令控制器的允许电流范围之内。

（4）对主令控制器进行选用时，也可以参考相应的技术参数进行选择。

第5章

电气照明及应用

5.1 电气照明方式与类型

5.1.1 电气照明方式

电气照明是指利用电能转变为光能进行人工照明的技术，它具有灯光稳定、易于控制、调节及安全、经济等优点，是现代人工照明中应用最为广泛的一种照明方式。

电气照明方式是指照明设备按其安装部位或光的分布而构成的基本制式，通常有以下两种分类方法。

1. 按照光源的性质分类

按照光源的性质，电气照明可分为热辐射光源照明、气体放电光源照明和半导体光源照明。

（1）热辐射光源照明。热辐射光源是利用物体通电加热至高温时辐射发光原理制成。这类灯结构简单、使用方便，在灯泡额定电压与电源电压相同的情况下即可使用，如白炽灯、碘钨灯等照明灯具。其照明特点是发光效率低。

（2）气体放电光源照明。气体放电光源照明是利用电流通过气体时发光的原理制成。这类灯发光效率高，寿命长，光色品种多，如日光灯、高压汞灯、高压钠灯等照明灯具。其照明特点是发光效率较高，可达白炽灯的3倍左右。

（3）半导体光源照明。半导体光源照明，即发光二极管（light-emitting diode，LED），是一种半导体固体发光器件，是利用固体半导体芯片作为发光材料，在半导体中通过载流子发生复合放出过剩的能量而引起光子发射，直接发出红、黄、蓝、绿、青、橙、紫、白色的光。

半导体照明产品就是利用LED作为光源制造出来的照明器具。半导体照明具有高效、节能、环保、易维护等显著特点，是实现节能减排的有效途径，已逐渐成为照明史上继白炽灯、荧光灯之后的又一场照明光源的革命。

2. 按灯具的散光方式分类

按灯具的散光方式，照明方式可分为间接照明、半间接照明、直接间接照明、漫射照明、半直接照明、宽光束的直接照明和高集光束的下射直接照明7种，如图5-1所示。常用照明方式见表5-1。

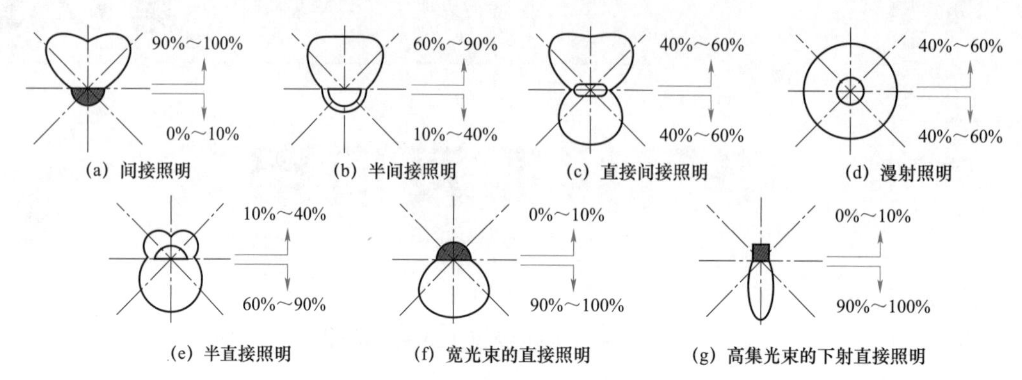

(a) 间接照明 (b) 半间接照明 (c) 直接间接照明 (d) 漫射照明
(e) 半直接照明 (f) 宽光束的直接照明 (g) 高集光束的下射直接照明

图 5-1 不同类型的照明方式

表 5-1 常用照明方式

照明方式	照明简介	说明
间接照明	由于将光源遮蔽而产生间接照明，把 90%～100%的光射向顶棚、穹隆或其他表面，从这些表面再反射至室内。 当间接照明紧靠顶棚，几乎可以造成无阴影，是最理想的整体照明。 上射照明是间接照明的另一种形式，筒形的上射灯可以用于多种场合	这四种照明，为了避免天棚过亮，下吊的照明装置的上沿至少低于天棚 305～460mm
半间接照明	将 60%～90%的光线向天棚或墙面上部照射，把天棚作为主要的反射光源，而将 10%～40%的光直接照射在工作面上。 从天棚反射来的光线趋向于软化阴影和改善亮度比，由于光线直接向下，照明装置的亮度和天棚亮度接近相等	
直接间接照明	直接间接照明装置是对地面和天棚提供近于相同的照度，即均为 40%～60%，而周围光线只有很少，这样就必然在直接眩光区的亮度是低的。 这是一种同时具有内部和外部反射灯泡的装置，如某些台灯和落地灯能产生直接间接光和漫射光	
漫射照明	这种照明装置，对所有方向的照明几乎都一样，为了控制眩光，漫射装置圈要大，灯的瓦数要低	
半直接照明	在半直接照明灯具装置中，有 60%～90%的光向下直射到工作面上，而其余 10%～40%的光则向上照射，由下射照明软化阴影的百分比很小	
宽光束的直接照明	具有强烈的明暗对比，并可造成有趣生动的阴影，由于其光线直射于目的物，如不用反射灯泡，会产生强的眩光。鹅颈灯和导轨式照明属于这一类	
高集光束的下射直接照明	因高度集中的光束而形成光焦点，可用于突出光的效果和强调重点的作用，它可提供在墙上或其他垂直面上充足的照度，但应防止过高的亮度比	

5.1.2 电气照明种类

1. 按照照明方式分类

电气照明按其照明方式分为一般照明、局部照明、混合照明和事故照明四种。

（1）一般照明。不考虑特殊局部的需要，在整个场所假定工作面上获得基本上均匀的照度而设置的照明装置称为一般照明。

（2）局部照明。对于局部地点要求照度高，并对照射方向有一定要求时，除装设—般照明外，还应装设局部照明。

在重要工作地点装设局部照明装置并由事故照明电源供电的称为局部事故照明。

（3）混合照明。由一般照明和局部照明共同组成的照明装置称为混合照明。

（4）事故照明。在由于工作中断或误操作容易引起爆炸、火灾以及人身事故或造成严重政治后果和经济损失的场所，应设置事故照明。

事故照明一般布置在可能引起事故的场所、设备、材料周围，以及主要通道和出入口处，并在照明器明显部位用红色“S”作标志，以示区别。

2. 按照照明功能分类

按照明功能不同，可分为正常照明、事故应急照明、警卫值班照明、障碍照明、装饰照明等。

照明种类及作用见表5-2。

表5-2 照明种类及作用

种类		作用
正常照明	一般照明	对于工作位置密度较大，而对光照方向无特殊要求，或无条件装设局部照明的场所适合装设单独的一般照明
	局部照明	在工作地点附近设置照明灯具，以满足某一局部工作地点的照度要求
	混合照明	适用于照度要求较高，工作位置密度不大，且单独装设一般照明不合理的场所
事故应急照明		正常照明因故而中断，供继续工作和人员疏散而设置的照明称为事故照明
警卫值班照明		在值班室、警卫室、门卫室等地方所设置的照明称为警卫值班照明
障碍照明		在建筑物上装设用于障碍标志的照明称为障碍照明
彩灯和装饰照明		为美化市容夜景，以及节日装饰和室内装饰而设计的照明称为彩灯和装饰照明

5.2 电气照明装置的安装

5.2.1 灯具开关的安装

1. 灯具开关的选用

普通灯具开关是指为家庭、办公室、公共娱乐场所等设计的，用来隔离电源或按规定能在电路中接通或断开电流或改变电路接法的一种低压电器。

灯具开关的种类很多。按面板型分，有86型、120型、118型、146型和75型；按安装方式分，有明装式和暗装式两种。家庭及类似场所常用的灯具开关主要有以下几种。

（1）单控开关。单控开关是家庭中使用最多，最常见的开关。单控开关最典型的特点就是一个开关控制一个电器或者多个电器。单控开关按照所联电器数量可以细分为单控单联、双联、多联等。比如厕所一般采用单控单联，客厅一个开关可以打开四盏灯，就是单控四联。

（2）双控开关。双联开关在生活中也是比较常见的，两个开关控制一个电器或者多个电器。其又可以分为双联单开、双联双开、双联多开等。比如：卧室顶灯，门口安装一个开关打开，床头开关关闭，非常的实用方便。

（3）调光开关。一般的调光开关和电风扇配合使用，通过调光开关，调节风扇风速。

（4）定时开光。定时开关顾名思义就是通过设定关闭时间，时间一到开光自动关闭。用户可以根据自身实际情况进行设置，非常方便实用。

（5）红外线感应开光。它是基于红外线技术的自动控制开光。当我们进入红外线范围，开关就会自动开启，当我们离开之后，开关就会自动关闭。

（6）声控开光。声控开光常用于楼道照明灯的控制。

目前，常用的照明灯具开关的额定电流为16A。各品牌的产品一般涵盖高、中、低档。选择开关时，应从实用性、美观性、性价比等方面予以综合考虑。

特别提醒

家庭及类似场所常用的主要是墙壁面板开关。开关面板的尺寸应与预埋的开关接线盒的尺寸一致。

一般情况下，带开关插座的开关和插座是独立的，开关可以控制所有插孔的电源，也可以用作照明开关使用。

5.1 照明开关接线

2. 灯具开关安装要求

（1）控制要求。灯具开关应串联在相线上，不得装在零线上，如图 5-2 所示。如果将灯具开关装设在中性线上，虽然断开时电灯也不亮，但灯头的相线仍然是接通的，而人们以为灯不亮，就会错误地认为是处于断电状态。而实际上灯具上各点的对地电压仍是220V的危险电压。如果灯灭时人们触及这些实际上带电的部位，就会造成触电事故。所以各种灯具开关或单相小容量用电设备的开关，只有串接在相线上，才能确保安全。

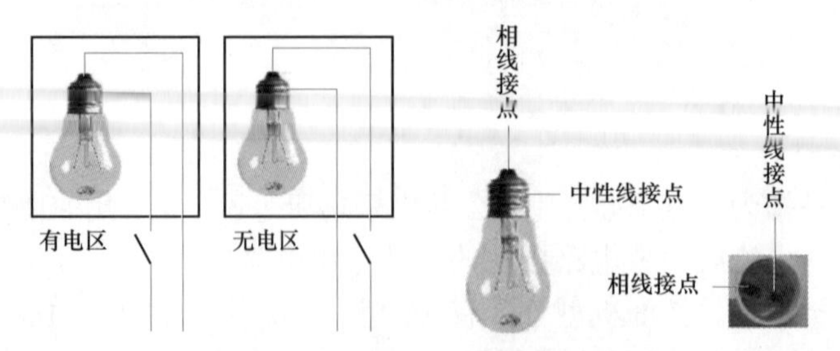

图 5-2　开关必须串接在相线上

（2）位置要求。开关的安装位置要便于操控，不得被其他物品遮挡。开关边缘距门框边缘的距离 0.15～0.2m。

（3）高度要求。拉线开关距地面一般为 2.2～2.8m，距门框为 0.15～0.2m；扳把开关距地面一般为 1.2～1.4m，距门框为 0.15～0.2m。

同一室内的开关高度误差不能超过 5mm。并排安装的开关高度误差不能超过 2mm。开关面板的垂直允许偏差不能超过 0.5mm。

（4）美观要求。安装在同一室内的开关，宜采用同一系列的产品，开关的通断位置应一致，且操作灵活、接触可靠。暗装的开关面板应紧贴墙面，四周无缝隙，安装牢固，表面光滑整洁、无碎裂、无划伤。相邻开关的间距应保持一致。

同一室内开关的控制要有序，不错位。

（5）特殊要求。在易燃、易爆和特别场所，灯具开关应分别采用防爆型、密闭性。卧室顶灯可以考虑三控（两个床边和进门处），本着两个人互不干扰休息的原则。客厅顶灯根据生活需要可以考虑装双控开关（进门厅和回主卧室门处）。

开关安装技术要求口诀

灯具开关要串联，相线必须进开关。
安装位置选择好，不超误差和偏差。
固定牢固接触好，面板贴墙不歪斜。

3. 开关接线与固定

单控灯具开关原理图和接线图如图 5-3 所示，开关是线路的末端，到开关的是从灯头盒引来的电源相线和经过开关返回灯头盒的回相线，即灯具开关要串联，相线必须进开关。

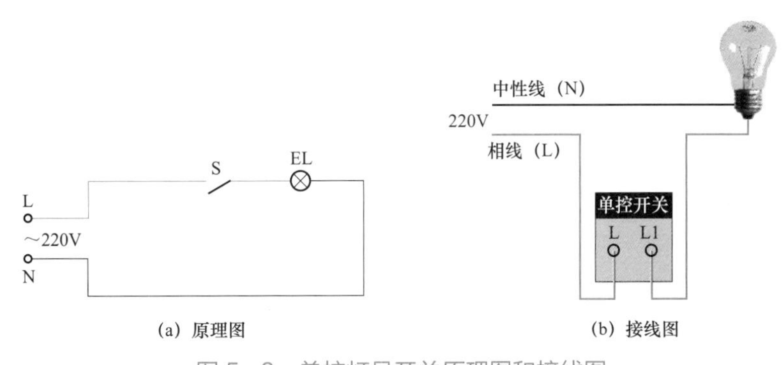

图 5-3　单控灯具开关原理图和接线图

（1）接线操作。

1）开关在安装接线前，应清理接线盒内的污物，检查盒体无变形、破裂、水渍等易引起安装困难及事故的遗留物。

2）先把接线盒中留好的导线理好，留出足够操作的长度，长出盒沿10～15cm。注意不要留得过短，否则很难接线；也不要留得过长，否则很难将开关装进接线盒。

3）用剥线钳把导线的绝缘层剥去10mm。

4）把线头插入接线孔，用小螺丝刀把压线螺钉旋紧。注意线头不得裸露。开关安装操作如图5-4所示。

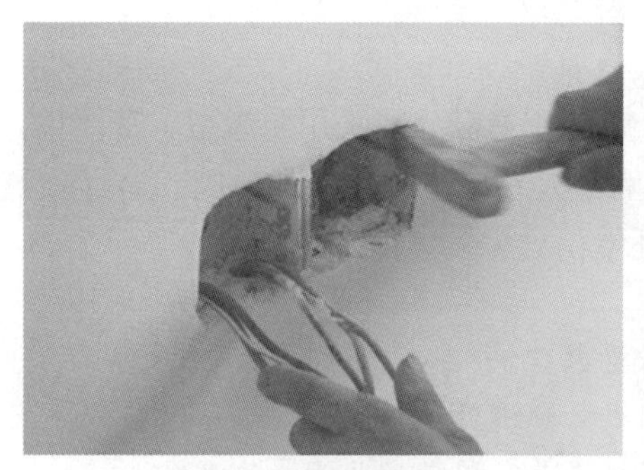

(a) 清洁底盒

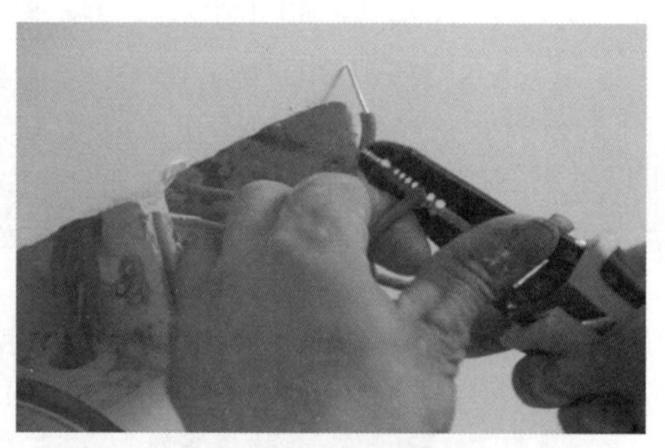

(b) 电源线处理

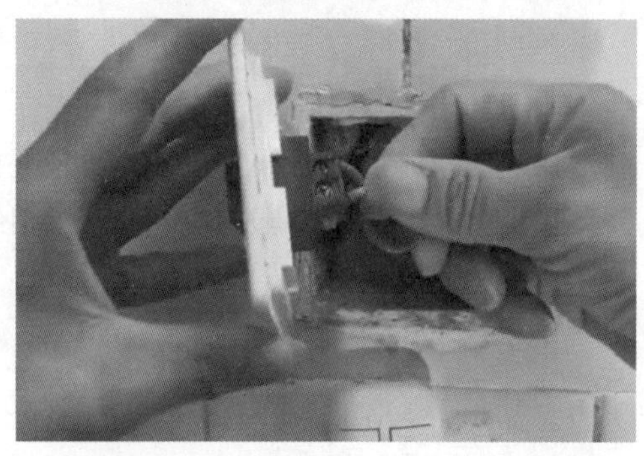

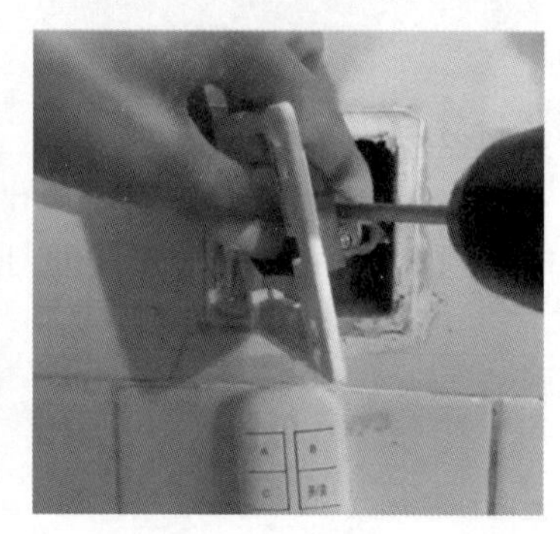

(c) 接线

图5-4 开关安装操作

（2）面板安装。开关面板分为两种类型，一种单层面板，面板两边有螺钉孔；另一种是双层面板，把下层面板固定好后，再盖上第二层面板。

1）单层开关面板安装的方法：先将开关面板后面固定好的导线理顺盘好，把开关面板压入接线盒。压入前要先检查开关跷板的操作方向，一般按跷板的下部，跷板上部凸出时，为开关接通灯亮的状态。按跷板上部，跷板下部凸出时，为开关断开灯灭的状态。再把螺钉插入螺钉孔，对准接线盒上的螺母旋入。在螺钉旋紧前注意检查面板是否平齐，旋紧后面板上边要水平，不能倾斜。

2）双层开关面板安装方法：双层开关面板的外边框是可以拆掉的，安装前先用小螺钉旋具把外边框撬下来，把底层面板先安装好，再把外边框卡上去，如图 5-5 所示。

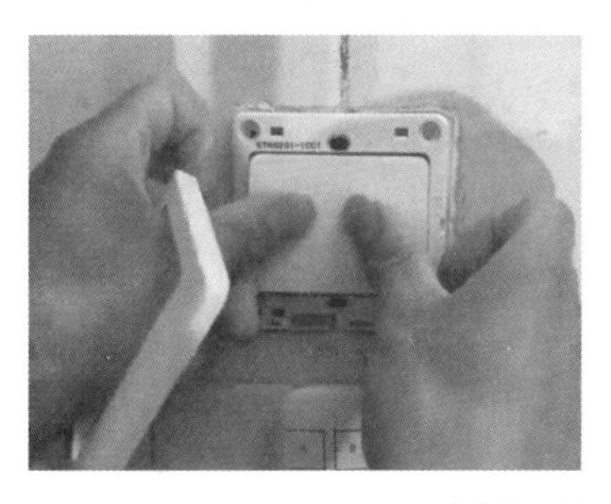
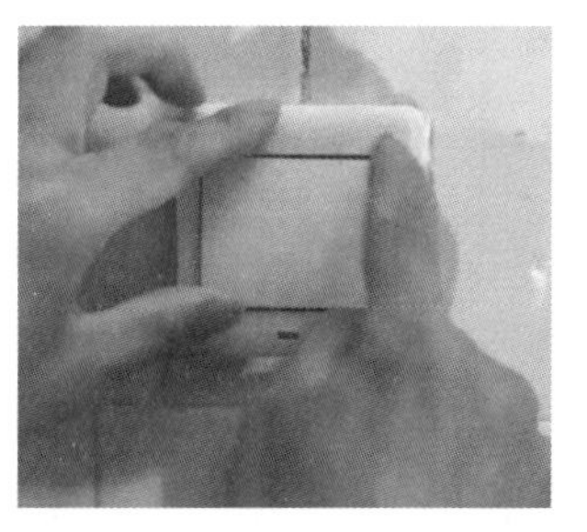

图 5-5 双层开关面板安装

5.2 双控灯电路的安装

单联双控开关有 3 个接线端，两个双控开关控制一盏灯如图 5-6 所示。

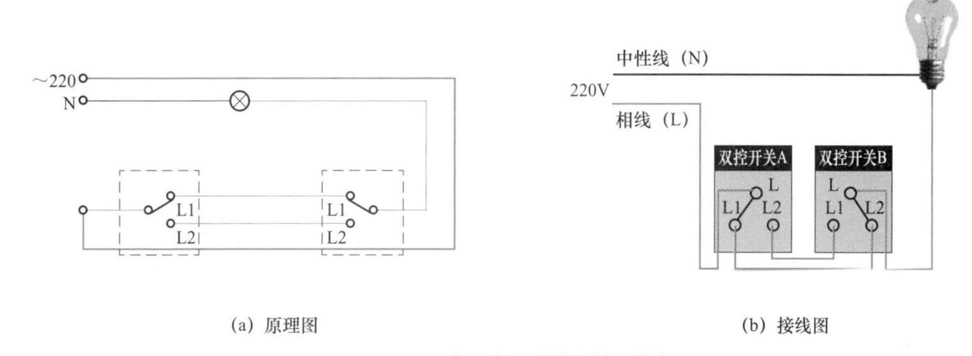

(a) 原理图　　(b) 接线图

图 5-6 两个双控开关控制一盏灯

灯具开关安装口诀

开关串联相线中，零线[1]不能进开关。
安装位置选择好，既守规范又方便。
盒内余线应适当，接线不能裸线头。
固定螺钉要拧紧，保证线头接触好。
底盒必须固定稳，面板平正才美观。

4. 灯具开关安装注意事项

（1）相线进开关，中性线不能进开关，这是最基本的操作常识，也是安全用电的规定。在实际施工过程中，常常有人出现错误，应引起注意。

（2）普通灯具开关一般只能用于照明灯具的控制，不能作为大功率电器的控制开关。

[1] 零线，即为中性线，此处为压韵，采用旧称。

（3）应该在墙面刷涂料或贴墙纸的工作完成后，再进行开关面板的安装工作。该规定同样适用于插座、灯具的安装。

5.2.2 电源插座的安装

1. 电源插座的选用

插座又称电源插座，是指有一个或一个以上电路接线可插入的座，通过它可插入各种接线。这样便于与其他电路接通。通过线路与铜件之间的连接与断开，来达到最终达到该部分电路的接通与断开。

选择时，插座的额定电流值应与用电器的电流值相匹配。如果过载，很容易引起事故。一般来说，电源插座的额定电流应大于已知使用设备额定电流的 1.25 倍。一般单相电源插座额定电流为 10A，专用电源插座为 16A，特殊大功率家用电器其配电回路及连接电源方式应按实际容量选择。

对于插接电源有触电危险的电器设备（如洗衣机）可采用带开关断开电源的插座。

室内用电电源插座应采用安全型插座，卫生间等潮湿场所应采用防溅型插座。

特别提醒

同一室内，选用的开关、插座的面板规格应一致，否则影响美观。

5.3 插座的安装

2. 插座安装要求

（1）高度要求。家庭及类似场所，明装插座安装的距地面高度一般在 1.5～1.8m，暗装的插座距地面不能低于 0.3m。分体式、壁挂式空调插座宜根据出线管预留洞位置距地面 1.8m 处位置。儿童活动场所应用安全插座，高度不低于 1.8m。家庭插座安装高度建议如图 5-7 所示。

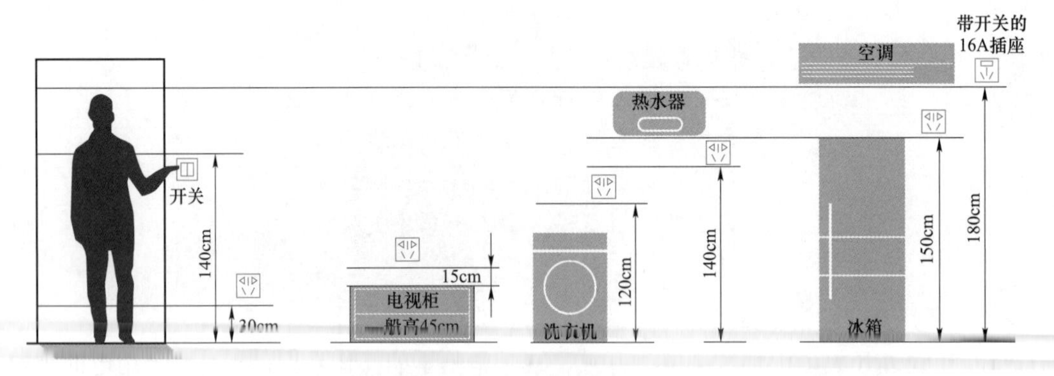

图 5-7 家庭插座安装高度建议

（2）特殊要求。不同电压等级的插座应有明显的区别，不能混用。

凡是为携带式或移动式电器供电用的插座，单相电源应用三孔插座，三相电源应用四孔插座。

厨房、卫生间等比较潮湿场所，安装插座应该同时安装防水盒，如图 5-8 所示。

图 5-8 插座安装防水盒

3. 插座接线的规定

（1）单相两孔插座有横装和竖装两种。横装时，面对插座的右孔接相线（L），左孔接中性线 N，即“左中右相”；竖装时，面对插座的上孔接相线，下孔接中性线，即“上相下中”，如图 5-9（a）所示。

（2）单相三孔插座接线时，保护接地线（PE）应接在上方，下方的左孔接中性线，右孔接相线，即“左中右相中 PE”。通俗地说，三孔插座接线规则是“左中右相上接地”，如图 5-9（b）所示。

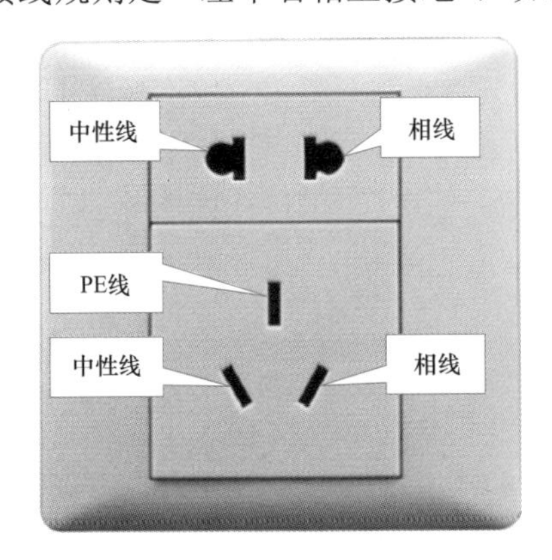

(a) 实物示意图

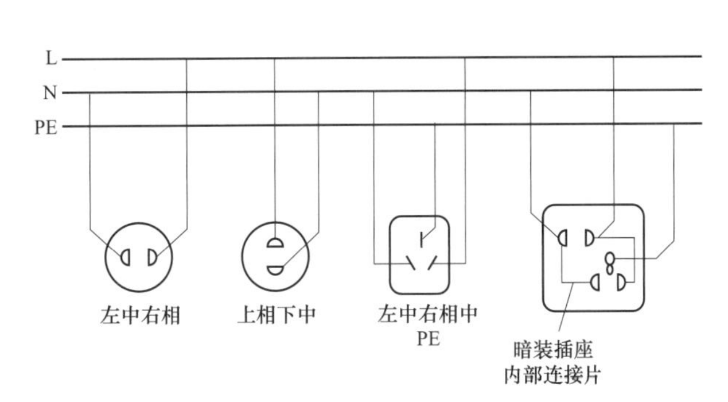

(b) 接线原理图

图 5-9 单相插座接线的规定

（3）一开三孔插座的接线。一开三孔插座（开关控制灯）的接线，适合于室内既需要控制灯具，又需要使用插座的场所配电，如图 5-10 所示。

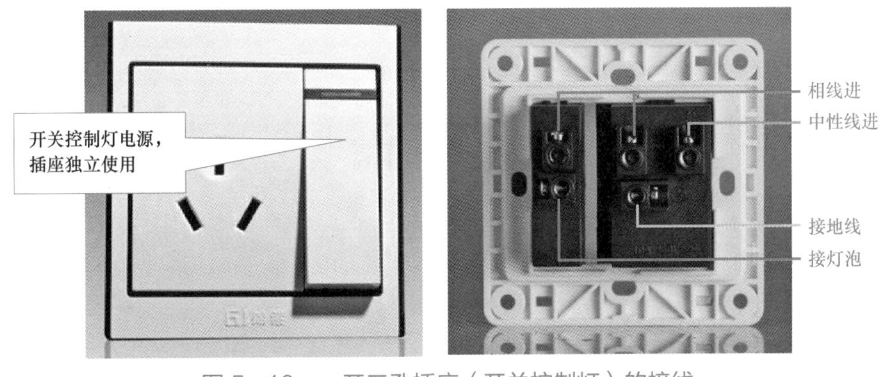

图 5-10 一开三孔插座（开关控制灯）的接线

一开三孔插座（开关控制插座）的接线，适用于室内小功率需要经常使用的电器配电，如图 5-11 所示。

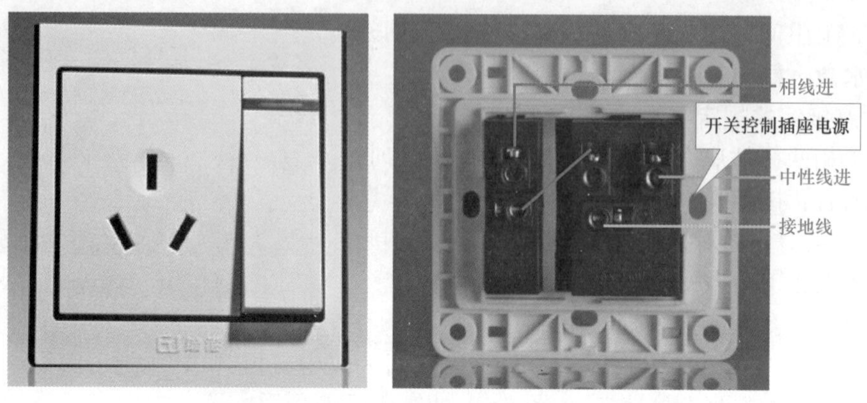

图 5-11　一开三孔插座（开关控制插座）的接线

（4）一开五孔插座的接线。一开五孔插座的结构如图 5-12（a）所示，左侧标注 L1 和 L2 是开关的两个接线端，右侧标注的 L 是相线，N 是中性线，剩下的一个是接地线。开关控制插座的接线如图 5-12（b）所示，开关控制灯具，插座独立使用的接线如图 5-12（c）所示。

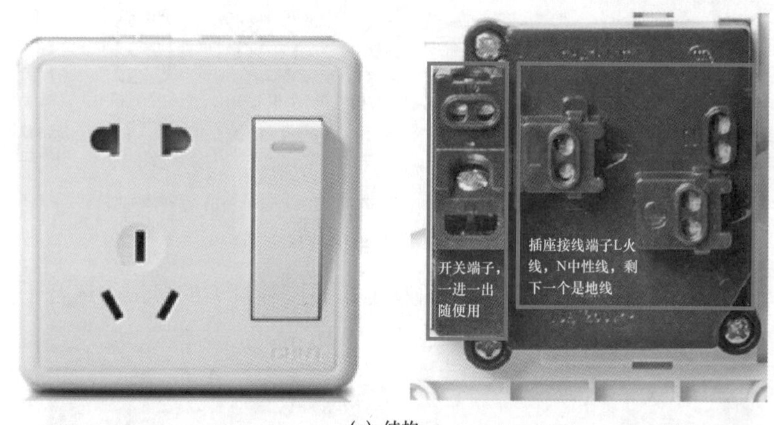

(a) 结构

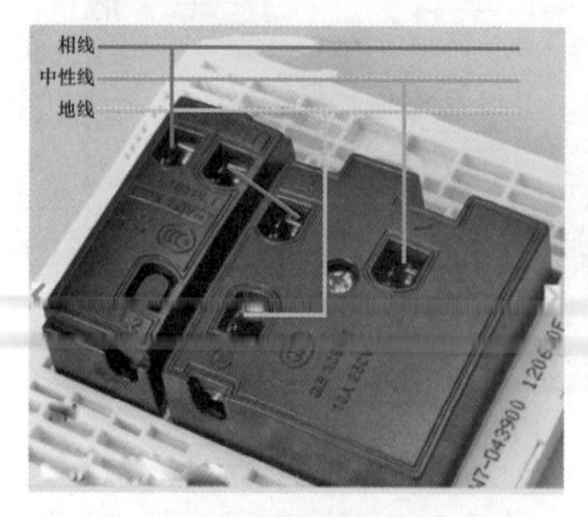

(b) 开关控制插座

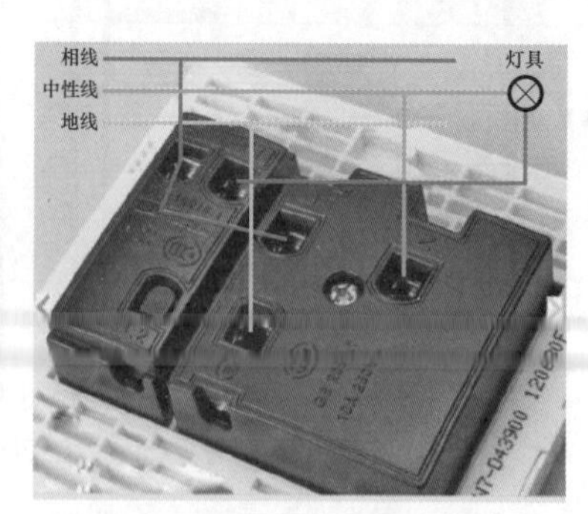

(c) 开关控制灯具，插座独立使用

图 5-12　一开五孔插座的接线

插座接线口诀

单相插座有多种，常用两孔和三孔。
两孔并排分左右，三孔组成品字形。
面对插座定方向，各孔接线有规定。
左接零线右接相，保护地线接正中。

4. 插座安装步骤及方法

暗装电源插座安装步骤及方法见表5-3。

表5-3 暗装电源插座安装步骤及方法

步骤	操作方法	图示
1	将盒内甩出的导线留足够的维修长度，剥削出线芯，注意不要碰伤线芯	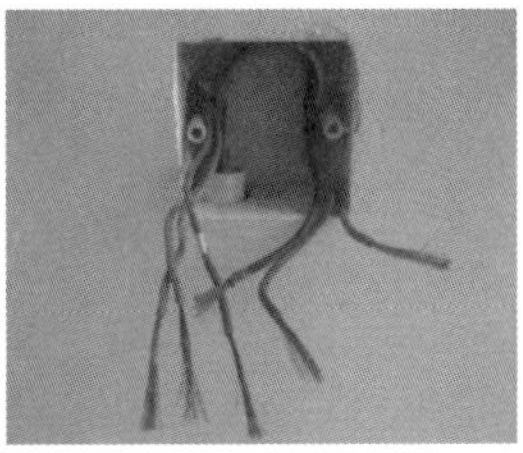
2	将导线按顺针方向盘绕在插座对应的接线柱上，然后旋紧压头。如果是单芯导线，可将线头直接插入接线孔内，再用螺钉将其压紧，注意线芯不得外露	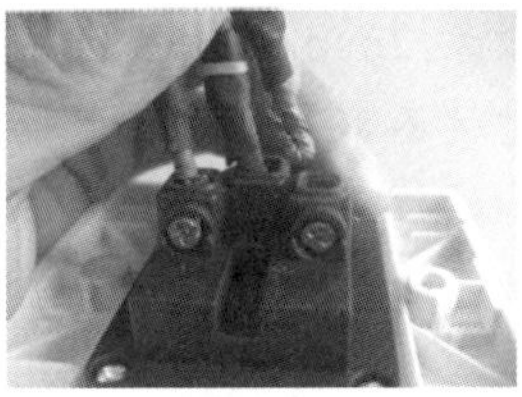
3	将插座面板推入暗盒内，对正盒眼，用螺钉固定牢固。 固定时，要使面板端正，并与墙面平齐	
4	安装插座边框护盖	

安装时，注意插座的面板应平整、紧贴墙壁的表面，插座面板不得倾斜，相邻插座的间距及高度应保持一致，如图 5-13 所示。

图 5-13　暗装插座安装示例

插座安装口诀

暗装插座四步骤，剥削线尾绝缘层；
线头接压接线柱，注意线芯不外露；
面板推入暗盒内，与墙平齐固牢固。

特别提醒

（1）插座（包括开关，下同）不能装在瓷砖的花片和腰线上；插座底盒在瓷砖开孔时，边框不能比底盒大 2mm 以上，也不能开成圆孔。安装开关、插座，底盒边应尽量与瓷砖相平，这样安装时就不需另找比较长的螺钉。

（2）装插座的位置不能有两块以上的瓷砖被破坏，并且尽量使其安装在瓷砖正中间。

（3）明装插座时，需要在墙面上先钻孔，打入膨胀套，固定插座底盒。

（4）插座接线是否正确，可以用插座检测仪来检查，如图 5-14 所示。

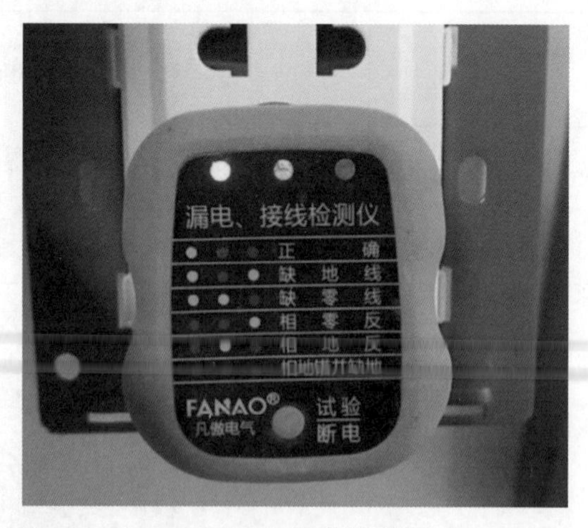

图 5-14　插座检测仪

5.2.3 照明灯具安装

5.4 照明灯具的安装

1. 灯具安装要求

照明灯具安装最基本的要求是必须牢固，尤其是比较大的灯具。

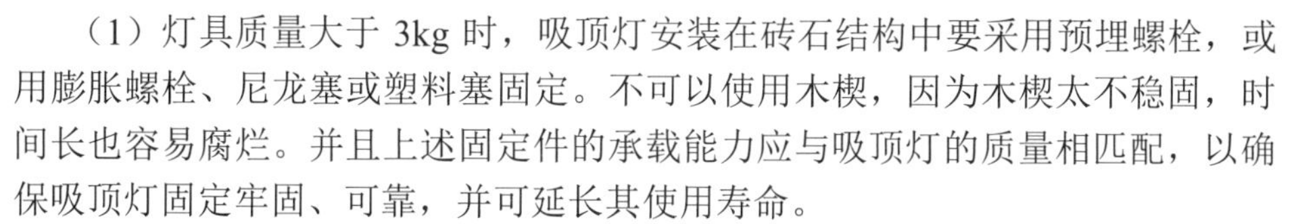

（1）灯具质量大于 3kg 时，吸顶灯安装在砖石结构中要采用预埋螺栓，或用膨胀螺栓、尼龙塞或塑料塞固定。不可以使用木楔，因为木楔太不稳固，时间长也容易腐烂。并且上述固定件的承载能力应与吸顶灯的质量相匹配，以确保吸顶灯固定牢固、可靠，并可延长其使用寿命。

（2）当采用膨胀螺栓固定时，应按灯具产品的技术要求选择螺栓规格，其钻孔直径和埋设深度要与螺栓规格相符。固定灯座螺栓的数量不应少于灯具底座上的固定孔数，且螺栓直径应与孔径相配。

底座上无固定安装孔的灯具（安装时自行打孔），每个灯具用于固定的螺栓或螺钉不应少于 2 个，且灯具的重心要与螺栓或螺钉的重心相吻合。

只有当绝缘台的直径在 75mm 及以下时，才可采用 1 个螺栓或螺钉固定。

（3）吸顶灯不可直接安装在可燃的物件上，有的家庭为了美观用油漆后的三夹板衬在吸顶灯的背后，实际上这很危险，必须采取隔热措施。如果灯具表面高温部位靠近可燃物时，也要采取隔热或散热措施。

（4）吊灯应装有挂线盒，每只挂线盒只可装一套吊灯，如图 5－15 所示。吊灯表面必须绝缘良好，不得有接头，导线截面积不得小于 $0.4mm^2$。在挂线盒内的接线应采取防止线头受力使灯具跌落的措施。质量超过 1kg 的灯具应设置吊链，当吊灯灯具质量超过 3kg 时，应采用预埋吊钩或螺栓方式固定。吊链灯的灯线不应受到拉力，灯线应与吊链编叉在一起。

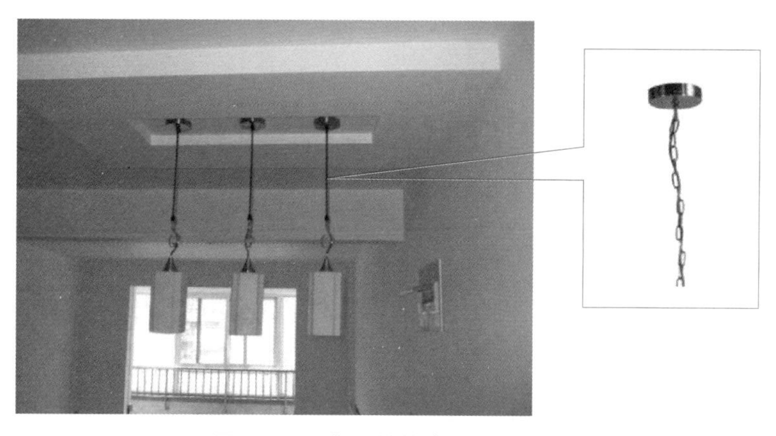

图 5－15 每只挂线盒装一套吊灯

2. 安装灯具安全

这里的安全包括两个方面：一是使用安全；二是施工安全。

（1）灯具的金属外壳均应可靠接地，以保证使用安全。如图 5－16 所示为某品牌 LED 灯具金属外壳接地。

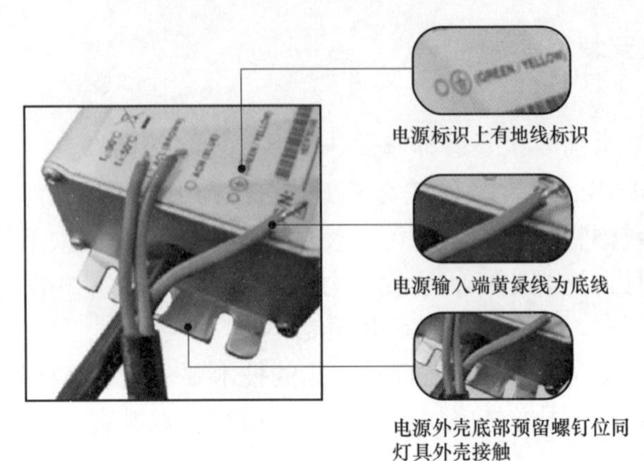

图 5－16　LED 灯具金属外壳接地

Ⅰ类灯具在实际运用过程中，若不接地线、假接地或者接地不良时，可能造成的隐患有产品漏电（不符合安规 GB 7000.1）隐患、灯具产生的类似感应电、静电等无法得到有效的释放等缺陷。因此，Ⅰ类灯具布线时，应该在灯盒处加一根接地导线。

（2）螺口灯座接线时，相线（即与开关连接的相线）应接在中心触点端子上，中性线接在螺纹端子上，如图 5－17 所示。

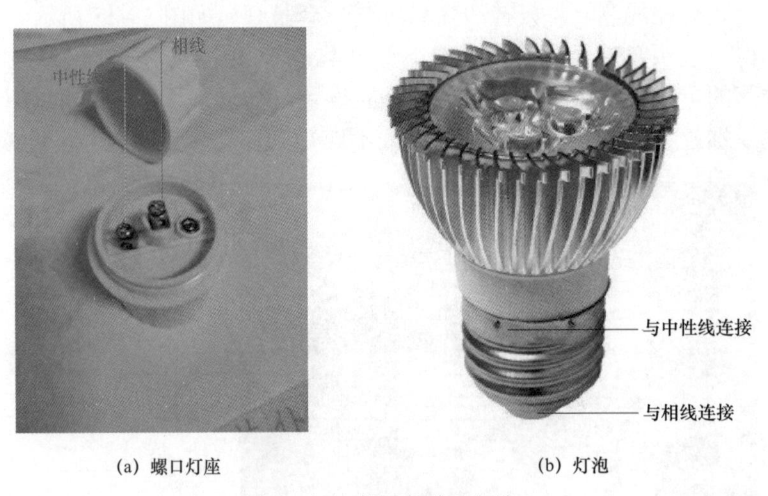

(a) 螺口灯座　　(b) 灯泡

图 5－17　螺口灯座和灯泡

（3）与灯具电源进线连接的两个线头电气接触应良好，要分别用电工防水绝缘带和黑胶布包好，并保持一定的距离。如果有可能，尽量不将两线头放在同一块金属片下，以免短路，发生危险。

（4）安装时，灯头的绝缘外壳不应有破损，以防止漏电。

（5）安装吸顶灯等大型灯具时，高空作业，操作者要特别注意安全，要有专人在旁边协助操作，如图 5－18 所示。

图 5-18 安装大型灯具要有人协助

（6）装饰吊平顶安装各类灯具时，应按灯具安装说明的要求进行安装。而且吊顶或护墙板内的暗线必须有 PVC 阻燃电线管保护。灯具质量大于 3kg 时，应采用预埋吊钩或从屋顶用膨胀螺栓直接固定支吊架安装（不能用吊平顶吊龙骨支架安装灯具）。

从灯头箱盒引出的导线应用软管保护至灯位，防止导线裸露在平顶内。

（7）采用钢管作为灯具的吊杆时，钢管内径不应小于 10mm；钢管壁厚度不应小于 1.5mm。吊链灯具的灯线不应受拉力，灯线应与吊链编在一起。软线吊灯的软线两端应作保护扣，两端芯线应搪锡。

（8）在易燃、易爆、潮湿的场所，照明设施应采用防爆式、防潮式装置。

3. 照明灯具的安装高度

（1）一般室内安装不低于 1.8m。危险性较大及特殊危险场所，当灯具距地面高度小于 2.4m 时，使用额定电压为 36V 及以下的照明灯具或有专用保护措施。当灯具距地面高度小于 2.4m 时，灯具的可接近裸露导体必须接地（PE）或接零（PEN），并应有专用接地螺栓，且有标识。

（2）变电站内，高压、低压配电设备及母线的正上方，不应安装灯具。室外安装的灯具，距地面的高度不宜小于 3m；当在墙上安装时，距地面的高度不应小于 2.5m。

（3）当设计无要求时，灯具的安装高度不小于表 5-4 规定的数值（采用安全电压时除外）。低于表中规定的高度，而又没有安全措施的车间照明以及行灯、机床局部照明灯，应采用 36V 以下的安全电压供电。

表 5-4 灯具安装高度要求

场所	最低安装高度（m）	场所	最低安装高度（m）
室外（室外墙上安装）	2.5	室内	2
厂房	2.5	软吊线带升降器的灯具，在吊线展开后	0.8
金属卤化物灯具	5		

特别提醒

照明灯具安装的最基本要求是安全、牢固。同时，还要兼顾美观性。

公共场所用的应急照明灯和疏散指示灯，应有明显的标志。无专人管理的公共场所照明宜装设自动节能开关。

5.5 吸顶灯安装

4. 吸顶灯安装

吸顶灯可直接装在天花板上，安装简易，款式简单大方，清洁方便，能赋予空间清朗明快的感觉。常用的吸顶灯有方罩吸顶灯、圆球吸顶灯、尖扁圆吸顶灯、半圆球吸顶灯、半扁球吸顶灯、小长方罩吸顶灯等，其安装方法基本相同。

（1）钻孔和固定挂板。对现浇的混凝土实心楼板，可直接用电锤钻孔，打入膨胀螺栓，用来固定挂板，如图 5-19 所示。固定挂板时，在木螺钉往膨胀螺栓里面上的时候，不要一边完全上进去了才固定另一边，那样容易导致另一边的孔位置对不齐，正确的方法是粗略固定好一边，使其不会偏移，然后固定另一边，两边要同时进行、交替进行。

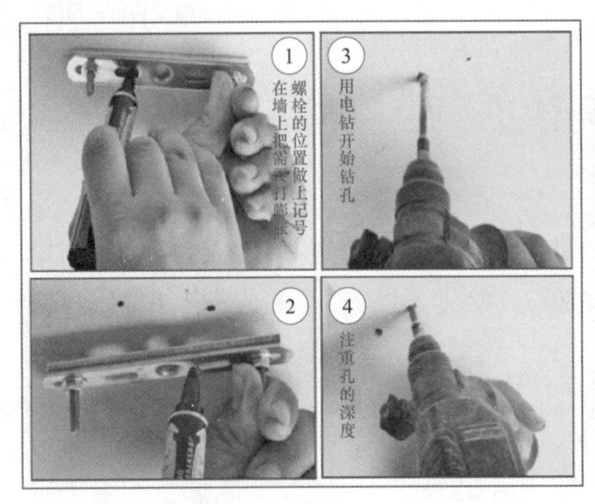

(a) 钻孔

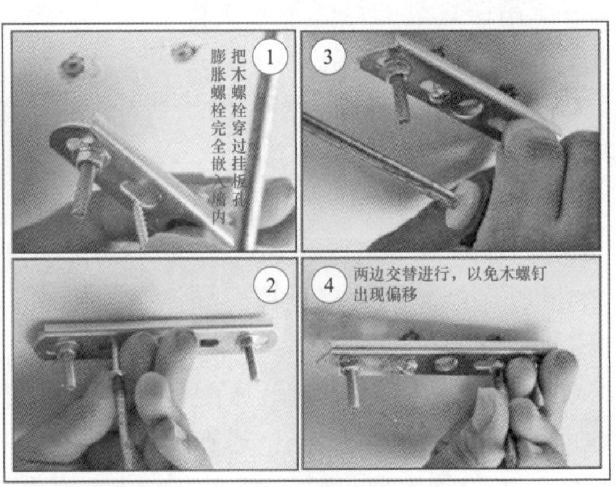

(b) 固定挂板

图 5-19 钻孔和固定挂板

注意：为了保证使用安全，当在砖石结构中安装吸顶灯时，应采用预埋吊钩、螺栓、螺钉、膨胀螺栓、尼龙塞或塑料塞固定。严禁使用木楔。

（2）灯具安装。

1）拆开包装，先把吸顶盘接线柱上自带的一点线头去掉，并把灯管取出来，如图 5-20 所示。

2）将 220V 的相线（从开关引出）和中性线连接在接线柱上，与灯具引出线相接，如图 5-21 所示。有的吸顶灯的吸顶盘上没有设计接线柱，可将电源线与灯具引出线连接，并

用黄蜡带包紧，外加包黑胶布。将接头放到吸顶盘内。

图 5-20　拆除吸顶盘接线柱上的连线并取下灯管

图 5-21　在接线柱上接线

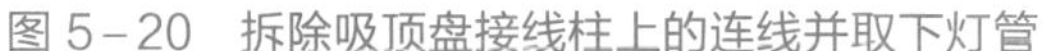

3）将吸顶盘的孔对准吊板的螺钉，将吸顶盘及灯座固定在天花板上，如图 5-22 所示。

4）按说明书依次装上灯具的配件和装饰物。

5）插入灯泡或安装灯管（这时可以试一下灯是否会亮）。

6）把灯罩盖好，如图 5-23 所示。

图 5-22　固定吸顶盘和灯体

图 5-23　安装灯罩

安装吸顶灯口诀

天花板装吸顶灯，挂板贴墙固定牢。
吸盘固定挂板上，接线插灯通电亮。
装齐配件和饰物，最后不忘盖灯罩。

5. 吊灯安装

吊灯就是吊在室内天花板的装饰照明灯，吊灯的组合形式多样，单盏、三个一排、多个小灯嵌在玻璃板上，还有由多个灯球排列而成的，体积大小各异，如图 5-24 所示。例如，在选择餐厅吊灯时，就要根据餐桌的尺寸来确定灯具的大小。餐桌较长，宜选用一排由多个小吊灯组成的款式，而且每个小灯分别由开关控制，这样就可依用餐需要开启相应的吊灯盏数。如果是折叠式餐桌，

5.6　吊灯安装

则可选择可伸缩的不锈钢圆形吊灯来随时依需要扩大光照空间。单盏吊灯或风铃形的吊灯就比较适合与方形餐桌或圆形餐桌搭配。

图 5-24　各种样式的餐厅吊灯

餐厅灯在满足基本照明的同时，更注重的是营造一种进餐的情调，烘托温馨、浪漫的居家氛围，因此，应尽量选择暖色调、可调节亮度的灯源，而不要为了省电，一味选择如日光灯般泛着冰冷白光的节能灯。

吊灯的安装与本节前面介绍的吸顶灯的安装方法基本一致。

（1）选择好吊灯安装的位置，先用电锤钻孔，把膨胀螺栓敲入天花板内。钻孔时要避开吊灯或天花板中埋的暗线。

（2）把天花板内的电源线拉出，从挂板靠中的位置穿过，接着用扳手把垫片、螺母以顺时针方向拧紧，把挂板紧固在天花板上，才能进行一下试拉的测试，确保挂板能够承受灯具的质量。

（3）把灯体挂入挂板上的挂钩内，拉起灯体内电线，与挂板内的电线相应极性对接拧紧，用扎线带固定后缠上电工胶布防止漏电。

（4）确定电线部分对接安全后，锁紧保险螺钉。

特别提醒

餐厅吊灯安装或高或低，都会影响就餐。一般吊灯的最低点到地面的距离约为 2m，而餐桌一般高度为 75cm 左右，那么吊灯的最低点到餐桌表面的距离为 55～75cm，这样既不会影响照明亮度，也不会被人碰撞。

5.3 照明线路故障维修

5.7 照明电路故障维修

5.3.1 照明线路故障诊断

照明线路的主要常见故障有断路（开路）、短路和漏电，其故障诊断见表 5-5。

表 5-5　照明线路故障诊断

故障类型	故障现象	故障原因	检查方法
短路	短路故障常引起熔断器熔丝爆断，短路点处有明显烧痕、绝缘碳化，严重时会使导线绝缘层烧焦甚至引起火灾	（1）安装不合规格，多股导线未捻紧、涮锡、压接不紧、有毛刺。 （2）相线、中性线压接松动，两线距离过近，遇到某些外力，使其相碰造成相对零短路或相间短路。 （3）意外原因导致灯座、断路器等电器进水。 （4）电气设备所处环境中有大量导电尘埃。 （5）人为因素	应先查出发生短路的原因，找出短路故障点，处理后更换保险丝，恢复送电
断路	相线、中性线出现断路故障时，负荷将不能正常工作。单相电路出现断路时，负荷不工作；三相用电器电源出现缺相时，会造成不良后果；三相四线制供电线路不平衡，如中性线断线时会造成三相电压不平衡，负荷大的一相相电压低，负荷小的一相相电压高，如负荷是白炽灯，则会出现一相灯光暗淡，而另一相上的灯又变得很亮，同时，中性线断口负荷侧将出现对地电压	（1）因负荷过大而使熔丝熔断。 （2）开关触点松动，接触不良。 （3）导线断线，接头处腐蚀严重（尤其是铜、铝导线未用铜铝过渡接头而直接连接）。 （4）安装时，接线处压接不实，接触电阻过大，使接触处长期过热，造成导线、接线端子接触处氧化。 （5）恶劣环境，如大风天气、地震等造成线路断开。 （6）人为因素，如搬运过高物品将电线碰断，以及人为破坏等	可用带氖管的试电笔测灯座（灯头）的两极是否有电：若两极都不亮说明相线断路；若两极都亮（带灯泡测试），说明中性线断路；若一极亮一极不亮，说明灯丝未接通。 数显试电笔笔体带LED显示屏，可以直观读取测试电压数字。测照明线路时，相线与地之间有电压 U=220V 左右。数显试电笔具有断点检测功能，用于检测开路性故障非常方便。按住断点检测键，沿电线纵向移动时，显示窗内无显示处即为断点处
漏电	（1）漏电时，用电量会增多；有时候会无缘无故地跳闸。 （2）人触及漏电处会感到发麻。 （3）测线路的绝缘电阻时，电阻值会变小	（1）绝缘导线受潮或者受污染。 （2）电线及电气设备长期使用，绝缘层已老化。 （3）相线与中性线之间的绝缘受到外力损伤，而形成相线与地之间的漏电	（1）判断是否漏电。 （2）判断是相线与中性线间的漏电，还是相线与大地间的漏电，或者是两者兼而有之。 （3）确定漏电范围。 （4）找出漏电点

照明线路除了断路、短路和漏电故障外，线路过载和接触不良也是比较常见的故障。

过载，很容易理解，就是使用电器的总功率过大，超过电线所能承载的电流。容易加速线路老化，最后导致的后果跟短路故障差不多。

电路接触不良，最常见的现象就是照明灯忽明忽暗，使电器不能连续正常工作。比如灯座、开关、接线盒、熔丝和线路接头处的接触不良等。

特别提醒

照明线路断路故障可分为全部断路、局部断路和个别断路 3 种情形，检修时应区别对待。

漏电与短路的本质相同，只是事故发展程度不同而已，严重的漏电可能造成短路。

5.3.2 照明线路故障的检修方法

照明线路检查故障方法
- 故障调查法
- 直观检查法
- 测试法
- 分支路、分段检查法

1. 故障调查法

在处理故障前应进行故障检查，向出事故时在现场者或操作者了解故障前后的情况，以便初步判断故障种类及故障发生的部位。

2. 直观检查法

经过故障调查，进一步通过感官进行直观检查，即闻、听、看。

闻——有无因温度过高绝缘烧坏而发出的气味。

听——有无放电等异常声响。

看——对于明敷设线路可以沿线路巡视，查看线路上有无明显问题，如导线破皮、相碰、断线、灯泡损坏、熔断丝烧断、熔断器过热、断路器跳闸、灯座有进水、烧焦等，再进行重点部位检查。

3. 测试法

除了对线路、电气设备进行直观检查外，应充分利用试电笔、万用表、试灯等进行测试。

例如，有缺相故障时，仅仅用试电笔检查有无电是不够的。当线路上相线间接有负荷时，试电笔会发光而误认为该相未断，如图 5-25 所示，此时应使用电压表或万用表交流电压挡测试，方能准确判断是否缺相。

4. 分支路、分段检查法

对于待查电路，可按回路、支路或用“对分法”进行分段检查，缩小故障范围，逐渐逼近故障点。

例如，照明电路开路故障可分为全部开路、局部开路和个别开路 3 种情形。

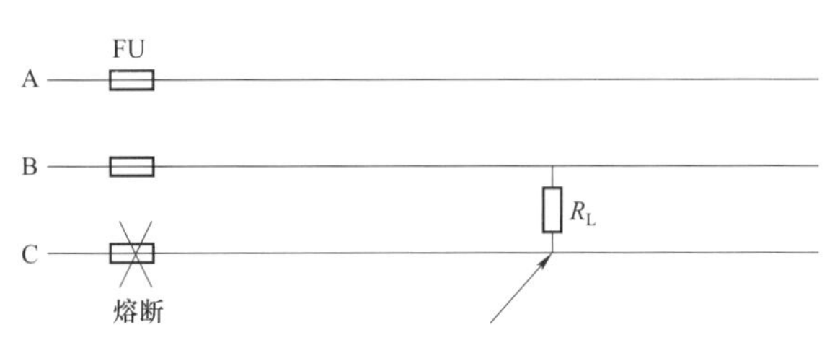

图 5－25　线路缺相故障的检查

（1）全部开路。这类故障主要发生在干线上，配电和计量装置中以及进户装置的范围内。通常，首先应依次检查上述部分每个接头的连接处（包括熔体接线桩），一般以线头脱离连接处这一故障最为常见；其次，检查各线路开关动、静触头的分合闸情况。

（2）局部开路。这类故障主要发生在分支线路范围内。一般先检查每个线头的连接处，然后检查分路开关。如果分路导线截面较小或是铝导线，则应考虑芯线可能断裂在绝缘层内而造成局部开路。

（3）个别开路。这类故障一般局限于接线盒、灯座、灯开关，以及它们之间的连接导线的范围内。通常，可分别检查每个接头的连接处，以及灯座、灯开关和插座等部件的触点的接触情况（对于荧光灯，则应检查每个元件的连接情况）。

5.3.3　线路停电检修的安全措施

照明线路检修一般应停电进行。停电检修不仅可以消除检修人员的触电危险，而且能解除他们工作时的顾虑，有利于提高检修质量和工作效率。

（1）停电。应切断可能输入被检修线路或设备的所有电源，而且应有明确的分断点。在分断点上挂上“有人操作，禁止合闸”警示牌，如图 5－26 所示。如果分断点是熔断器的熔体，最好取下带走。

图 5－26　在醒目位置悬挂警示牌

（2）验电。检修前必须用验电笔复查被检修电路，证明确实无电时，才能开始动手检修。

（3）装设临时接地线。如果被检修线路比较复杂，应在检修点附近安装临时接地线，将所有相线互相短路后再接地，人为造成相间短路或对地短路，如图 5－27 所示。这样，在检修中万一有电送来，会使总开关跳闸或熔断器熔断，以避免操作人员触电。

（4）线路或设备检修完毕，应全面检查是否有遗漏和检修不合要求的地方，包括该拆换的导线、元器件，应排除的故障点，应恢复的绝缘层等是否全部无误地进行了处理。有无工具、器材等留在线路和设备上，工作人员是否全部撤离现场。

（5）拆除检修前安装的临时接地装置和各相临时对地短路线或相间短路线，取下电源分断点的警示牌。

（6）向已修复的电路或设备供电。

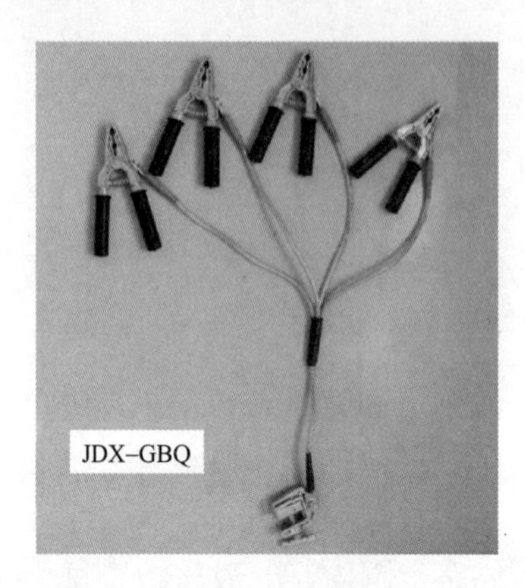

（a）低压临时接地线

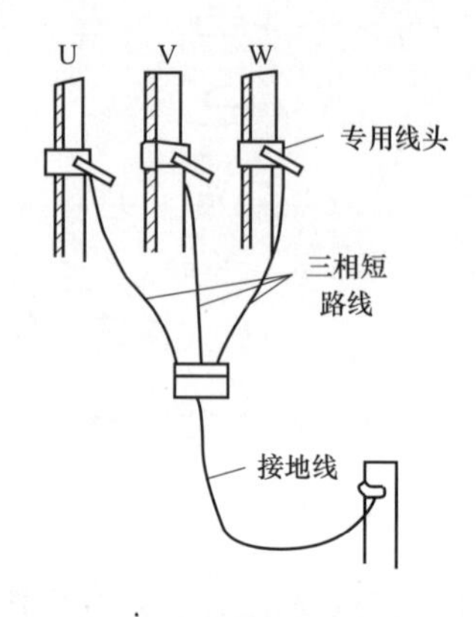

（b）低压临时接地线应用

图 5-27　低压临时接地线及应用

第6章 电动机及其控制

6.1 电动机及应用

6.1.1 单相异步电动机及应用

6.1 单相异步电动机

1. 单相异步电动机的结构

单相异步电动机是利用单相交流电源 220V 供电的一种小容量电动机，其容量一般为几瓦到几百瓦。单相异步电动机的外形结构如图 6-1 所示，主要由机座、铁心、绕组、端盖、轴承、启动电容器、运行电容器、铭牌、接线盒、风扇罩等组成。

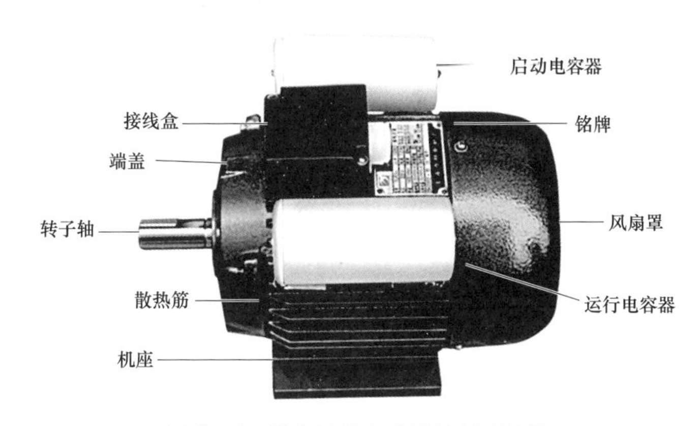

图 6-1 单相异步电动机的外形结构

在单相异步电动机中，专用电机占有很大比例，它们的结构各有特点，形式繁多。但就其共性而言，单相异步电动机的基本结构都由固定部分（定子）、转动部分（转子）和支撑部分（端盖和轴承）等三大部分组成，如图 6-2 所示。

2. 单相异步电动机的种类

单相异步电动机种类很多，但在家用电器中使用的单相异步电动机按照启动和运行分，基本上只有单相罩极式电动机和分相式单相异步电动机两大类，见表 6-1。这些电动机的结构虽有差别，但其基本工作原理是相同的。

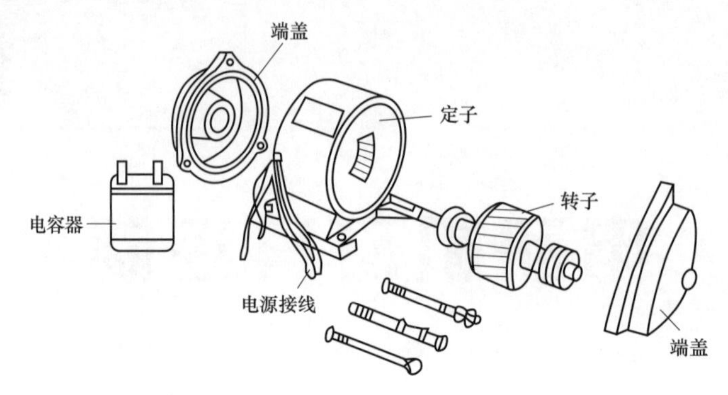

图 6－2　单相异步电动机的基本结构

表 6－1　　家用电器中使用的单相异步电动机

种类		实物图	结构图或原理图	结构特点
单相罩极式电动机	凸极式罩极单相电动机		S I U1 绕组 U I_u U2 Z1 启动绕组 Z2 I_z C	单相罩极式电动机的转子仍为笼型，定子有凸极式和隐极式两种，原理完全相同。一般采用结构简单的凸极式
	隐极式罩极单相电动机			
分相式单相异步电动机	电阻启动单相异步电动机		$\dot{I}$ + $\dot{I}_1$ $\dot{U}$ 1 S − 2 $\dot{I}_2$	单相分相式异步电动机在定子上除了装有单相主绕组外，还装了一个启动绕组，这两个绕组在空间成 90°，启动时两绕组虽然接到同一个单相电源上，但可设法使两绕组电流不同相，这样两个空间位置正交的交流绕组通以时间上不同相的电流，在气隙中就能产生一个合成旋转磁场。启动结束，使启动绕组断开即可
	电容启动单相异步电动机		~ S C A i_B i_A B	

续表

种类		实物图	结构图或原理图	结构特点
分相式单相异步电动机	电容运转式单相异步电动机			单相分相式异步电动机在定子上除了装有单相主绕组外，还装了一个启动绕组，这两个绕组在空间成 90°，启动时两绕组虽然接到同一个单相电源上，但可设法使两绕组电流不同相，这样两个空间位置正交的交流绕组通以时间上不同相的电流，在气隙中就能产生一个合成旋转磁场。启动结束，使启动绕组断开即可
	电容启动和运转单相异步电动机			

3. 启动方式

220V 交流单相电机启动方式大致分以下 3 种。

（1）分相启动式。由辅助启动绕组来辅助启动，其启动转矩不大。运转速率大致保持定值。主要应用于电风扇、空调风扇电动机、洗衣机等的电动机。

（2）离心开关断开式。电动机静止时离心开关是接通的，给电后启动电容参与启动工作，当转子转速达到额定值的 70%～80%时离心开关便会自动跳开，启动电容完成任务，并被断开。启动绕组不参与运行工作，而电动机以运行绕组线圈继续动作。

（3）双值电容式。单相双电容异步电动机有两个电容，一个电容是启动电容，另一个是运行电容。启动电容通过离心开关接在副绕组上，当转速达到一定速度后，离心开关在离心力的作用下断开，启动电容也与副绕组断开；运行电容则是一直接在副绕组上。这种接法一般用在空气压缩机、切割机、木工机床等负载大而不稳定的地方。

特别提醒

带有离心开关的电机，如果不能在很短时间内启动成功，那么绕组将会很快烧毁。

6.2　认识三相异步电动机

6.1.2　三相异步电动机及应用

三相异步电机是靠同时接入 380V 三相交流电源（相位差 120°）供电的一类电动机，由于三相异步电机的转子与定子旋转磁场以相同的方向、不同的转速成旋转，存在转差率，所以称为三相异步电机。

1. 三相异步电动机的基本结构

虽然三相异步电动机的种类较多，例如绕线式电动机、鼠笼式电动机等，但其结构基本是相同的，通常由磁路部分、电路部分和其他部件3部分组成，如图6-3所示。

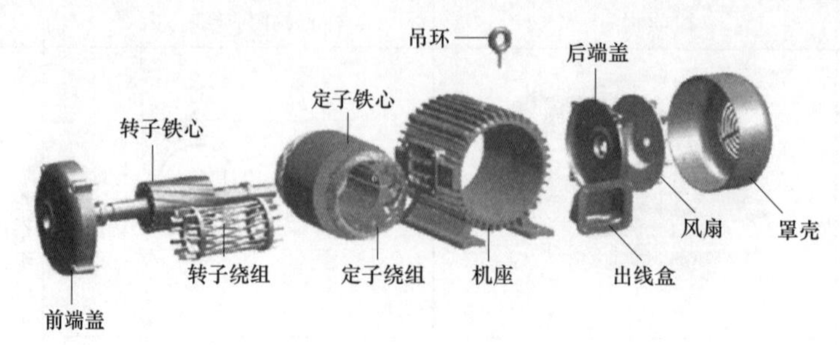

图6-3 三相电动机的基本结构

（1）磁路部分。

定子铁心——由0.35～0.5mm厚表面涂有绝缘漆的薄硅钢片叠压而成，减少了由于交变磁通通过而引起的铁心涡流损耗。铁心内圆有均匀分布的槽口，用来嵌放定子绕组。

转子铁心——用0.5mm厚的硅钢片叠压而成，套在转轴上，作用和定子铁心相同。一方面作为电动机磁路的一部分，另一方面用来安放转子绕组。

（2）电路部分。

定子绕组——三相绕组由三个彼此独立的绕组组成，且每个绕组又由若干线圈连接而成。线圈由绝缘铜导线或绝缘铝导线绕制。三相电动机的绕组有单层绕组、双层叠式绕组、单双层混合绕组等多种形式。

接线盒是电动机绕组与外部电源连接的重要部件。

（3）其他部件。

机座——用于固定电动机。

端盖——可分为前、后端盖。

转轴——在定子旋转磁场感应下产生电磁转矩，沿着旋转磁场方向转动，并输出动力带动生产机械运转。

轴承——保证电动机高速运转并处在中心位置的部件。

风扇、风罩、风叶——用于冷却、防尘和安全保护。

出线盒——用于绕组与三相电源的接线。

特别提醒

定子与转子之间的气隙一般为0.2～2mm。气隙的大小，对电动机的运行性能影响很大。气隙越大，由电网供给的励磁电流也越大，则功率因数$\cos\phi$越低。要提高功率因数，气隙应尽可能地减小；但由于装配上的要求及其他原因，气隙又不能过小。

2. 三相异步电动机各部件的作用

三相异步电动机是一个整体，各个部件彼此依赖，不可或缺；任何一个部件损坏影响电动机的正常工作，各部件的作用见表6-2。

表6-2 异步电动机各部件的作用

名称	实物图	作用
散热筋片		向外部传导热量
机座		固定电动机
接线盒		电动机绕组与外部电源连接
铭牌		介绍电动机的类型、主要性能、技术指标和使用条件
吊环		方便运输
定子	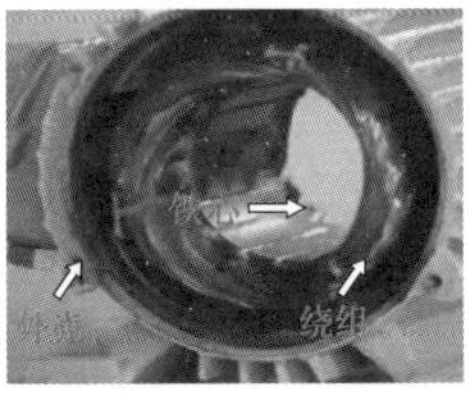	通入三相交流电源时产生旋转磁场
转子	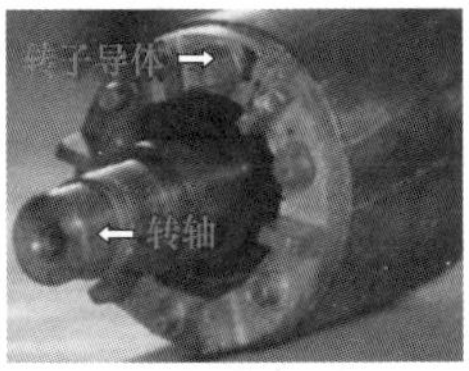	在定子旋转磁场感应下产生电磁转矩，沿着旋转磁场方向转动，并输出动力带动生产机械运转
前、后端盖		固定
轴承盖		固定、防尘

续表

名称	实物图	作用
轴承		保证电机高速运转并处在中心位置的部件
风罩、风叶		冷却、防尘和安全保护

3. 电动机的铭牌

铭牌上标出了该电动机的一些数据，要正确使用电动机，必须看懂铭牌，电动机的铭牌如图 6–4 所示。

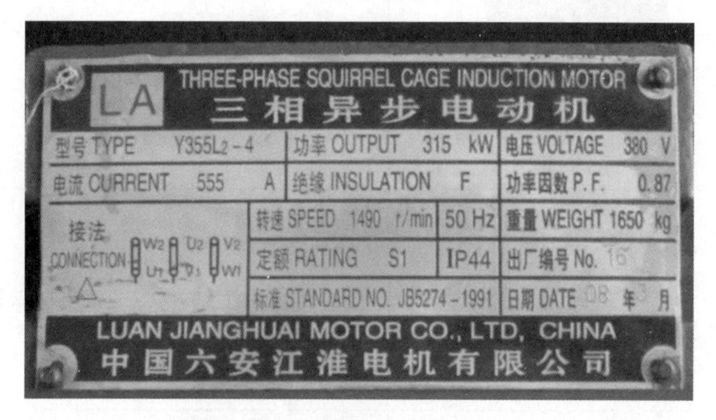

图 6–4　电动机铭牌示例

交流异步电动机铭牌标注的主要技术参数的含义见表 6–3。

表 6–3　电动机铭牌各个项目的含义

项目	含义
型号	电动机的系列品种、性能、防护结构形式、转子类型等产品代号
额定功率	电动机在制造厂所规定的额定情况下运行时，其输出端的机械功率，单位一般为千瓦（kW）或 HP（马力），1HP = 0.736kW
电压	电动机额定运行时，外加于定子绕组上的线电压，单位为伏（V）。一般规定电动机的工作电压不应高于或低于额定值的 5%
电流	电动机在额定电压和额定频率下，并输出额定功率时定子绕组的三相线电流
接法	定子三相绕组的接法，其接法应与电机铭牌规定的接法相符。通常 3kW 以下三相异步电动机连接成星形（Y）；4kW 以上三相异步电动机连接成三角形（△）

续表

项目	含义
额定频率	电动机所接交流电源的频率，我国规定为50Hz±1Hz
转速	电动机在额定电压、额定频率、额定负载下，电动机每分钟的转速（r/min）。电动机转速与频率的公式为 $n=60f/p$ 式中：n为电动机的转速，r/min；60为每分钟，s；f为电源频率，Hz；p为电动机旋转磁场的极对数
额定效率	电动机在额定工况下运行时的效率，是额定输出功率与额定输入功率的比值。异步电动机的额定效率为75%～92%
绝缘等级	电动机绕组采用的绝缘材料的耐热等级。电动机常用的绝缘材料，按其耐热性分有A、E、B、F、H五种等级
工作制	电动机的运行方式。一般分为“连续”（代号为S1）、“短时”（代号为S2）、“断续”（代号为S3）
LP值	电动机的总噪声等级。LP值越小表示电动机运行的噪声越低。噪声单位为dB

4. 电动机的防护等级

电动机的外壳防护有两种，一是对固体异物进入内部以及对人体触及内部带电部分或运动部分的防护；二是对水进入内部的防护。

电动机外壳防护等级的标志方法如图6-5所示。其中，第一位数字表示第一种防护形式等级；第二位数字表示第二种防护形式等级，见表6-4。仅考虑一种防护时，另一位数字用“X”代替。前附加字母是电动机产品的附加字母，W表示气候防护式电机、R表示管道通风式电动机；后附加字母也是电动机产品的附加字母，S表示在静止状态下进行第二种防护形式试验的电动机，M表示在运转状态下进行第二种防护形式试验的电动机。如不需特别说明，附加字母可以省略。

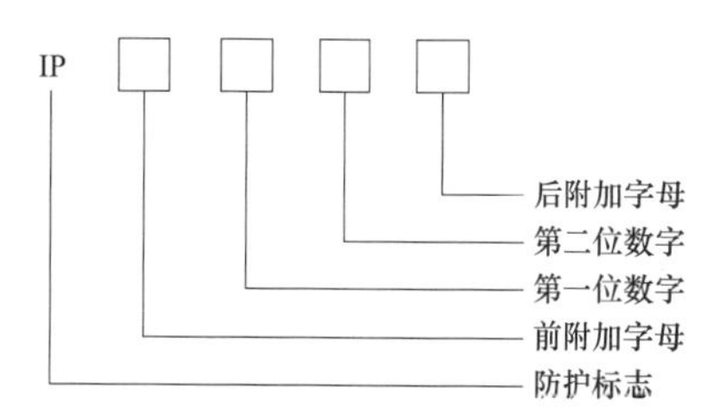

图6-5　电动机外壳防护等级的标志方法

表6-4　电动机的外壳防护分级

第1位数字	对人体和固体异物的防护分级	第2位数字	对防止水进入的防护分级
0	无防护型	0	无防护型
1	半防护型（防止直径大于50mm的固体异物进入）	1	防滴水型（防止垂直滴水）
2	防护型（防止直径大于12mm的固体异物进入）	2	防滴水型（防止与垂直成$\theta \leqslant 15°$的滴水）
3	封闭型（防止直径大于2.5mm的固体异物进入）	3	防淋水型（防护与垂直线成$\theta \leqslant 60°$的淋水）
4	全封闭型（防止直径大于1mm的固体异物进入）	4	防溅水型（防护任何方向的溅水）
5	防尘型	5	防喷水型（防护任何方向的喷水）
		6	防海浪型或强加喷水
		7	防浸水型
		8	潜水型

例如，外壳防护等级为IP44，其中第1位数字“4”表示对人体触及和固体异物的防护等级（即电动机外壳能够防护直径大于1mm的固体异物触及或接近机壳内的带电部分或转动部分）；而第2位数字“4”则表示对防止水进入电机内部的防护等级（即电动机外壳能够承受任何方向的溅水而无有害影响）。

重要提醒

电动机最常用的防护等级有IP11、IP21、IP22、IP23、IP44、IP54、IP55等。

6.3 三相电机绕组的连接

5. 三相定子绕组的连接

三相异步电动机的定子绕组是异步电动机的电路部分，由三相对称绕组组成并按一定的空间角度依次嵌放在定子槽内。

一般鼠笼式电动机的接线盒中有6根引出线，标有A、B、C，X、Y、Z。其中：AX是第一相绕组的两端；BY是第二相绕组的两端；CZ是第三相绕组的两端。如果A、B、C分别为三相绕组的始端（头），则X、Y、Z是相应的末端（尾）。这6个引出线端在接电源之前，相互间必须正确连接。

三相定子绕组按电源电压的不同和电动机铭牌上的要求，可接成星形（Y）或三角形（△）两种形式，见表6-5。

表6-5 异步电动机三相绕组的联结法

绕组连接法	接线实物图	接线示意图	接线原理图
星形连接（Y）		A B C X Y Z	A B C X Y Z
三角形连接（△）		A B C X Y Z	A B C X Y Z

（1）星形连接。将三相绕组的尾端 X、Y、Z 短接在一起，首端 A、B、C 分别接三相电源。

（2）三角形连接。把三相绕组的每一相绕组的首尾端依次相接，即将第一相的尾端 X 与第二相的首端 B 短接，第二相的尾端 Y 与第三相的首端 C 短接，第三相的尾端 Z 与第一相的首端 A 短接，然后将三个接点分别接到三相电源上。

记忆口诀

电机接线分两种，星形以及三角形。
额定电压 220V，一般采用星形法，
三相绕组一端接，另端分别接电源，
形状就像字母“Y”。额定电压 380V，
三相绕组首尾接，形成一个三角形（△），
顶端再接相电源，就是所谓角接法。
电机接法已确定，不能随意去更改。

特别提醒

三相异步电动机不管是星形连接还是三角形连接，调换三相电源的任意两相，就可得到相反的转向（正转或者反转）。

无论星形连接还是三角形连接，其线电压、线电流都是相同的。不同的是绕组的电流，电压不同。星形连接时，绕组通过的电压是相电压（220V），特点是电压低、电流大；三角形连接时，绕组通过的电压是 380V，特点是电压高、电流小。

6.2　三相异步电动机的控制

6.2.1　电动机自锁控制

1. 电动机点动控制

所谓自锁，就是依靠接触器自身辅助触点而使其线圈保持通电的现象。电动机点动控制不需要交流接触器自锁，单纯的点动控制可以用一个控制按钮来实现，如图 6–6 所示。

6.4　电动机点动控制

2. 电动机长动控制

如图 6–7 所示为电动机长动（连续运行）控制电路，按下按钮（SB），线圈（KM）通电，电机启动；同时，辅助触头（KM）闭合，即使按钮松开，线圈保持通电状态（把这种工作状态称为自锁，起自锁作用的辅助触头称为自锁触头），从而实现连续运转控制。按下停止按钮 SB1，接触器 KM 线圈断电，与 SB2 并联的 KM 的辅助动合触点断开，KM 线圈持续失电，串联在电动机回路中的 KM 的主触点持续断开，电动机停转。

6.5　电动机长动控制

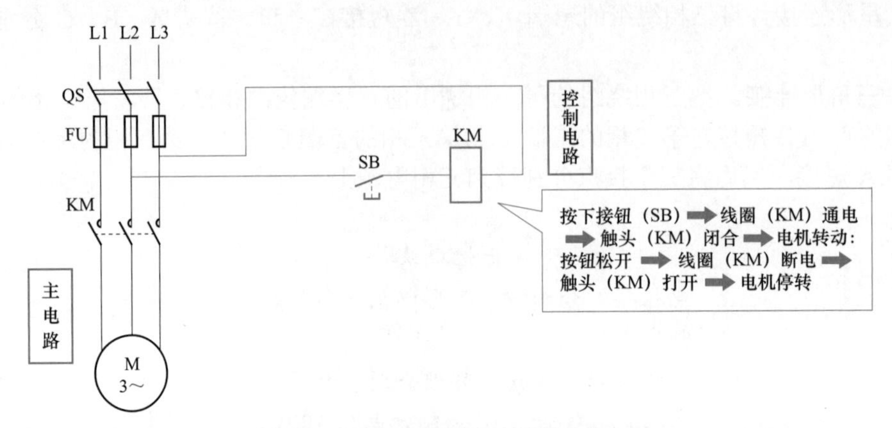

图 6-6 电动机点动控制电路

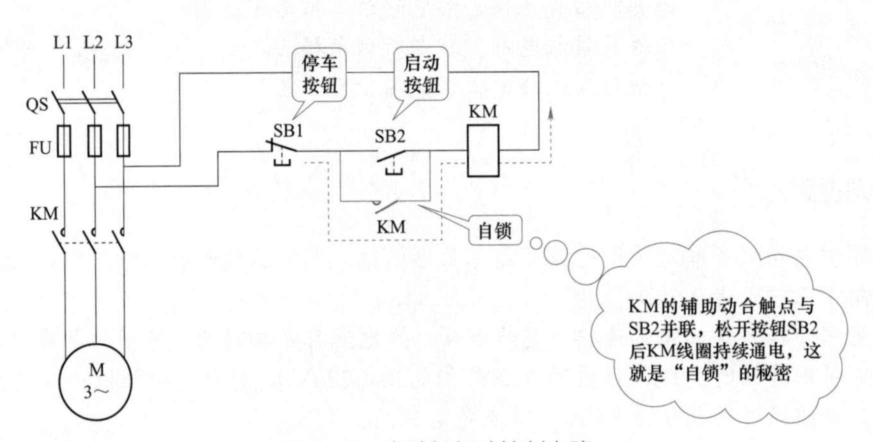

图 6-7 电动机长动控制电路

3. 电动机点动与长动相结合的控制

如果需要电动机既可以点动又可以连续运行，可以采用如图 6-8 所示的电路。

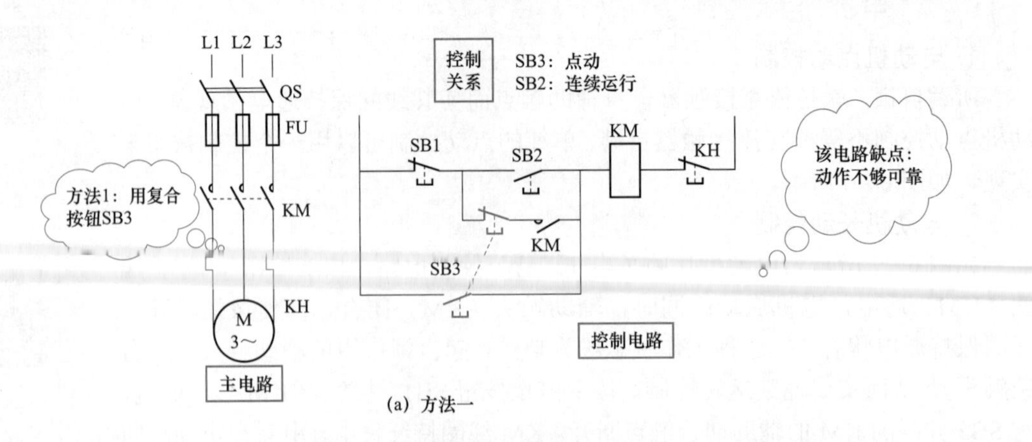

(a) 方法一

图 6-8 点动+长动电路图（一）

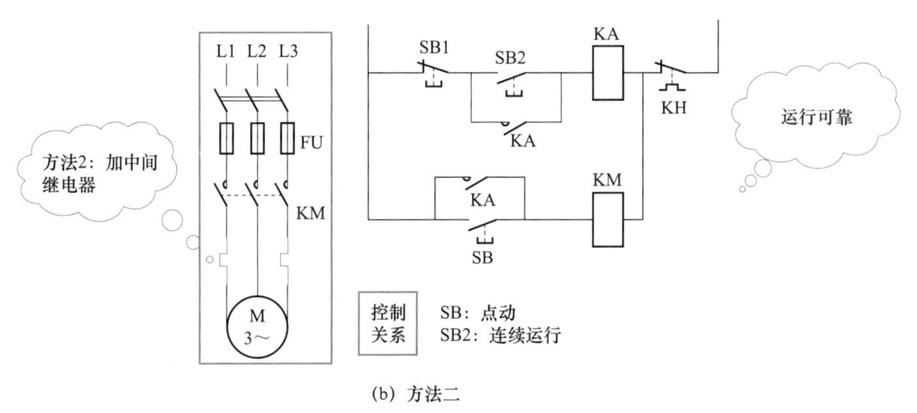

(b) 方法二

图6-8 点动+长动电路图（二）

特别提醒

在主电路中的熔断器 FU 起短路保护作用。一旦电路发生短路故障，熔体立即熔断，电动机立即停转。

自锁另一作用：实现欠压和失压保护。当电源暂时断电或电压严重下降时，接触器 KM 线圈的电磁吸力不足，衔铁自行释放，使主、辅触点自行复位，切断电源，电动机停转，同时解除自锁。可见，该电路具有失压（或欠压）保护作用。

6.2.2 电动机互锁控制

所谓互锁，就是在同一时间里两个接触器只允许一个工作的控制作用称为互锁（联锁）。即要求甲接触器工作时乙接触器不能工作，而乙接触器工作时甲接触器不能工作，此时应在两个接触器的线圈电路中互串入对方的动断触点。

1. 接触器互锁电动机正反转控制

如图 6-9 所示为接触器互锁电动机正反转控制电路。KM1 为正转接触器，KM2 为反转接触器。这两个接触器的主触头所接通的电源相序不同，KM1 按 L1、L2、L3 相序接线，KM2 则对调了两相的相序。控制电路有两条，一条由按钮 SB2 和 KM1 线圈等组成的正转控制电路；另一条由按钮 SB3 和 KM2 线圈等组成的反转控制电路。SB1 为停止按钮，SB2 正转控制按钮，SB3 反转控制按钮。

6.6 接触器互锁正反转控制

（1）正转控制。当按下正转启动按钮 SB2 后，电源相通过热继电器 FR 的动断触点、停止按钮 SB1 的动断触点、正转启动按钮 SB2 的动合触点、反转交流接触器 KM2 的动断辅助触头、正转交流接触器线圈 KM1，使正转接触器 KM1 带电而动作，其主触头闭合使电动机正向转动运行，并通过接触器 KM1 的动合辅助触头自保持运行。

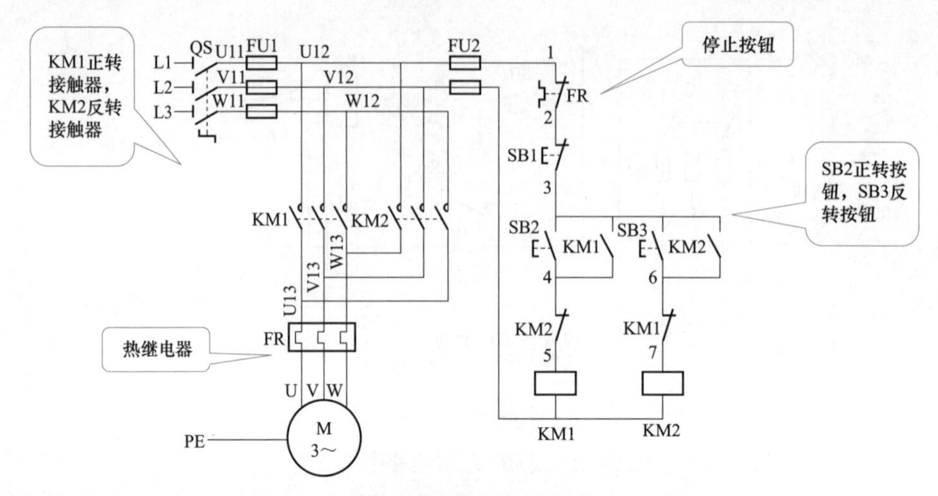

图6–9　接触器互锁正反转控制电路原理图

在正转控制过程中，有以下几个很关键的控制步骤值得读者注意。

1）按下 SB2，控制电路闭合，KM1 线圈得电，如图 6–10（a）所示。

2）KM1 主触头闭合，主电路接通电动机 M 正向启动，如图 6–10（b）所示。

3）KM1 辅助动合触头闭合，正转电路自锁，如图 6–10（c）所示。

4）KM1 辅助动断触头断开，对 KM2 互锁，如图 6–10（d）所示。

5）松开 SB2，电动机 M 保持正转，如图 6–10（e）所示。

6）按下 SB1，电路失电，电动机 M 停转。

（2）反转控制。反转启动过程与上面相似，只是接触器 KM2 动作后，调换了两根电源线 U、W 相（即改变电源相序），从而达到反转目的。

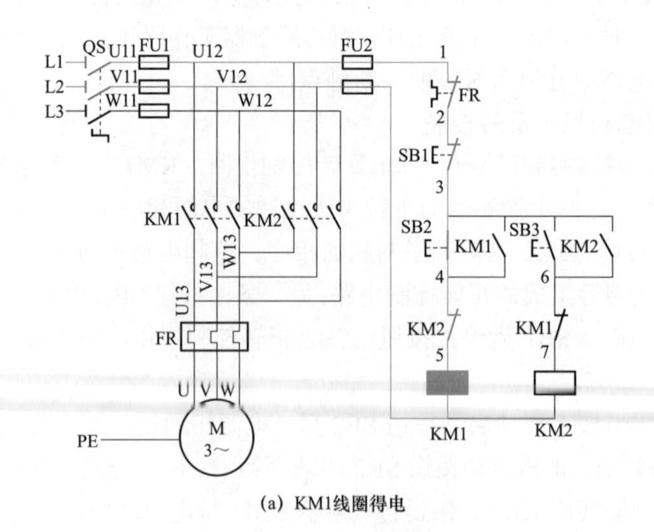

(a) KM1线圈得电

图6–10　接触器互锁电动机正转控制工作流程（一）

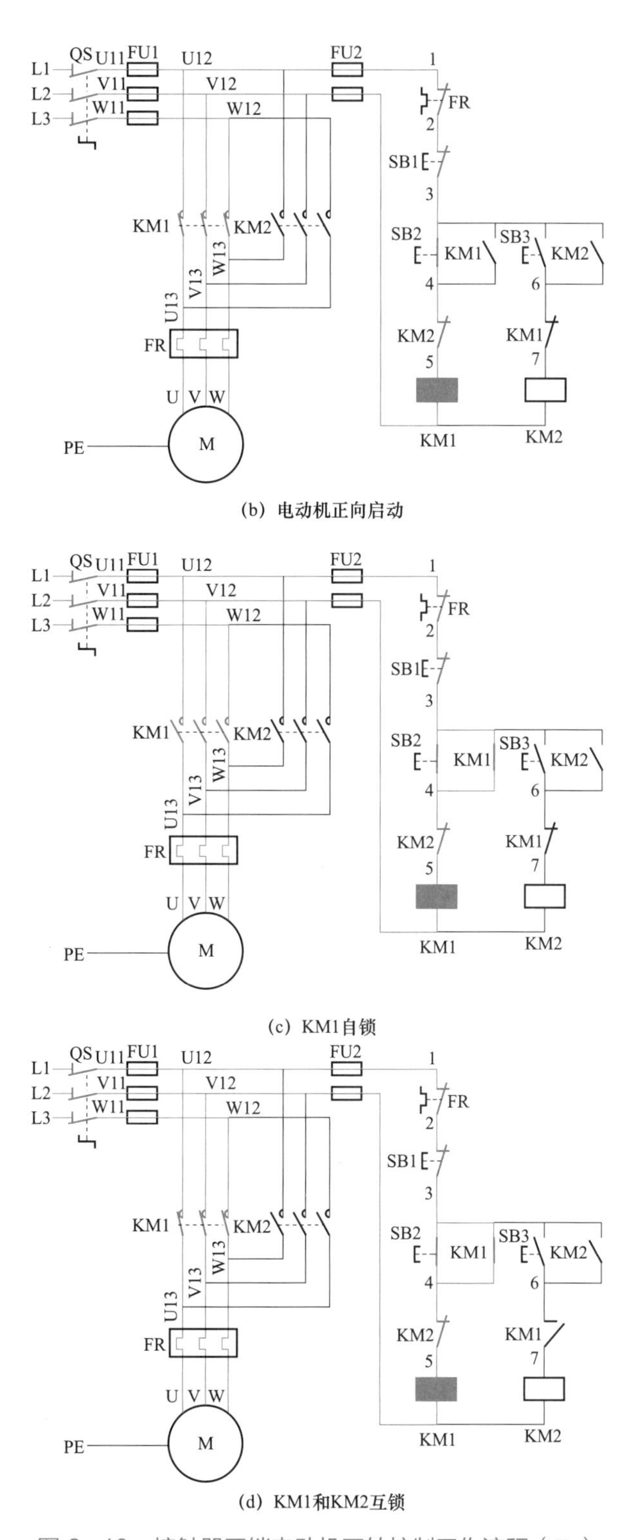

(b) 电动机正向启动

(c) KM1自锁

(d) KM1和KM2互锁

图6-10　接触器互锁电动机正转控制工作流程（二）

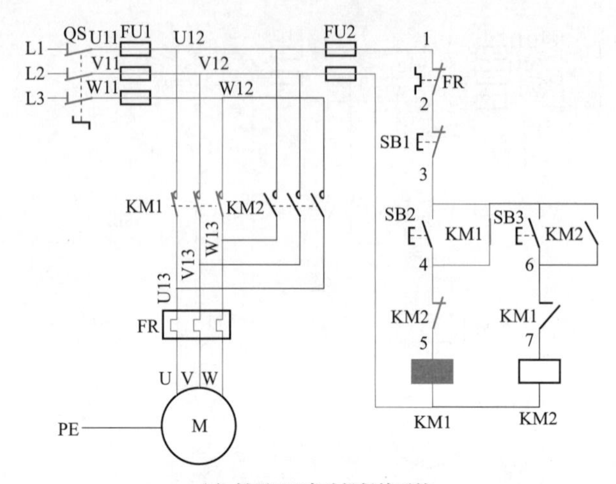

(e) 松开SB2电动机保持正转

图 6-10　接触器互锁电动机正转控制工作流程（三）

电动机反转控制的工作流程如下。

1）按下反转按钮 SB3，控制电路闭合，反转交流接触器 KM2 线圈得电，如图 6-11（a）所示。

2）KM2 主触头闭合，主电路接通，电动机 M 正向启动，如图 6-11（b）所示。

3）KM2 辅助动合触头闭合，反转电路自锁，如图 6-11（c）所示。

4）KM2 辅助动断触头断开，对 KM1 互锁，如图 6-11（d）所示。

5）松开 SB3，电动机 M 保持反转，如图 6-11（e）所示。

6）按下 SB1，电路失电，电动机 M 停转。

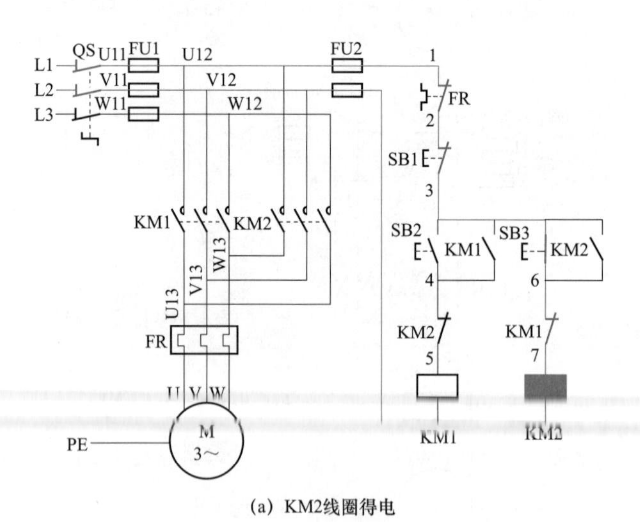

(a) KM2线圈得电

图 6-11　接触器互锁电动机反转控制工作流程（一）

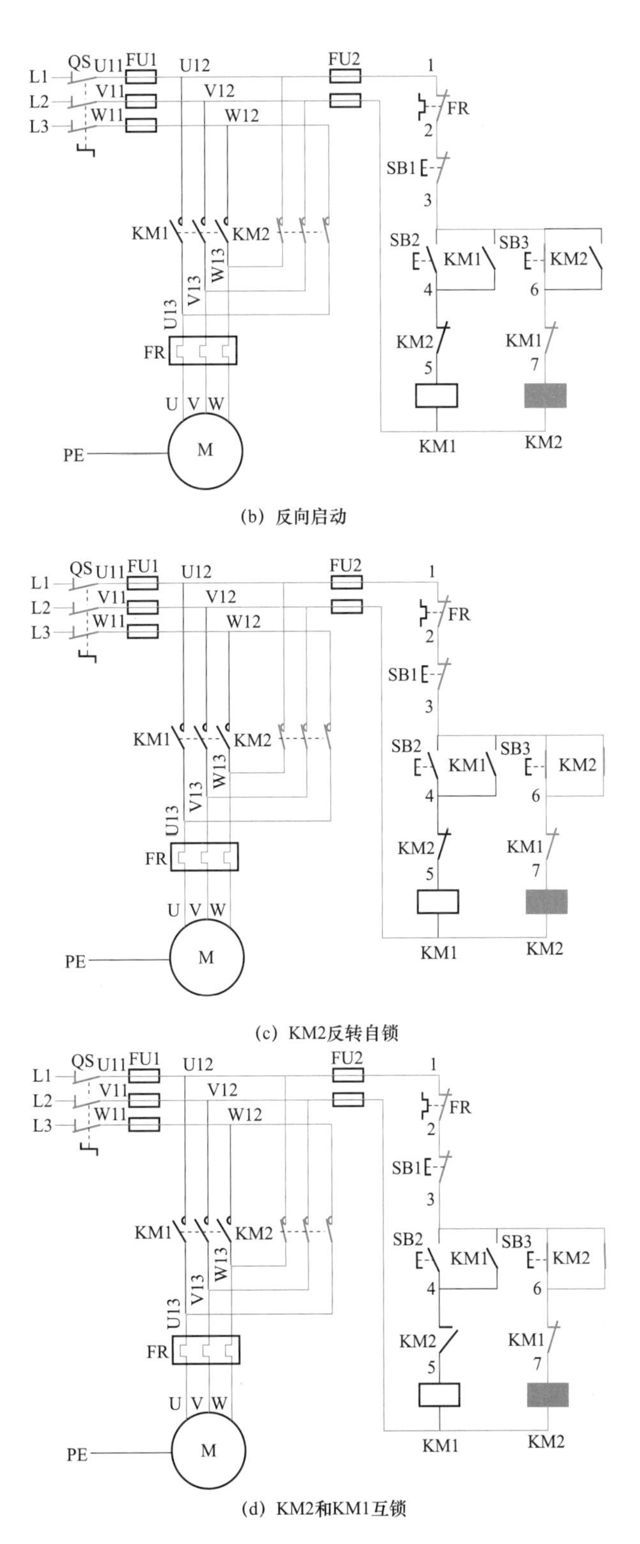

(b) 反向启动

(c) KM2反转自锁

(d) KM2和KM1互锁

图 6-11　接触器互锁电动机反转控制工作流程（二）

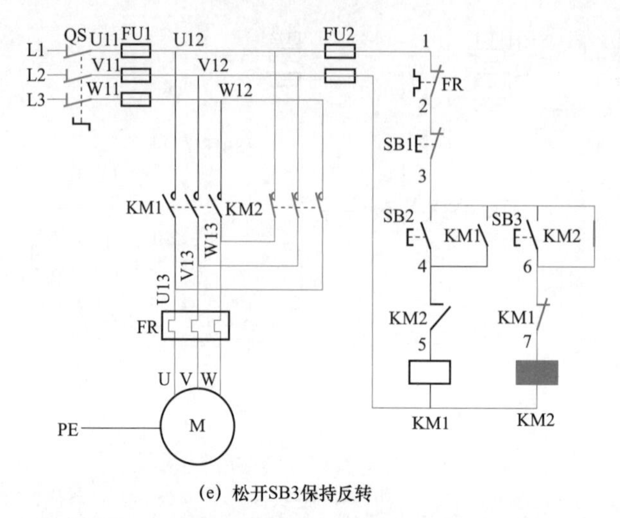

(e) 松开SB3保持反转

图 6－11　接触器互锁电动机反转控制工作流程（三）

特别提醒

该电路必须先停车，才能由正转到反转，或由反转到正转。SB2 和 SB3 不能同时按下，否则会造成短路！因此，该控制电路没有多大的实用性。因为电动机从正转变为反转时，必须先按下停止按钮后，才能按反转的控制按钮，否则由于接触器内部装置具体的联锁作用，不能实现反转。也就是说，正转接触器 KM1 和反转接触器 KM2 的主触头决不允许同时闭合，否则造成两相电源短路事故。

6.7　电动机双重互锁正反转控制

2. 按双重互锁正反转控制

为克服接触器互锁正反转控制线路和按钮联锁正反转控制线路的不足，在按钮互锁的基础上，又增加了接触器互锁，构成了按钮与接触器互锁正反转控制线路，称为双重互锁正反转控制线路，如图 6－12 所示。因为这种电路结构完善，所以常将它们用金属外壳封装起来，制成成品直接供给用户使用，其名称为可逆磁力启动器。所谓可逆，是指它可以控制正、反转。

主电路中开关 QS 用于接通和隔离电源，熔断器对主电路进行保护，交流接触器主触头控制电动机的启动运行和停止，使用两个交流接触器 KM1、KM2 来改变电动机的电源相序。当通电时，KM1 使电机正转；而 KM2 通电时，使电源 L1、L3 对调接入电动机定子绕组，实现反转控制。由于电动机是长期运行，热继电器 FR 作过载保护，FR 的动断辅助触头串联在线圈回路中。

控制线路中，正反向启动按钮 SB2、SB3 都是具有动合、动断两对触头的复合按钮，SB2 动合触头与 KM1 的一个动合辅助触头并联，SB3 动合触头与 KM2 的一个动合辅助触头并联，动合辅助触头称为“自保”触头，而触头上、下端子的连接线称为“自保线”。由于启动后 SB2、SB3 失去控制，动断按钮 SB1 串联在控制电路的主回路，用作停车控制。SB2、

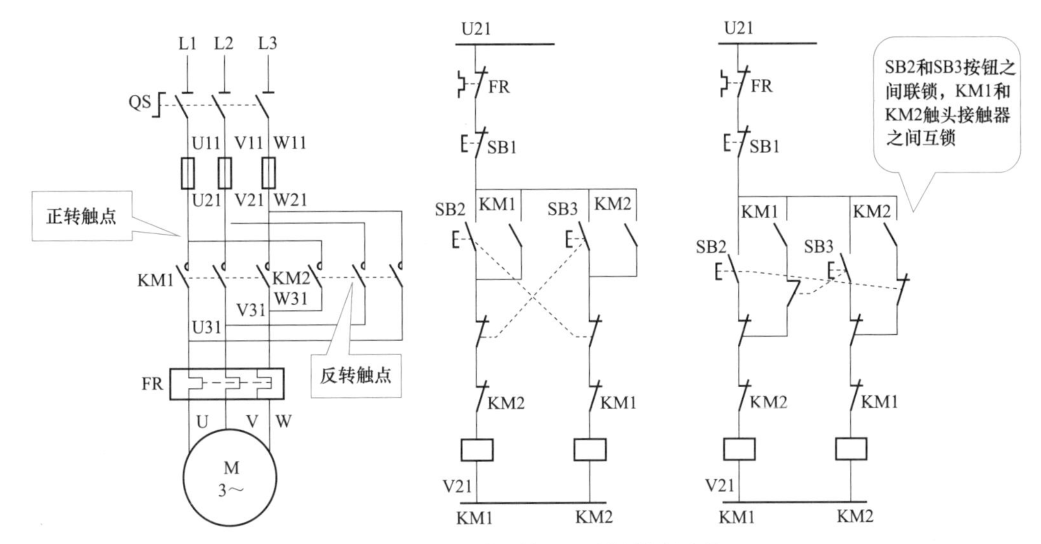

图6-12　双重互锁正、反转控制电路

SB3的动断触头和KM1、KM2的各一个动断辅助触头都串联在相反转向的接触器线圈回路，当操作任意一个启动按钮时，SB2、SB3动断触头先分断，使相反转向的接触器断电释放，同时确保KM1（或KM2）要动作时必须是KM2（或KM1）确实复位，因而可防止两个接触器同时动作造成相间短路。每个按钮上起这种作用的触头叫“联锁”触头，而两端的接线叫“联锁线”。当操作任意一个按钮时，其动断触头先断开，而接触器通电动作时，先分断动断辅助触头，使相反方向的接触器断电释放，起到了双重互锁的作用。

重要提醒

按钮接触器双重互锁正反转控制线路是正反转电路中最复杂的一个电路，也是最完美的一个电路，也称为防止相间短路的正、反转控制电路。操作方便，工作安全可靠。在按钮和接触器双重互锁正、反转控制电路中，既用到了按钮之间的联锁，同时又用到了接触器触头之间的互锁，从而保证了电路的安全。

6.2.3　电动机顺序控制

所谓顺序控制，是指有关设备之间的互相制约或相互配合。例如，某自动运料小车，必须在小车进到装料位时才允许卸料机动作；又如机械手必须在确保物体加紧后，机械手才能后退。这种动作的顺序体现了各电机之间的相互联系和制约。

6.8　两台电动机顺序控制

电动机顺序控制电路主要有：顺序启动、同时停止；顺序启动、顺序停止；顺序启动、逆序停止等控制线路。

1. 两台电动机顺序启动同时停止控制

工业上的现场，经常需要对多台设备彼此间，进行顺序启动和停车的控制，以防止设备运行时发生故障。电动机顺序控制的接线规律是：要求接触器 KM1 动作后接触器 KM2 才能动作，故将接触器 KM1 的动合触点串接于接触器 KM2 的线圈电路中。要求接触器 KM1 动作后接触器 KM2 不能动作，故将接触器 KM1 的动断辅助触点串接于接触器 KM2 的线圈电路中。如图 6-13 所示为两台电动机顺序启动同时停止控制电路。下面介绍其工作原理。

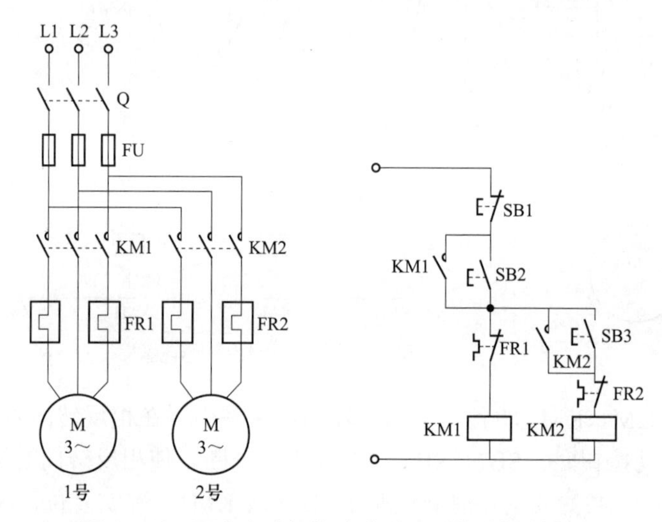

图 6-13　两台电动机顺序启动同时停止控制电路

（1）1 号电机的启动与运行。1 号电机的启动按钮 SB2 按下，控制 1 号电机启停的接触器 KM1 的线圈得电，接触器 KM1 吸合，1 号电机启动并运行。同时，利用 KM1 的动合辅助触点与 SB2 的触点并联，形成 1 号电机的自锁控制。

（2）2 号电机的启动与运行。当 KM1 吸合后，串联在与 2 号电机启/停相关联的接触器 KM2 线圈回路的动合触点闭合，这时按下 2 号电机的启动按钮 SB3，接触器 KM2 的线圈得电，2 号电机启动并运行。同时，利用 KM2 的动合辅助触点与 SB3 的触点并联，形成 2 号电机的自锁控制。

（3）1、2 号两台电机的停车。在 1、2 号电机运行的情况下，按下停车按钮 SB1，KM1 和 KM2 线圈均断电，两台电机同时停车。

（4）电路中顺序控制的特点。这里的顺序控制是，在 1 号电机没有启动运行的条件下，2 号电机是无法启动运行的。因为在 2 号电机的接触器 KM2 的线圈控制回路中，串联了 1 号电机接触器 KM1 的动合辅助触点，当 KM1 不吸合，1 号电机不工作时，KM2 的线圈控制回路在 KM1 的闭锁下是断开的，KM2 是无法吸合工作的。

（5）电机的保护。电路中的两台电机对应着两台设备，因而必须对设备进行有效保护。图 6-13 中，分别设计了与电动机本身参数相适应的热继电器 FR1 和 FR2，对 1 号和 2 号电动机进行过载保护；对于控制电路，则是利用熔断器 FU 进行保护。

如图 6-14 所示为采用时间继电器，按时间原则顺序启动同时停止的控制电路。1 号电动机启动时间 t 后，2 号电动机自行启动。按下停止按钮 SB1，两台电动机同时停止。

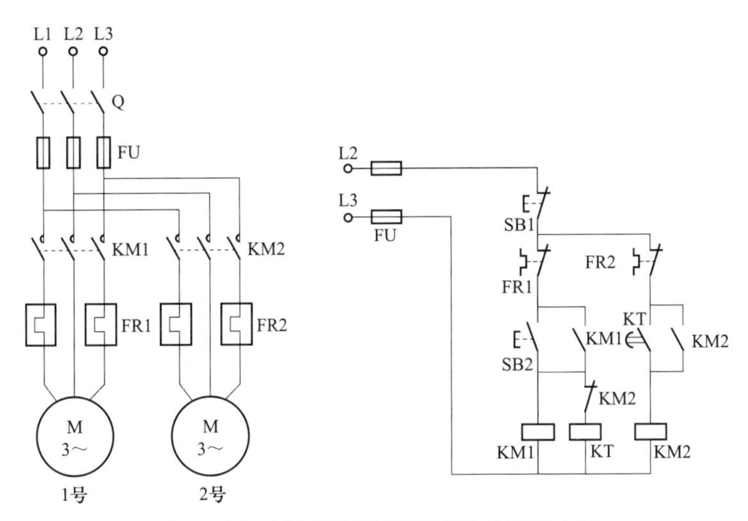

图 6-14 按时间原则顺序启动的控制电路

2. 两台电动机顺序启动顺序停止控制

如图 6-15 所示为两台电动机顺序启动顺序停止控制电路。接触器 KM1、KM2 分别控制电动机 M1 和 M2。

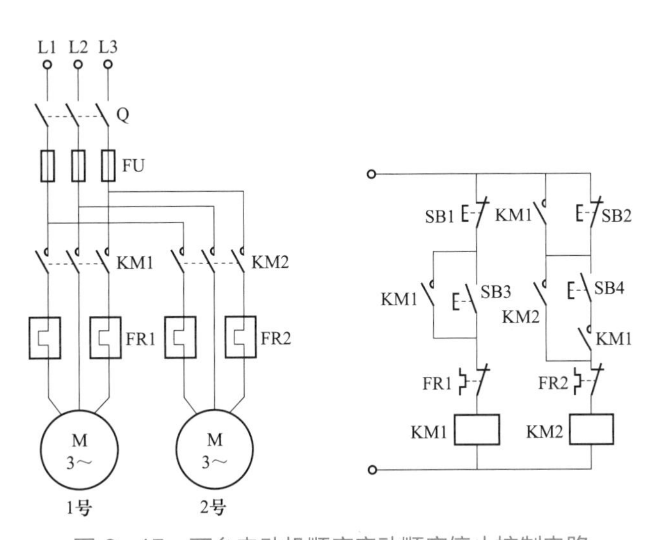

图 6-15 两台电动机顺序启动顺序停止控制电路

KM1 的一个辅助动合触点与 M2 的启动按钮 SB4 串联，另一个辅助动合触点与 M2 的停止按钮 SB2 并联。因此，只有在 KM1 得电吸合后，M2 才可以启动，即 M1 先启动，M2 后启动。

停止时，只有 KM1 先断电，KM2 才能断电，即先停 M1，后停 M2。

3. 两台电动机顺序启动、逆序停止控制

如图 6－16 所示为两台电动机顺序启动逆序停止控制电路，KM1、KM2 分别控制电动机 M1 和 M2。KM1 的一个动合触点串联在 KM2 线圈的供电线路上。KM2 的一个动合触点并联在 KM1 的停止按钮 SB1 上。因此，启动时，必须 KM1 先得电，KM2 才能得电。停止时，必须 KM2 先断电，KM1 才能断电。

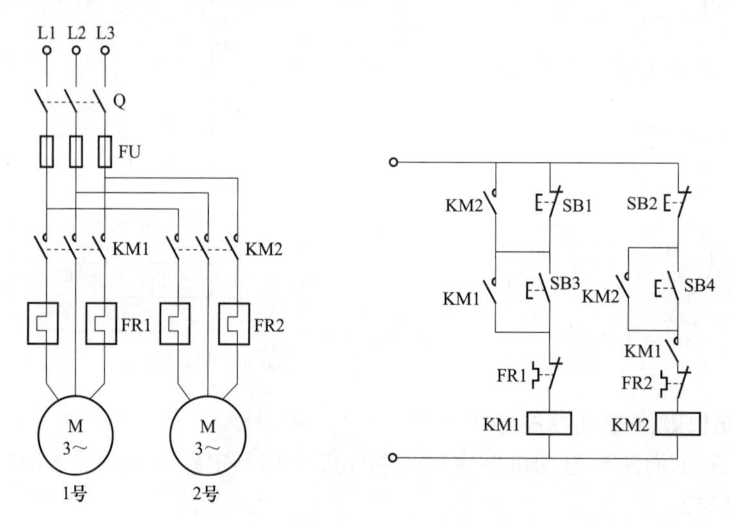

图 6－16　两台电动机顺序启动逆序停止控制电路

启动顺序为：先 M1 后 M2；停止时：先 M2 后 M1。

特别提醒

电动机的控制顺序由控制电路实现，不能由主电路实现。时间继电器不允许长时间供电。

6.2.4　三相异步电动机启动控制

1. 电动机直接启动控制

在三相电动机启动时，将电源电压全部加在定子绕组上的启动方式称为全压启动，也称为直接启动。全压启动时，电动机的启动电流可达到电动机额定电流的 4～7 倍。容量较大的电动机的启动电流对电网具有很大的冲击，将严重影响其他用电设备的正常运行。因此，直接启动方式主要应用于小容量电动机的启动。

在生产实际中，鼠笼式异步电动机能否直接启动，主要取决于下列条件。

（1）电动机自身要允许直接启动。对于惯性较大、启动时间较长或启动频繁的电动机，过大的启动电流会使电动机老化，甚至损坏。

（2）所带动的机械设备能承受直接启动时的冲击转矩。

（3）电动机直接启动时所造成的电网电压下降不致影响电网上其他设备的正常运行。具体要求是：经常启动的电动机，引起的电网电压下降不大于 10%；不经常启动的电动机，引起的电网电压下降不大于 15%；当能保证生产机械要求的启动转矩，且在电网中引起的电压

波动不致破坏其他电气设备工作时，电动机引起的电网电压下降允许为20%或更大；由一台变压器供电给多个不同特性负载，而有些负载要求电压变动小时，允许直接启动的异步电动机的功率要小一些。

（4）电动机启动不能过于频繁。因为启动越频繁给同一电网上其他负载带来的影响越多。

2. 采用刀开关直接启动电动机的控制

采用刀开关直接启动电动机的控制电路如图6－17所示。小型台钻、砂轮机、机床的冷却泵等小容量电动机的启动一般都采用这种启动控制方式。只要将刀开关QS（或者组合开关）合上，电动机就开始运转；断开刀开关QS，电动机立即停止运转。由于刀开关的灭弧能力差，如果线路中的电流太大，拉闸时要产生电弧，容易发生危险。

3. 接触器自锁的电动机直接启动控制电路

采用接触器自锁的电动机直接启动控制电路如图6－18所示。

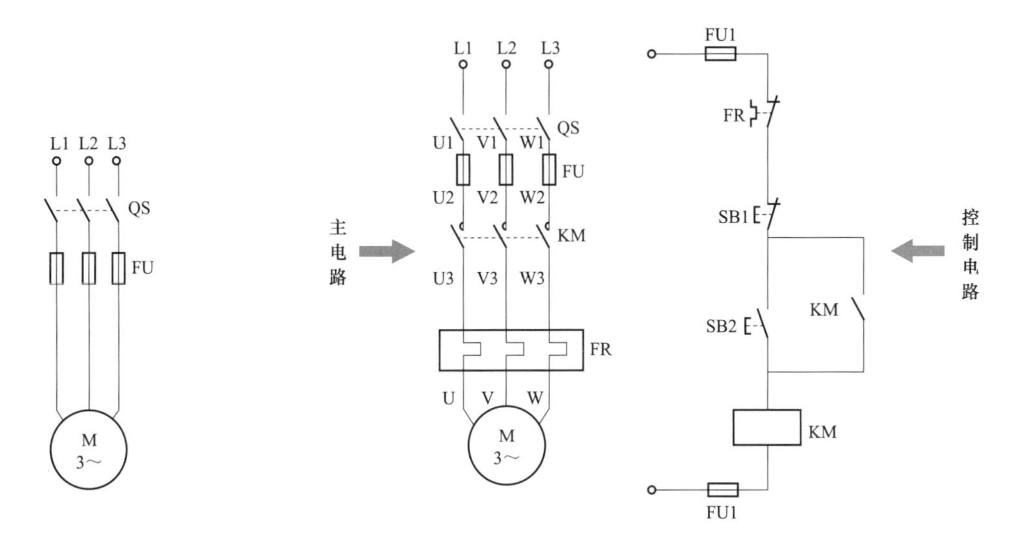

图6－17　采用刀开关直接启动电动机的控制电路

图6－18　采用接触器自锁的电动机直接启动控制电路

（1）主电路和控制电路。

1）主电路：三相电源经QS、FU、KM的主触点，连接到电动机三相定子绕组。

2）控制电路：用两个控制按钮SB1和SB2，控制接触器KM线圈的通、断电，从而控制电动机（M）的启动和停止。

（2）电路结构特点：接触器动合触点与按钮动合触点并联。KM自锁触点（即与SB2并联的动合辅助触点）的作用是当按钮SB2闭合后又断开，KM的通电状态保持不变，称为通电状态的自我锁定。停止按钮SB1，用于切断KM线圈电流并打开自锁电路，使主回路的电动机M定子绕组断电并停止工作。

（3）工作原理。

1）启动自锁正转过程为：（先合上电源开关 QS）

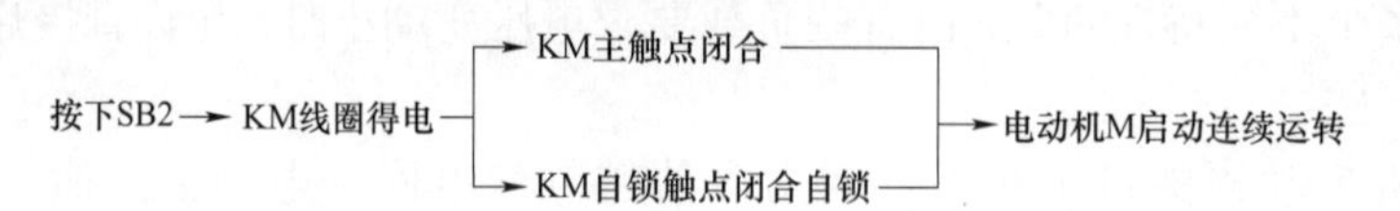

2）停止运转过程为：

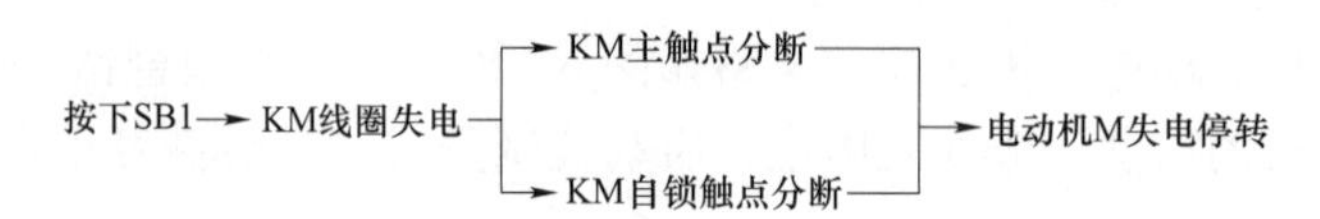

（4）电路功能：本控制电路不但能使电动机连续运转，而且还有一个重要的特点，就是具有欠电压保护、失电压（或零电压）保护和过载保护等功能。

1）欠电压保护。所谓欠电压保护，是指当电路电压下降到低于额定电压的某一数值时，电动机能自动脱离电源电压而停转，避免电动机在欠电压下运行的一种保护。因为当电路电压下降时，电动机的转矩随之减小，电动机的转速也随之降低，从而使电动机的工作电流增大，影响电动机的正常运行，电压下降严重时还会引起“堵转”（即电动机接通电源但不转动）的现象，以致损坏电动机。

接触器自锁正转控制电路可避免电动机欠电压运行，这是因为当电路电压下降到一定值（一般指低于额定电压 85%以下）时，接触器线圈两端的电压也同样下降到一定值，从而使接触器线圈磁通减弱，产生的电磁吸力减小。当电磁吸力减小到小于反作用弹簧的拉力时，动铁心被迫释放，带动主触点、自锁触点同时断开，自动切断主电路和控制电路，电动机失电停转，达到欠电压保护的目的。

2）失电压（或零电压）保护。失电压保护是指电动机在正常运行中，由于外界某种原因引起突然断电时，能自动切断电动机电源。当重新供电时，保证电动机不能自行启动，避免造成设备和人身伤亡事故。采用接触器自锁控制电路，因为接触器自锁触点和主触点在电源断电时已经断开，使控制电路和主电路都不能接通，所以在电源恢复供电时，电动机就不能自行启动运转，保证了人身和设备的安全。

3）过载保护。熔断器难以实现对电动机的长期过载保护，为此可采用热继电器 FR 实现对电动机的长期过载保护。当电动机为额定电流时，电动机为额定温升，热继电器 FR 不动作；在过载电流较小时，热继电器要经过较长时间才动作；过载电流较大时，热继电器很快就会动作。串接在电动机定子电路中的双金属片因过热变形，致使其串接在控制电路中的动断触点断开，切断 KM 线圈电路，电动机停止运转，实现过载保护。

4. 电动机降压启动控制

电动机的降压启动是在电源电压不变的情况下，降低启动时加在电动机定子绕组上的电压，限制启动电流，当电动机转速基本稳定后，再使工作电压恢复到额定值。常见降压启动方法有转子串电阻降压启动、Y/△启动、电抗降压启动、延边三角启动、软启动及自耦变压器降压启动等。这里仅介绍最常用的 Y/△启动和转子串电阻降压启动。

额定运行为△连接且容量较大的电动机，在启动时将定子绕组作 Y 连接，当转速升到一定值时，再改为△连接，可以达到降压启动的目的。这种启动方式称为三相异步电动机的 Y/△降压启动。Y/△降压启动就是在电机启动时绕组采用星型接法，当电机启动成功后再将绕组改接成三角型接线。Y/△降压启动方法简便、经济可靠。Y 连接的启动电压只有△接法的$1/\sqrt{3}$，启动电流是正常运行△连接的 1/3，启动转矩也只有正常运行时的 1/3，因而，Y/△启动只适用于空载或轻载的情况。

6.9　电动机 Y–△降压启动控制

如图 6–19 所示为几种常用的电动机 Y/△降压启动控制电路。

图 6–19（a）所示电路，电动机 M 的三相绕组的 6 个接线端子分别与接触器 KM1、KM2 和 KM3 连接。启动时，合上电源开关 QS，接触器 KM1 主触点的上方得电，控制电路也得电。按下启动按钮 SB2，接触器 KM1 和 KM2 的线圈同时得电（KM2 是通过时间继电器 KT 的动断触点和 KM3 的动断触点而带电工作的），此时异步电动机处于 Y 形接线的启动状态，电动机开始启动；因为 KM2 与 KM3 串联的动断辅助触点（互锁触点）断开，所以接触器 KM3 此时不通电。

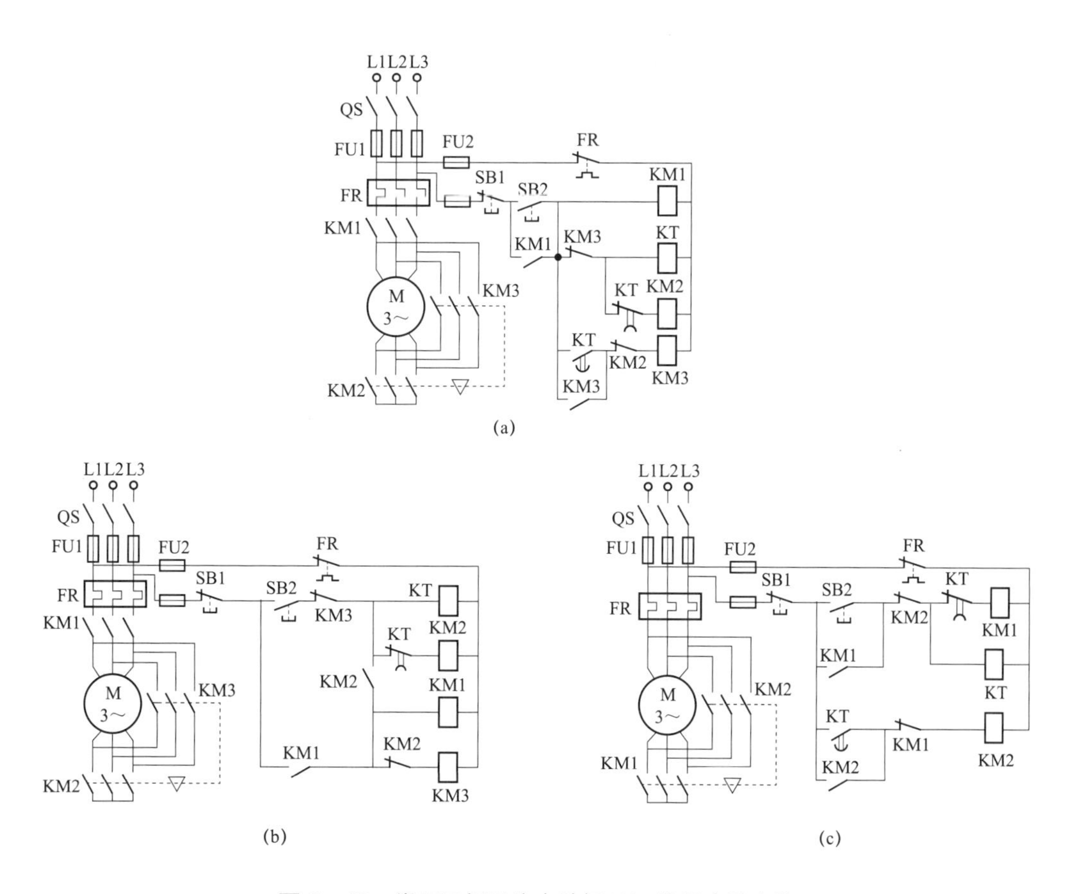

图 6–19　常用三相异步电动机 Y/△降压启动电路

KM1 动作后，时间继电器 KT 线圈通电后开始延时，在 KT 经过整定的延时的时间里，异步电动机启动、加速。继电器 KT 延时时间到后，KT 的所有触点改变状态，KM2 线圈断电，主触点断开，使 Y 形连接的异步电动机的中心点断开；KM2 线圈断电后，串接在 KM3 线圈回路的动断辅助触点 KM2 闭合，解除互锁。KM2 闭合后，接触器 KM3 的线圈回路接通，KM3 动作，其所有触点改变状态。KM3 线圈通电后，主触点闭合，此时电动机自动转换为△形连接运行，进行二次启动；与 KT 动合触点并联的动合触点闭合自锁；与 KT 和 KM2 线圈串联的动断辅助触点（互锁触点）断开，时间继电器 KT 和接触器 KM2 线圈断电，启动过程结束。

在图 6-19（a）所示的 Y/△降压启动电路中，由于 KM2 的主触点是带额定电压闭合的，要求触点的容量较大，而异步电动机正常运行时 KM2 却不工作，会造成一定的浪费。同时，若接触器 KM3 的主触点由于某种原因而熔粘，启动时，异步电动机将不经过 Y 形连接的降压启动，而直接接成△形连接启动，降压启动功能将丧失。因此，相对而言该电路工作不够可靠。如果在 KT 和 KM3 之间增加一个重动继电器（重动继电器实际和中间继电器的含义差不多，一般选用的是快速中间继电器，主要作用一是两个回路之间的电气隔离，二是提供了更多的接点容量），回路就会更加可靠。

比较而言，图 6-19（b）所示的控制电路可靠性较高。只有 KM3 动断触点闭合（没有熔粘故障存在），按下启动按钮 SB2，时间继电器 KT 和接触器 KM2 的线圈才能通电。KT 线圈通电后开始延时。KM2 线圈通电后所有触点改变状态。主触点在没有承受电压的状态下将异步电动机接成 Y 形连接；动合辅助触点 KM2 闭合使接触器 KM1 线圈通电；与 KM3 线圈串联的动断辅助触点（互锁触点）断开。KM1 线圈通电后，主触点 KM1 闭合，接通主电路，由于此时电动机已经接成 Y 形连接，电动机通电启动；KM1 的动合辅助触点（自锁触点）闭合，与停止按钮 SB1 连接，形成自锁。

KT 整定的延时时间到后，动断辅助触点 KT 断开，KM2 线圈失电，主触点 KM2 将 Y 形连接的异步电动机的中心点断开，为△连接做准备；与 KM3 线圈串联的动断辅助触点（互锁触点）复位闭合，使接触器 KM3 线圈通电。KM3 通电后，异步电动机接成△形连接，进行二次启动，同时与启动按钮 SB2 串联的互锁触点断开，启动过程结束。由于 KM2 的主触点是在不带电的情况下闭合的，因此 KM2 经常可以选择触点容量相对小的接触器。但从实际使用中看，若选择触点容量过小，当时间继电器的延时整定也较短时，容易造成 KM2 主触点拉毛刺或损坏，这是在实际使用时应该注意的问题。

图 6-19（c）所示的控制电路只用了两个接触器，实际上是由图 6-19（a）所示电路去掉 KM1 后重新对接触器进行编号而得的。该电路适用于对控制要求相对不高、异步电动机容量相对较小的场合。

特别提醒

Y/△降压启动是三相异步电动机常用的启动方法。启动时，电动机定子绕组 Y 连接，运行时△连接，如图 6-20 所示。额定运行状态是 Y 连接的电动机，不可以采用 Y/△降压启动。

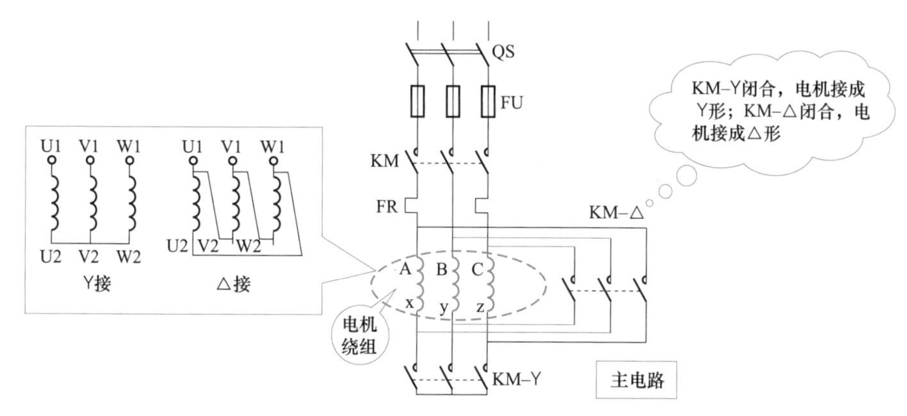

图 6-20　Y/△降压启动时绕组的接法

5. 定子串电阻降压启动控制电路

如图 6-21 所示是定子串电阻降压启动控制电路，其工作过程如下。

合上开关 QS，按下启动按钮 SB1，接触器 KM1 线圈得电，电动机串联电阻降压启动，如图 6-22（a）所示。待电动机起动后，由操作人员按下转换开关 SB2，接触器 KM2 线圈得电，KM2 触点闭合使电阻被短接，电动机全压运行，如图 6-22（b）所示。按下停止按钮 SB3，电动机停机。

6.10　定子串电阻降压启动控制

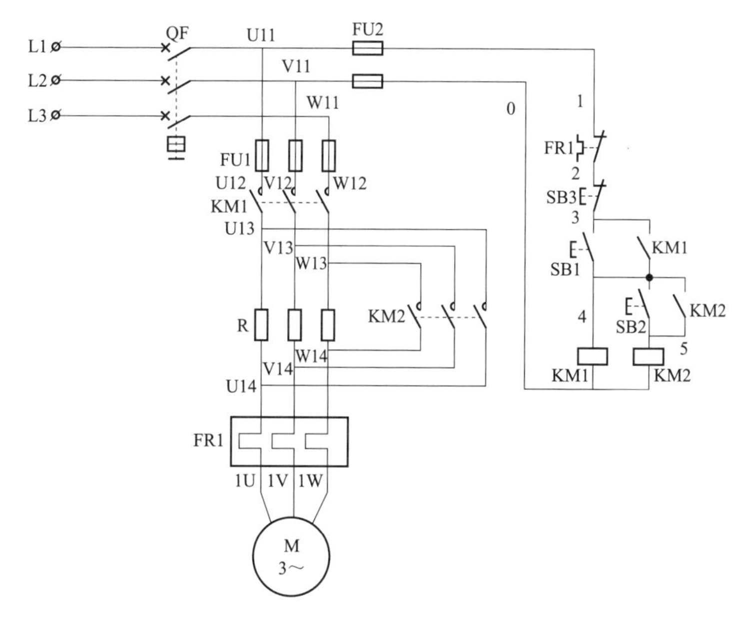

图 6-21　定子串电阻降压启动控制电路

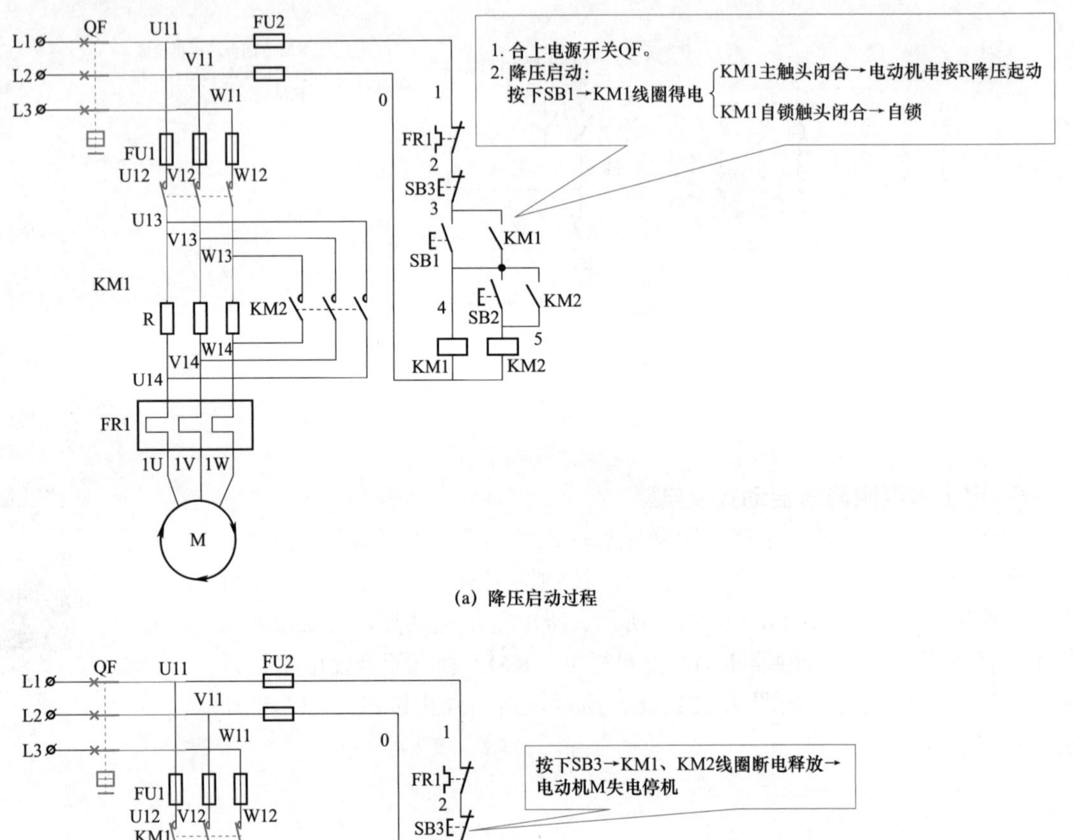

(a) 降压启动过程

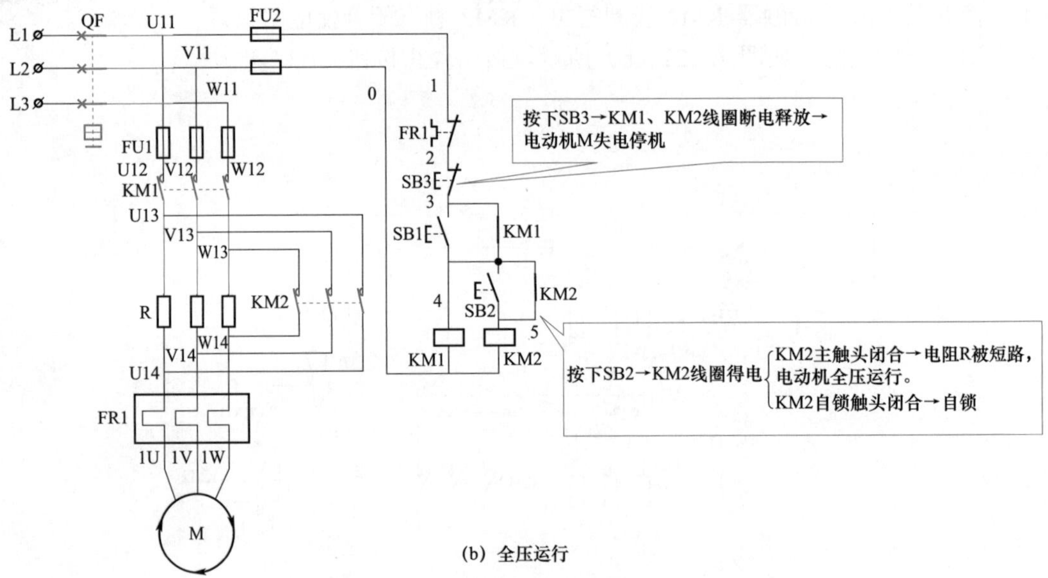

(b) 全压运行

图6-22　定子串电阻降压启动控制电路的工作原理

特别提醒

电动机启动时在三相定子电路中串接电阻，使电动机定子绕组电压降低，启动后再将电阻短路，电动机仍然在正常电压下运行。这种启动方式由于不受电动机接线形式的限制，设备简单，因而在中、小型机床中也有应用。机床中也常用这种串接电阻的方法来限制点动调

整时的启动电流。

手动控制线路在实际使用过程中，既不方便也不可靠，故一般均采用接触器、时间继电器来实现自动控制电路，如图 6－23 所示。其工作原理分析请观看本章的链接视频。

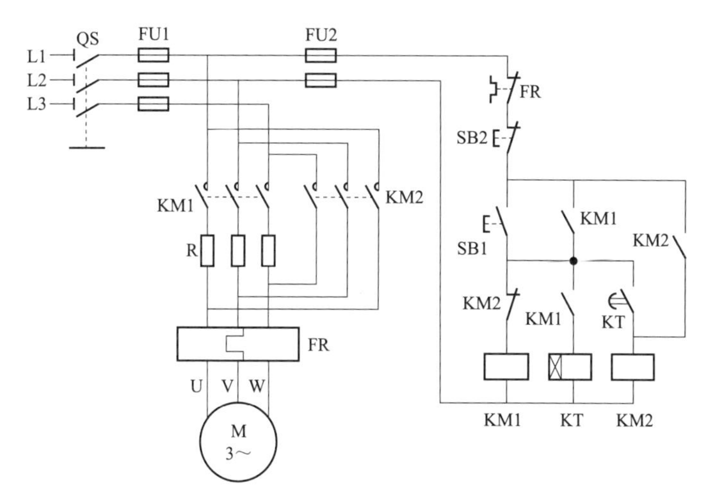

图 6－23　定子串电阻降压启动自动控制电路

6.2.5　三相异步电动机制动控制

在切断电源以后，利用电气原理或者机械装置使电动机迅速停转的方法称为电动机的制动。三相异步电动机的制动方法可分为机械制动和电气制动两大类。机械制动是利用外加的机械作用力，使电动机迅速停止转动。机械制动有电磁抱闸制动、电磁离合器制动等。电气制动是使电动机停车时产生一个与转子原来的实际旋转方向相反的电磁力矩（制动力矩）来进行制动。电气制动主要有反接制动、能耗制动、回馈制动等。

1. 反接制动控制电路

所谓反接制动，是在电动机切断正常运转电源的同时改变电动机定子绕组的电源相序，使之有反转趋势而产生较大的制动力矩的方法。反接制动的实质是使电动机欲反转而制动，因此当电动机的转速接近零时，应立即切断反接转制动电源，否则电动机会反转。实际控制中采用速度继电器来自动切除制动电源。图 6－24 所示为电动机反接制动控制电路。

6.11　电动机反接制动控制

（1）启动过程。先合上电源开关 QF。按下启动按钮 SB1→接触器 KM1 线圈得电→KM1 主触头闭合（同时 KM1 自锁触头闭合自锁；动断触点 KM1 断开，对 KM2 联锁）→电动机 M 直接启动，如图 6－25（a）所示。

（2）停止过程（反接制动）。当电动机转速升高后，速度继电器的动合触点 KS 闭合，为反接制动接触器 KM2 接通做准备。

停车时，按下复合停止按钮 SB2（动断触点断开，动合触点闭合）→接触器 KM1 断电释放→动断联锁触点 KM1 恢复闭合→KM2 线圈得电→KM2 主触头闭合（同时 KM2 自锁触头闭合自锁；动断触点 KM2 断开，对 KM1 联锁）→电动机反接制动→（电动机转速迅速

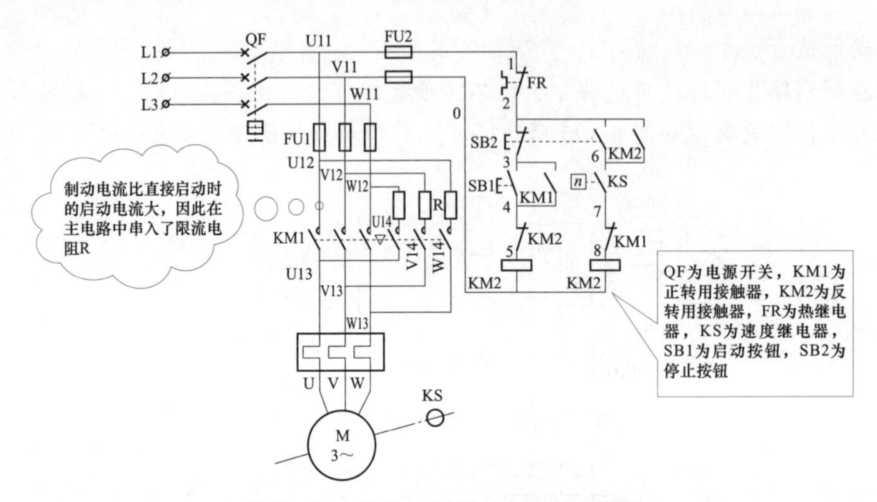

图6-24 电动机反接制动控制电路图

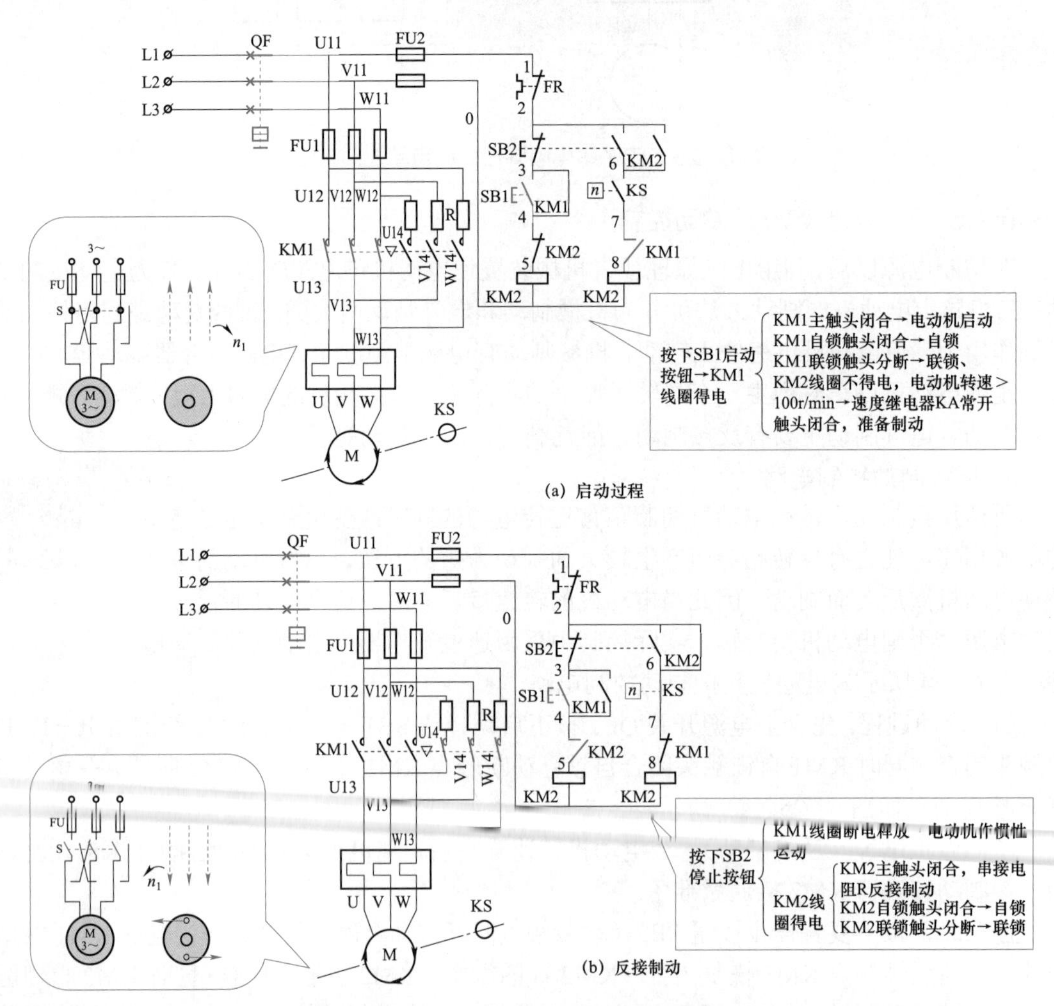

图6-25 电动机反接制动控制电路工作原理

降低，当转速接近于零时）速度继电器的动合触点 KS 断开→KM2 断电释放→电动机制动结束，如图 6－25（b）所示。

特别提醒

一般来说，速度继电器的释放值调整到 90r/min 左右，如释放值调整得太大，反接制动不充分；调整得太小，又不能及时断开电源而造成短时反转现象。

反接制动制动力强，制动迅速，控制电路简单，设备投资少，但制动准确性差，制动过程中冲击力强烈，易损坏传动部件。因此适用于不频繁启动与停止的 10kW 以下小容量的电动机制动，如铣床、镗床、中型车床等主轴的制动控制。

2. 能耗制动控制电路

所谓能耗制动，即在电动机脱离三相交流电源之后，定子绕组通入直流电流，利用转子感应电流与静止磁场的作用来达到制动的目的。能耗制动可以采用时间继电器与速度继电器两种控制形式。如图 6－26 所示是采用时间继电器的按时间原则控制的能耗制动电路。

6.12 电动机能耗制动控制

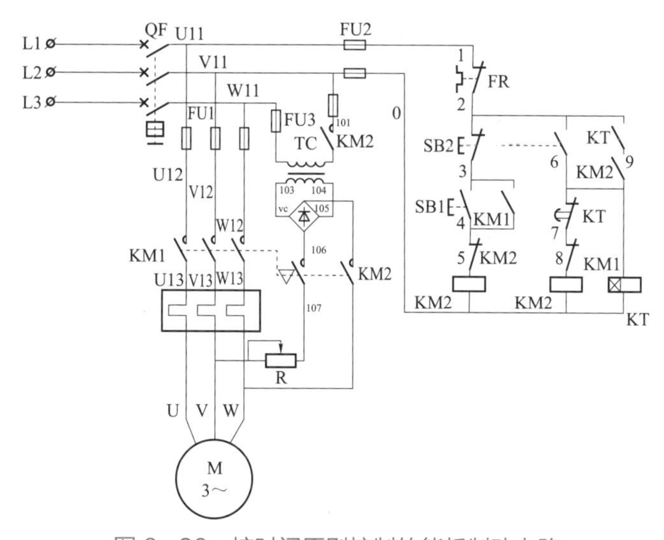

图 6－26 按时间原则控制的能耗制动电路

该电路中使用了 2 个接触器（KM1 和 KM2），1 个热继电器（FR），1 个时间继电器（KT），SB1 为启动按钮，SB2 为停止按钮，TC 为电源变压器，VC 为整流器。还使用了由变压器和整流元件组成的整流装置，KM2 为制动用接触器。R 为可调电阻，用于调节电动机制动时间的长短。

（1）启动与运行。启动时，先合上电源开关 QF。按下启动按钮 SB1→接触器 KM1 线圈得电→KM1 主触头闭合（同时 KM1 自锁触头闭合自锁；动断触点 KM1 断开，对 KM2 联锁）→电动机 M 启动，如图 6－27（a）所示。

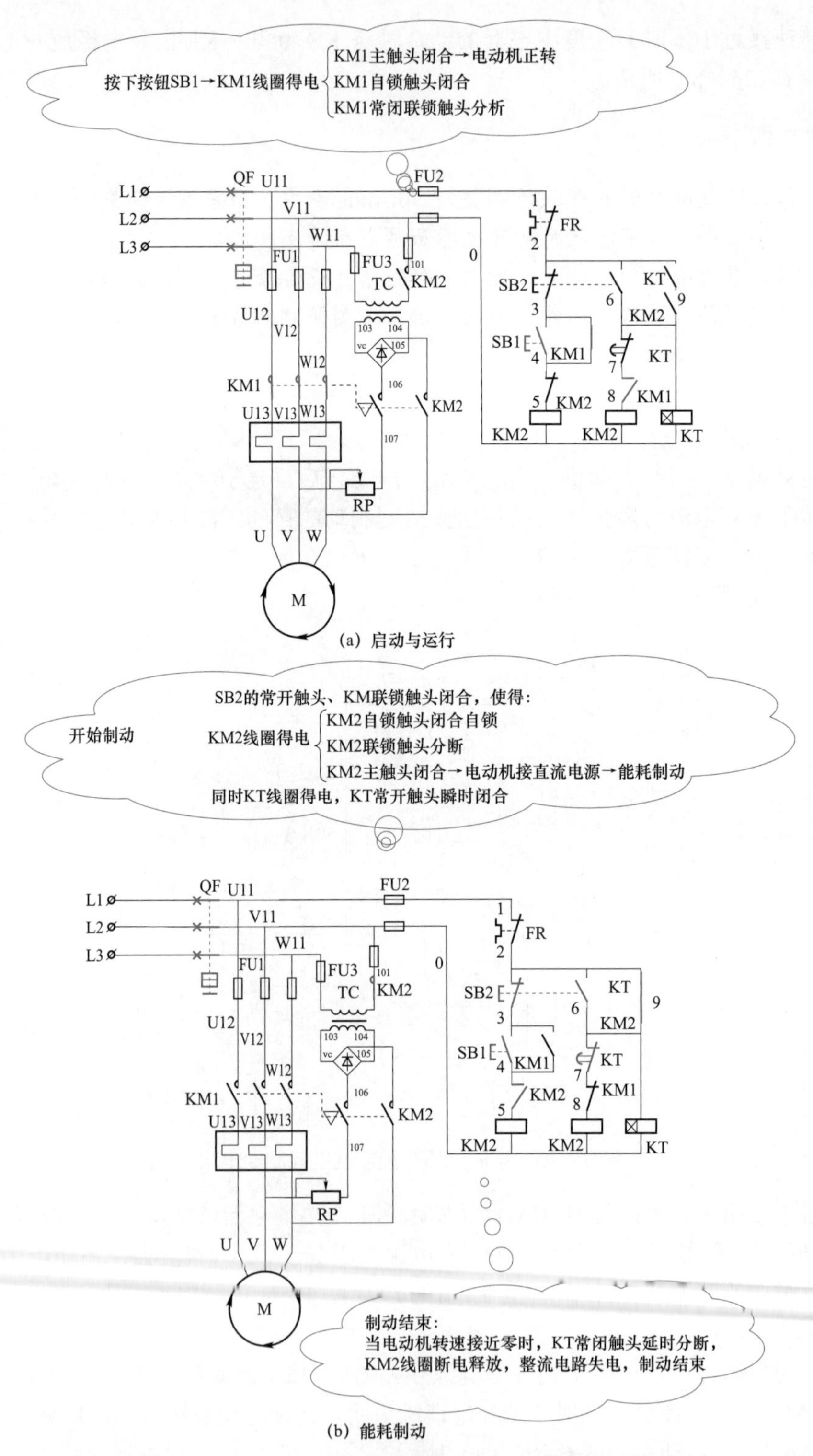

图6-27　按时间原则控制的能耗制动电路的工作原理

（2）停止过程（能耗制动）。按下复合停止按钮 SB1（动断触点断开，动合触点闭合）→接触器 KM1 断电释放（切断交流电源）→动断联锁触点 KM1 恢复闭合→KM2 线圈得电→KM2 主触头闭合将整流装置接通（同时 KM2 自锁触头闭合自锁；动断触点 KM2 断开，对 KM1 联锁）→电动机定子获得直流电源→能耗制动开始→KM2 得电使 KT 得电→经延时后使 KM2 失电→KT 也失电→能耗制动结束，如图 6－27（b）所示。

能耗制动作用的强弱与通入直流电流的大小和电动机转速有关，在同样的转速下电流越大制动作用越强。一般取直流电流为电动机空载电流的 3～4 倍，过大会使定子过热。在图 6－27 所示电路的直流电源中串接的可调电阻 RP，可调节制动电流的大小。

特别提醒

能耗制动与反接制动相比较，具有制动准确、平稳、能量消耗小等优点，但制动力较弱，在低速时尤为突出。另外，其还需要直流电源，因此适用于要求制动准确、平稳的场合，如磨床、龙门刨床及组合机床的主轴定位等。

在一些设备上，也可以采用一种手动控制的、简单的能耗制动电路，如图 6－28 所示。要停车时，按下 SB1 按钮，到制动结束时松开 SB1 按钮即可。

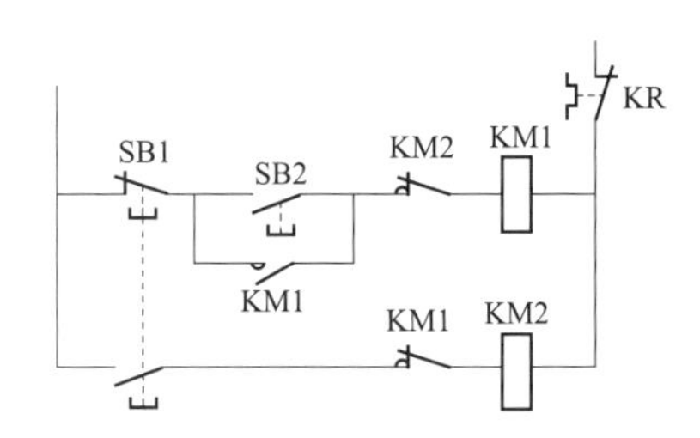

图 6－28　复合按钮控制的能耗制动回路（局部）

3. 机械制动控制电路

电动机机械制动又称为电磁抱闸制动，就是靠电磁制动闸紧紧抱住与电动机同轴的制动轮来制动的。电磁抱闸制动的优点是制动力矩大、制动迅速、停车准确，缺点是制动越快冲击振动越大。电磁抱闸制动有断电型电磁抱闸制动和通电型电磁抱闸制动。

6.13　电动机机械制动控制

断电电磁抱闸制动在电磁铁线圈一旦断电或未接通时，电动机都处于抱闸制动状态，例如电梯、吊车、卷扬机等设备。断电型电磁抱闸制动控制电路如图 6－29 所示。

下面简要分析其工作过程：

（1）合上电源开关 QF。

（2）按下启动按钮 SB1，接触器 KM 得电吸合，电磁铁绕组 YB 接入电源，电磁铁心向上移动，抬起制动闸，松开制动轮。KM 得电后，电动机接入电源，启动运转，如图 6－30（a）所示。

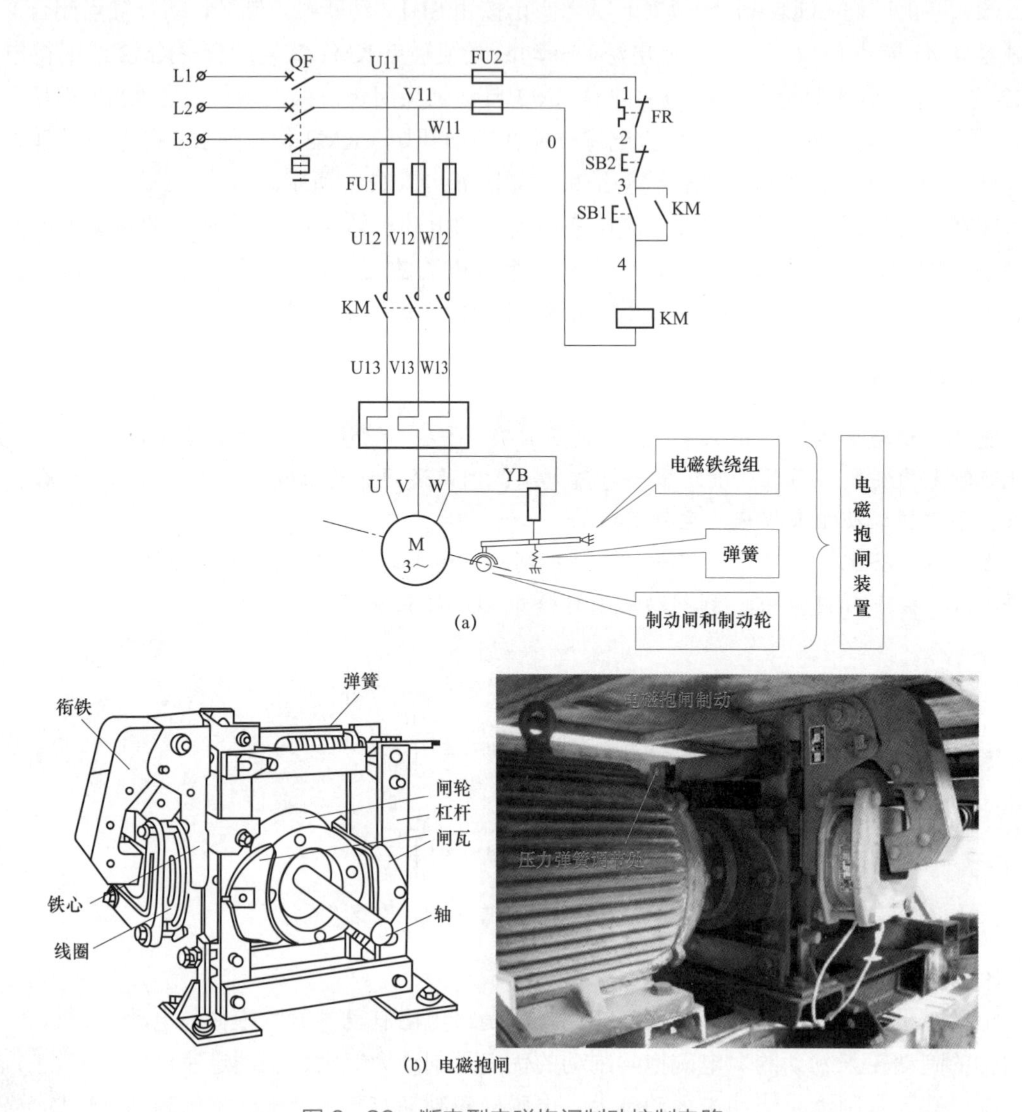

图 6–29 断电型电磁抱闸制动控制电路

（3）按下停止按钮 SB2，接触器 KM 失电，电动机和电磁铁绕组均断电，制动闸在弹簧的作用下紧压在制动轮上，依靠摩擦力使电动机快速停车，如图 6–30（b）所示。

特别提醒

电磁抱闸装置一般安装在电机的联轴器附近，电机停止期间电磁抱闸由弹簧机构压紧，电机轴处于锁死状态。开启电磁抱闸靠电磁线圈的磁力，并且电磁线圈和电机同步通电和停止。因此，断电型电磁抱闸制动控制不会因网络电源中断或电气线路故障而使制动的安全性和可靠性受影响。

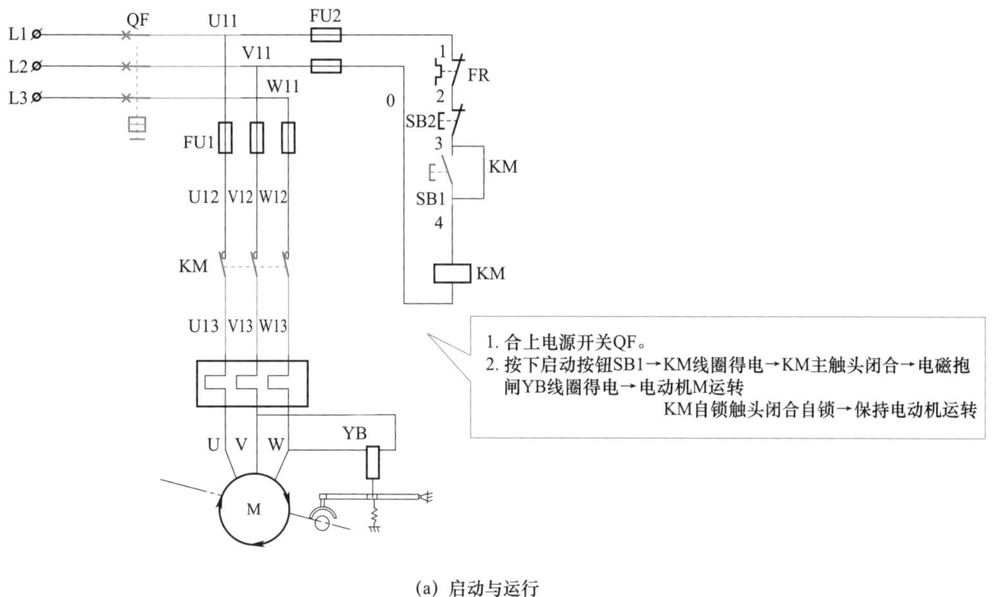

(a) 启动与运行

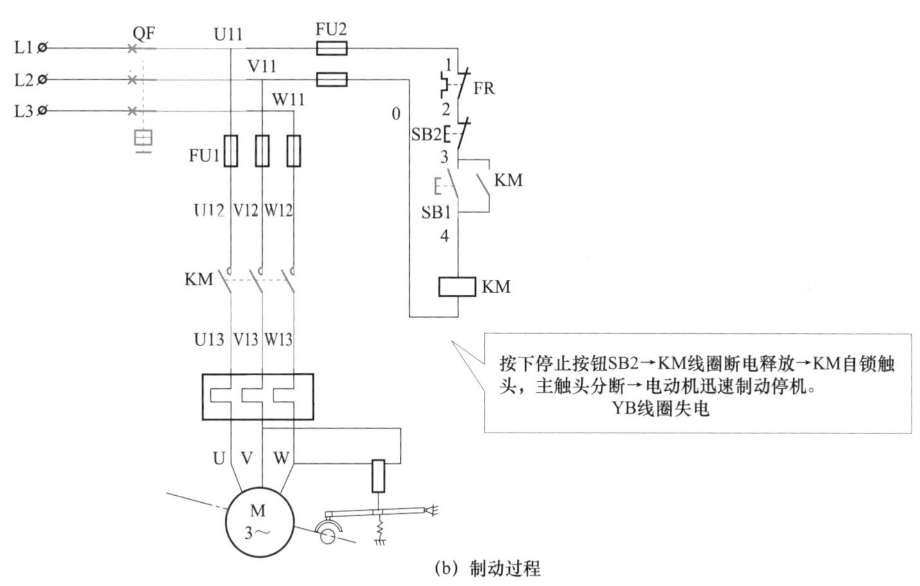

(b) 制动过程

图 6－30　断电型电磁抱闸制动控制电路工作过程

6.2.6　三相异步电动机正反转控制

三相异步电动机的正、反转控制就是在电动机的正向运转控制的基础上，在同一台电动机上加入反向运转控制。根据电磁场原理，要改变电动机的运转方向，只需改变通入交流异步电动机定子绕组三相电源的相序（即把接入电动机的三相电源进线中的任意两相对调接线），就可以实现电动机反向运转。最常用的正反转控制线路有倒顺开关正反转控制，接触器联锁正反转控制，按钮联锁正反转控制，按钮、接触器联锁正反转控制等。下面以接触器联锁正反转控制电路为例介绍其线路安装及常见故障检修方法，举一反三，读者可分析与掌握电动机的其他控制电路。

1. 控制电路分析

接触器联锁的电动机正反转控制电路如图 6-31 所示。

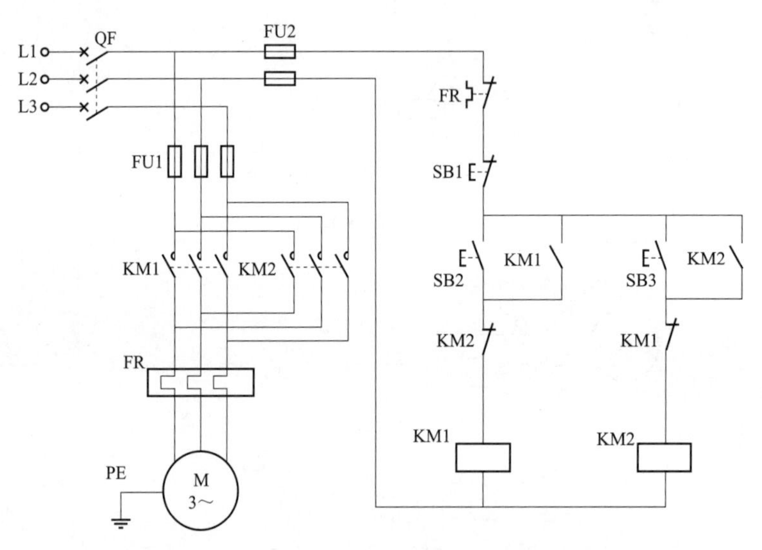

图 6-31　接触器联锁电动机正反转控制电路

（1）电路特点。电路中使用了 2 个接触器。其中，KM1 是正转接触器，KM2 为反转接触器。它们分别由正转按钮 SB2 和反转按钮 SB3 控制。从主电路图中可以看出，这 2 个接触器的主触点所接通的电源相序不同，KM1 按 L1-L2-13 相序接线，KM2 按 L2-L1-L3 相序接线。相应的控制电路有两条，一条是由按钮 SB2 和 KM1 线圈等组成的正转控制线路；另一条是由按钮 SB3 和 KM2 线圈等组成的反转控制线路。

（2）联锁原理。接触器 KM1 和 KM2 的主触点绝对不允许同时闭合，否则将造成两相电源（L1 和 L2）短路事故。为避免两个接触器 KM1 和 KM2 同时得电动作，就在正、反转控制线路中分别串接了对方接触器的一对动断辅助触点。这样，当一个接触器得电动作时，通过其动断辅助触点断开对方的接触器线圈，使另一个接触器不能得电动作，接触器间这种相互制约的作用称为接触器联锁（或互锁）。实现联锁作用的动断辅助触头称为联锁触点（或互锁触点）。

（3）工作过程分析。

1）正转/保持控制过程：

a. 合上电源总开关 QF 后，按下正转按钮 SB2→接触器 KM1 线圈得电→

{ KM1主触头闭合
KM1动合触头闭合形成自锁
KM1动断触头断开对KM2线圈形成联锁 } →三相电动机 M 得电正转。

b. 松开正转按钮 SB2→由于 KM1 动合触头闭合形成自锁→交流接触器 KM1 线圈仍然

得电→KM1 的主触头仍然闭合→三相电动机 M 持续得电并保持正转。

2）停止控制过程。当电动机正转之后，若要让电动机反转，则必须先让电动机停止。

按下停止按钮 SB1→接触器 KM1 线圈断电→

{ KM1主触头断开
KM1动合触头断开解除自锁
KM1动断触头闭合，并解除对KM2线圈形成的联锁 }→三相电动机 M 失电并停止转动。

3）反转/保持控制过程。反转控制之前，必须先使三相电动机 M 处于停止状态。

a. 按下反转按钮 SB3→接触器 KM2 线圈得电→

{ KM2主触头闭合
KM2动合触头闭合形成自锁
KM2动断触头断开对KM1线圈形成的联锁 }→三相电动机 M 得电并反转。

b. 松开反转按钮 SB3→由于 KM2 动合触头闭合形成自锁→交流接触器 KM2 线圈仍然得电→KM2 的主触头仍然闭合→三相电动机 M 持续得电并保持反转。

特别提醒

从以上分析可见，接触器联锁正反转控制线路的优点是工作安全可靠，缺点是操作不便。电动机从正转变为反转时，必须先按下停止按钮后，才能按反转启动按钮，否则由于接触器联锁作用，不能实现反转。

2. 元器件质量检测

（1）交流接触器的检测。

1）测试交流接触器触点。将数字万用表置于二极管和蜂鸣共用挡，用两表笔分别测试各组主/辅助触点的阻值，闭合的触点阻值应为 0Ω，断开的触点阻值读数应显示“1”。再用螺丝刀等工具按压交流接触器的传动机构，模拟接触器处于吸合状态，此时各个触点的状态发生转换，再用万用表测试各组触点阻值，仍然满足触点闭合时阻值为 0Ω，断开时读数显示“1”的关系。

若触点闭合时其阻值远大于 0Ω，或触点断开时阻值仍有一定阻值，都是不正常的，应查找原因并及时更换处理。

2）测试交流接触器线圈。将数字万用表置于 2k 挡，用两表笔接触线圈两端，查看此时读数，如果读数显示“1”，则更换大一挡后再测试。

特别提醒

交流接触器 LC1E09 的线圈阻值在 1.7kΩ 左右，若实测阻值过大或过小，则该线圈可能已经损坏。

（2）热继电器的检测。

1）测试热继电器触点。将数字万用表置于二极管和蜂鸣共用挡，用两表笔接触热继电器的动合（动断）触头，其阻值读数应为“1”（0Ω）；然后按压复位按钮并测同一触头阻值，此时阻值应转变为0Ω（阻值读数“1”）。

2）测试热继电器热元件。将数字万用表置于二极管和蜂鸣共用挡，两表笔接触热继电器的热元件两端，测得阻值应该在0Ω左右，若阻值读数为“1”，则可能是其内部开路或接触不良。

（3）断路器的检测。将数字万用表置于二极管和蜂鸣器共用挡（或电阻挡），断路器置于“OFF”状态，两表笔分别接触断路器对应的两个接线端，蜂鸣器应不响（显示屏显示“1”）。

将断路器置于“ON”状态，万用表两表笔分别接触断路器对应接线端，蜂鸣器应发出响声（显示屏显示“0”）。

（4）按钮开关的检测。将数字万用表置于二极管和蜂鸣共用挡，两表笔分别接触按钮的动合（动断）接线端，其阻值读数为“1”（0Ω）；然后按下按钮并重复之前操作，此时阻值应转变为0Ω（阻值读数为“1”）。

若触点闭合时其阻值远大于0Ω，以及触点断开时阻值仍有一定阻值，都是不正常的，应查找原因并及时更换处理。

6.14 元器件安装

（5）熔断器的检测。将数字万用表置于二极管和蜂鸣共用挡，两表笔接触熔断器接线端，测得阻值应该在0Ω左右，若阻值读数为“1”，则可能是熔断管内部开路或接触不良。

（6）端子排的检测。目视检查接线端子排外观应无缺损，螺钉、垫圈、接线桩等，应完整且无变形，用螺丝刀旋动各个螺钉、丝口，应无滑丝现象。

3. 电路安装

（1）固定元器件。安装低压电器规则及方法，见表6-6。

表6-6 安装低压电器规则及方法

序号	规则	方法及说明
1	边界要留够	器件安装在网孔板正面，各器件距离网孔板边界不少于50mm
2	横平竖又直	低压电器器件按照横平竖直进行整齐排列，不能斜方向安装
3	横竖要对齐	有接线关联的器件应尽量在水平或竖直方向上对齐，以方便布线
4	分类分区域	开关、熔断器应排布在网孔板正上方区域；交流接触器排布在网孔板正中央区域；按钮排布在网孔板右边或右下方区域；接线端子排排布在网孔板左边；热继电器排布在网孔板正下方
5	同类同区域	同类低压电器器件应尽量排布在同一个区域，并保持适当间距
6	异类留间距	不同类的器件之间要预留足够空间，以方便布线
7	设计后固定	将实物在网孔板上进行排布设计，排布好后，再用螺钉固定各个器件

用螺钉将元器件固定在控制板（网孔板）上，如图6-32所示。

图 6-32　元器件固定在网孔板上

6.15　主电路接线

（2）主电路接线。接线时，可先连接主电路。主电路由断路器 QF、熔断器 FU1、接触器 KM1 的主触头、接触器 KM2 的主触头、热继电器 FR 的主触头、电动机 M 组成。主电路的接线步骤及方法见表 6-7。

表 6-7　　主电路接线步骤及方法

步骤	操作方法	图示
1.拉直导线	可以用脚踩住铜芯线的一端，双手向上使劲拉另一端，将单股铜芯线拉直，也可以用拉线器拉直导线	
2. 剪切导线	根据连接器件之间的距离长短，用尖嘴钳剪切一段长度适中的 $2.5mm^2$ 单股铜芯导线	

续表

步骤	操作方法	图示
3. 穿号码管	将每根线的两个号码管穿到导线中间，注意不要让号码管掉落	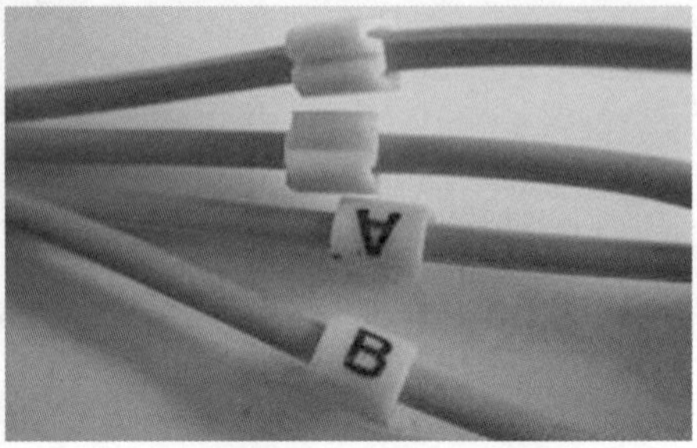
4. 剥削导线	距离导线端头5mm处，用剥线钳将导线一端的绝缘层剥去，注意把握剥削长度	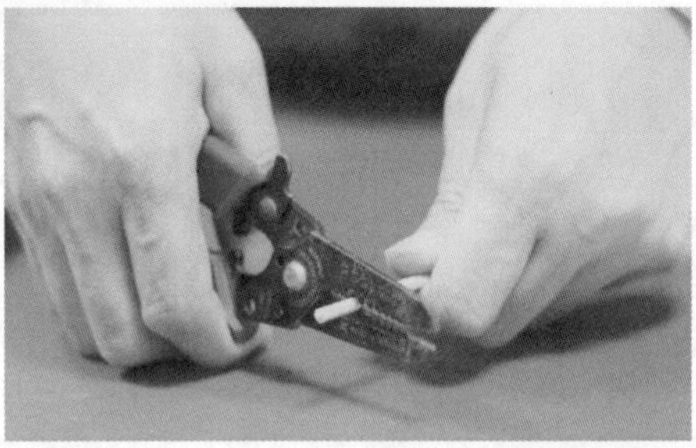
5. 计划弯折位置	将接线端的螺钉拧松，导线端头放入接线端。根据空间位置大小，在距离接线端头约30mm（约两个指头宽）宽处，计划弯折位置	
6. 弯折导线	在计划弯折的位置，用螺丝刀抵住导线，用手将导线弯折成90°圆角	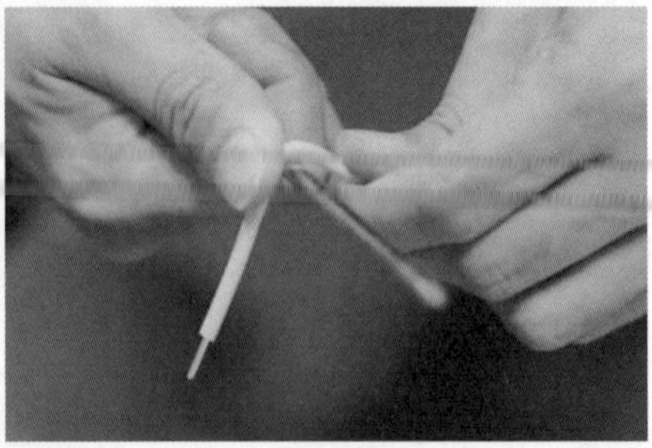

续表

步骤	操作方法	图示
7. 再次弯折导线	将初次弯折的导线又放到元器件之间，根据空间位置计划下一个弯折位置，用步骤 6 的方法弯折导线	
8. 连接导线	去掉导线两端绝缘层后，分别将导线的两端固定在相应的接线桩上，再将号码管移到导线的两个端头	

按照电路原理图和接线工艺要求安装好的主电路成品如图 6-33 所示。

布线工艺口诀
布线工艺，横平竖直；
转弯直角，长线沉底；
走线成束，端头处理；
不压不露，不伤导线。

图 6-33　主电路安装成品图

（3）控制电路接线。控制电路由熔断器 FU2、热继电器 FR 的动断触头、按钮 SB1 的动断触头、按钮 SB2 的动合触头、按钮 SB3 的动合触头、接触器 KM1 的动合和动断触头、接触器 KM2 的动合和动断触头、接触器 KM1 的线圈和接触器 KM2 的线圈等组成。控制电路可用多芯铜软线进行连接，要严格按照编制的号码管从小号到大号的顺序进行安装，这样可以避免接线混乱，其接线步骤及方法见表 6-8。

表6-8　控制电路接线步骤及方法

步骤	操作方法	图示
1. 剪线，穿号码管	根据两个元器件接线端之间距离，剪切对应长度的导线，剪切时要留一定余量，再将对应的两个号码管穿入导线中	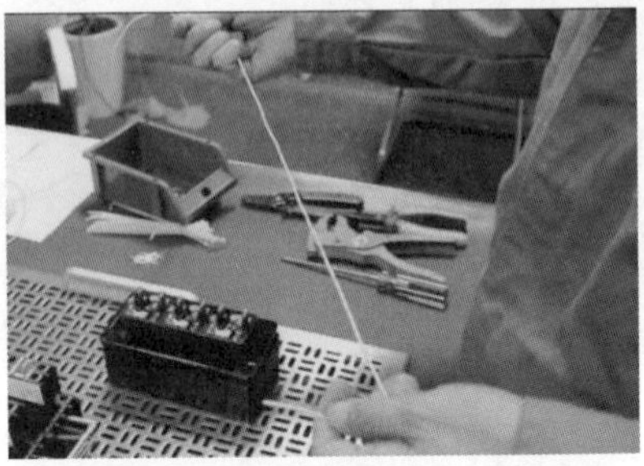
2. 制作接线针或接线叉	若接线端是瓦型接线桩，先制作接线针；若接线端是平压式接线桩，先制作接线叉	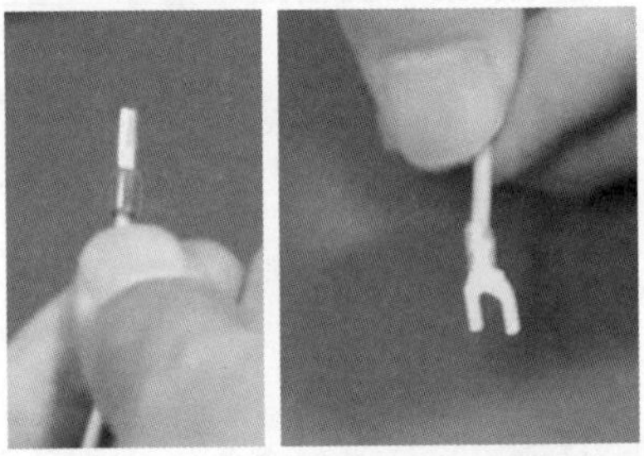
3. 固定导线	用螺丝刀将导线的两端（已制作成接线针或接线叉）固定到接线桩上，并将号码管移动到接线端头上，然后依序连接各根控制线	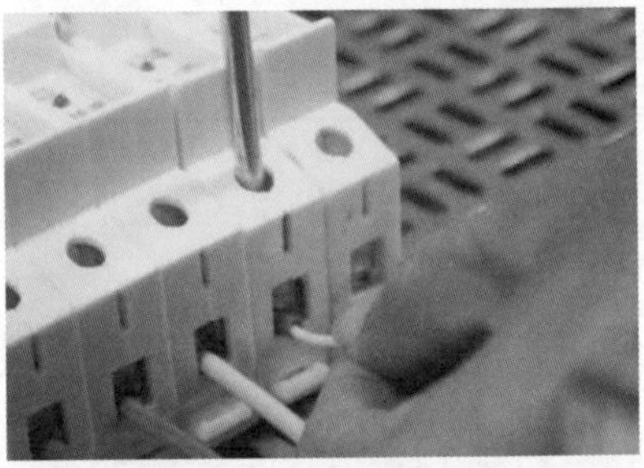
4. 检查接线	将所有控制导线按照上述方法连接完成后，检查每根控制线是否连接正确及工艺是否达标	

特别提醒

接线完毕，要根据电路图进行逐一核对，检查接线有无错误，接头是否接触良好。及时处理发现的问题。

4. 电路调试

（1）外观检查。

6.16　控制电路安装

1）检查有无绝缘层压入接线端子。若有绝缘层压入接线端子，通电后会使电路无法接通。

2）检查裸露的导线线芯是否符合规定。

3）检查所有端子与导线的接触情况，不允许有松脱。

（2）通电前的检查。

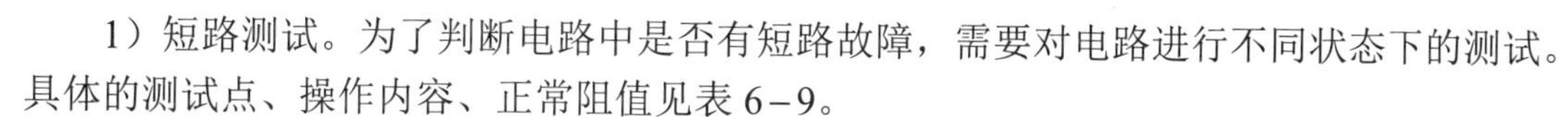

1）短路测试。为了判断电路中是否有短路故障，需要对电路进行不同状态下的测试。具体的测试点、操作内容、正常阻值见表6-9。

表6-9　三相电动机正反转电路短路测试

序号	操作内容	用数字万用表2k挡，测接线端子排上的接线端		
		L1、L2之间阻值	L2、L3之间阻值	L1、L3之间阻值
1	不按任何按钮	无穷大	无穷大	无穷大
2	按下SB2	几百欧姆	无穷大	无穷大
3	按下SB3	几百欧姆	无穷大	无穷大
4	用螺丝刀压下KM1的传动机构	几百欧姆	无穷大	无穷大
5	用螺丝刀压下KM2的传动机构	几百欧姆	无穷大	无穷大

特别提醒

若实际测试值为0Ω或很小，则电路可能有短路性故障，应及时查找原因，排除故障。

6.17　控制电路检测

2）开路测试。开路测试是为了判断电路中是否有开路故障，具体的测试点、操作内容、正常阻值参看表6-10。

表6-10　三相电动机正反转电路开路测试

序号	操作内容	用数字万用表2k挡，测接线端子排上的接线端			
		L1、L2之间阻值	L1和电动机U之间阻值	L2和电动机V之间阻值	L3和电动机W之间阻值
1	按下SB2	几百欧姆	不测	不测	不测
2	按下SB3	几百欧姆	不测	不测	不测
3	用螺丝刀压下KM1的传动机构	几百欧姆	0Ω	0Ω	0Ω
4	用螺丝刀压下KM2的传动机构	几百欧姆	0Ω	0Ω	0Ω

特别提醒

若实际测试值为无穷大或很大，则可能电路有开路性故障，应及时查找原因，排除故障。

6.18 不带负载试车

5. 通电试车

（1）不带负载试车。先关闭三相电源，用三根导线将接线端子排上的L1、L2、L3与三相电源相连，再闭合三相断路器，观察电路应无任何动作。

用单手按下按钮SB2，此时接触器KM1应吸合；再按下SB1，此时接触器KM1应复位；然后按下SB3，此时接触器KM2应吸合。若检查结果与此相符，则表明电路控制功能正常。

在通电状态下，分别在KM1、KM2吸合时，用数字万用表的AC750V挡，测接线端子排上的电动机接线端子U、V、W之间的电压（UV、UW、VW三组），测得三组电压都应在380V左右。若测试值与此相符，则表明主电路功能正常，如图6－34所示。

图6－34 测接线排上电动机接线端电压

6.19 正反转带负载试车

（2）带负载试车。在前述状态正常的情况下，关闭三相电源，将三相电动机的接线端与接线端子排上的U、V、W相连接。接通电源，分别按下SB2、SB1、SB3，则电动机应正转、停止、反转。

特别提醒

带负载试车时，因为电动机从转动到停止有一个惯性过程，所以操作按钮进行电动机状态转换时，要间隔足够时间再进行下一步操作。禁止让电动机频繁转换，以防电动机被人为损坏。

6. 整理线路

试车完毕，用扎带将控制线沿布线路径依序绑扎，绑扎间距为50mm左右，如图6－35所示，并剪去多余的线头。

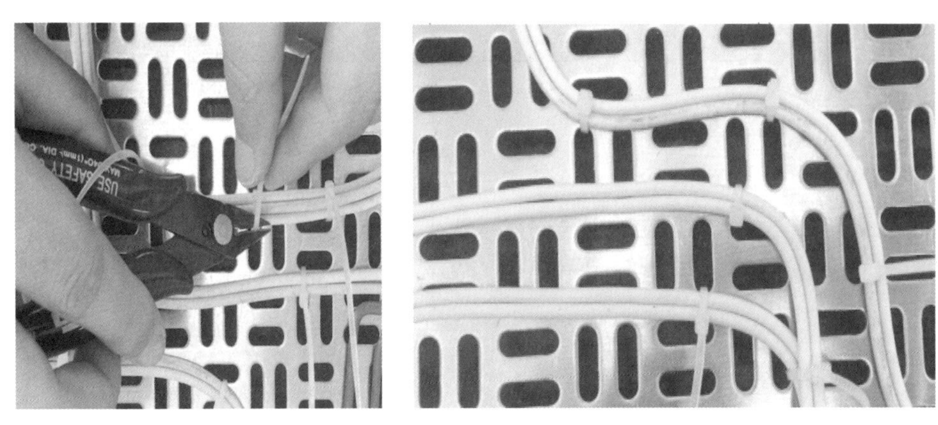

图 6-35　整理控制线路连接线

7. 电路故障检修

（1）常见故障分析与处理。能够排除电路故障是维修电工的关键技能之一。排除故障，应先通电试车，根据故障现象分析原因，再判断故障可能发生的部位。

我们前面安装的电动机正反转电路出现故障，可能出现的故障及处理方法见表 6-11。

6.20　正反转电路故障检修

表 6-11　　电动机正反转电路常见故障分析与处理方法

序号	故障现象	故障分析与处理方法
1	主电路不带电	此时可能开关没有闭合，或熔断器已烧坏，也有可能是主触点接触不良，可用万用表测量，然后确定问题所在
2	电路少相	表现为电机转速慢，并产生较大的噪声，此时可以此测量三相电路，确定少相的线路，并加以调整
3	电路短路	必须对整个电路进行测量检查
4	控制电路无自锁	因为交流接触器 KM1（或 KM2）的动合触点没有与开关 SB2（SB3）并联，并与线圈串联在一起。当出现此问题时，检测是 KM1 无自锁还是 KM2 无自锁，若是 KM1 则应检测 KM1 的动合触点，否则查看 KM2
5	控制电路无互锁	因为两个交流接触器 KM1、KM2 的动断触点没有互相控制彼此的线圈电路，即 KM1（KM2）的动断触点没有串联于 KM2（KM1）的线圈电路中

（2）检修实例。

故障现象：电路接通三相电源后，按 SB3 时继电器 KM2 不动作，电动机不转动，其他功能正常。

故障分析：本电路按 SB2 时功能正常，说明主电路，以及控制电路中的熔断器 FU2、热保护器 FR 都正常。故障范围在控制电路中的 SB3、KM2 辅助动合触头、KM1 辅助动断触头、KM2 线圈及连接导线部分。可按照表 6-12 中的步骤进行维修。

表 6－12　　按 SB3 时继电器 KM2 不动作故障维修

步骤	操作内容	图示
1. 测输入端	将三相电源关闭，三相断路器拨到断开位置，再将数字万用表置于电阻 2K 挡，两支表笔接触熔断器 FU2 的两个输入接线端	
2. 按按钮时测试	按下按钮 SB3，数字万用表显示阻值为“1”，此时正常阻值应为 800Ω 左右，说明电路内有开路故障，需要进一步测量来缩小故障范围	
3. 模拟吸合时测试	用螺丝刀按压交流接触器 KM2 的机械传动部分，使 KM2 处于吸合位置，测得此时的阻值为 798Ω，阻值正常。根据电路原理可知：控制电路中的 KM2 辅助动合触头、KM1 辅助动断触头、KM2 线圈及其连接线均正常。怀疑是 SB3 按钮部分问题	
4. 修复	用螺丝刀拆下按钮盒的固定螺钉，取出三联按钮的外壳，发现按钮 SB3 的一个接线端子已经松脱，形成了开路故障，至此故障已经查明。用螺丝刀将该接线端重新拧紧固定，故障排除	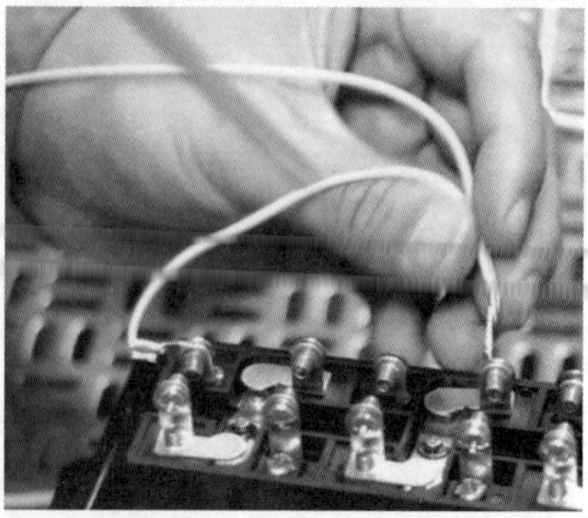

第7章

变频器和PLC的应用

7.1 变频器应用基础

7.1.1 变频器简介

1. 变频器的作用

7.1 认识变频器

变频器或变频驱动器（VFD）是一种电气设备，可将一种频率的电流转换为另一种频率的电流，即把工频电源（50Hz或60Hz）变换成频率为0～400Hz的交流电源，以实现电机变速运行的设备。其可与三相交流电动机、减速机构（视需要）构成完整的传动系统，如图7-1所示。

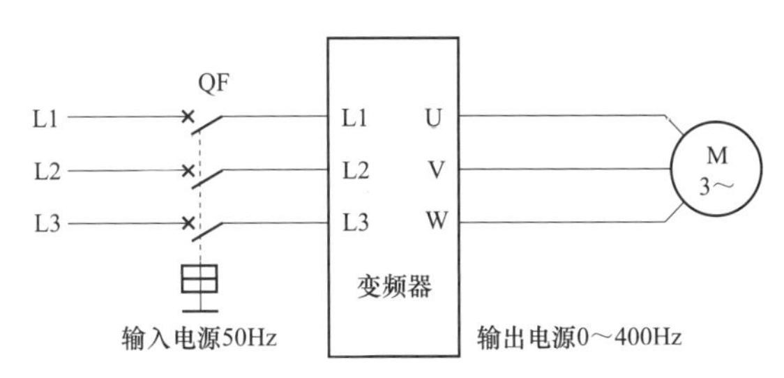

图7-1 变频器的频率变换

变频器的主要作用是调整电机的转速，实现电机的变速运行，以达到节能目的。具体来说，变频器具有以下作用。

（1）可以减少对电网的冲击，不会造成峰谷差值过大的问题。

（2）加速功能可控制，从而按照用户的需要进行平滑加速。

（3）电机和设备的停止方式可控制，使整个设备和系统更加安全，寿命也会相应增加。

（4）控制电机的电流，充分降低电流，使电机的维护成本降低。

（5）可以减少机械传动部件的磨损，从而提高系统稳定性。

（6）降低电动机启动电流，提供更可靠的可变电压和频率。

（7）有效地减少无功损耗，增加了电网的有功功率。

（8）优化工艺过程，能通过远控PLC或其他控制器来实现速度变化。

在交流调速技术中，变频调速具有绝对优势，特别是节电效果明显，而且易于实现过程自动化，深受工业行业的青睐。变频器的应用范围很广，从小型家电到大型的矿场研磨机和压缩机。能源效率的显著提升是使用变频器的主要原因之一。

使用变频器的电动机，启动和停机的过程平稳，可减少对设备的冲击力，延长电动机及生产设备的使用寿命。

特别提醒

变频前、后电压一般相同。使用变频器具体的节能效果与电动机运行的工艺有关。如果电动机经常运行在低速度时，采用变频器能大量节能；如果电动机自始至终是满负荷运行，那么也没有必要采用变频器。

2. 变频器的分类

根据不同的分类方法，变频器的种类很多，见表7－1。

表7－1　变频器的分类

序号	分类依据	种类
1	依据变频原理分	交－交变频器、交－直－交变频器
2	依据控制方式分	压频比控制变频器、转差频率控制变频器、矢量控制变频器、直接转矩控制变频器
3	依据用途分	通用变频器、专用变频器
4	按逆变器开关方式分	PAM（脉冲振幅调制）变频器、PWM（脉宽调制）变频器
5	按电压等级分	高压变频器（3、6、10kV）、中压变频器（660、1140V）、低压变频器（220、380V）
6	按主电路工作方法分	电压型变频器、电流型变频器

常见的中、小容量变频器主要有两大类：节能型变频器和通用型变频器。

（1）节能型变频器。节能型变频器的负载主要是风机、泵、二次方律负载，它们对调速性能的要求不高，因此节能型变频器的控制方式比较单一，一般只有 U/f 控制，功能也没有那么齐全，但是其价格相对要便宜些。

（2）通用型变频器。主要用在生产机械的调速上。而生产机械对调速性能的要求（如调速范围，调速后的动、静态特性等）往往较高，如果调速效果不理想会直接影响到产品的质量，所以通用型变频器必须使变频后电动机的机械特性符合生产机械的要求。因此这种变频器功能较多，价格也较贵。它的控制方式除了 U/f 控制，还使用了矢量控制技术。因此，在各种条件下均可保持系统工作的最佳状态。

除此之外，高性能的变频器还配备了各种控制功能，如PID调节、PLC控制、PG闭环速度控制等，为变频器和生产机械组成的各种开、闭环调速系统的可靠工作提供了技术支持。

3. 交–交变频器与交–直–交变频器的性能

交–交变频器与交–直–交变频器的性能比较如表 7–2 所示。

表 7–2　交–交变频器与交–直–交变频器的性能比较

比较项目 \ 类别	交–直–交变频器	交–交变频器
换能形式	两次换能，效率略低	一次换能，效率较高
换流方式	强迫换流或负载谐振换流	电源电压换流
装置元器件数量	元器件数量较少	元器件数量较多
调频范围	频率调节范围宽	一般情况下，输出最高频率为电网频率的 1/3～1/2
电网功率因数	用可控整流调压时，功率因数在低压时较低；用斩波器或 PWM 方式调压时，功率因数高	较低
适用场合	可用于各种电力拖动装置、稳频稳压电源和不停电电源	特别适用于低速大功率拖动

特别提醒

专用变频器是一种针对某一种特定的应用场合而设计的变频器，为满足某种需要，这种变频器在某一方面具有较为优良的性能。如电梯及起重机用变频器等，还包括一些高频、大容量、高压等专用变频器。

7.1.2　变频器的结构及原理

1. 基本结构

虽然变频器的种类很多，其结构各有特点，但是大多数通用变频器都具有如图 7–2 所示的基本结构。它们的主要区别是控制软件、控制电路和检测电路实现的方法及控制算法等不同。

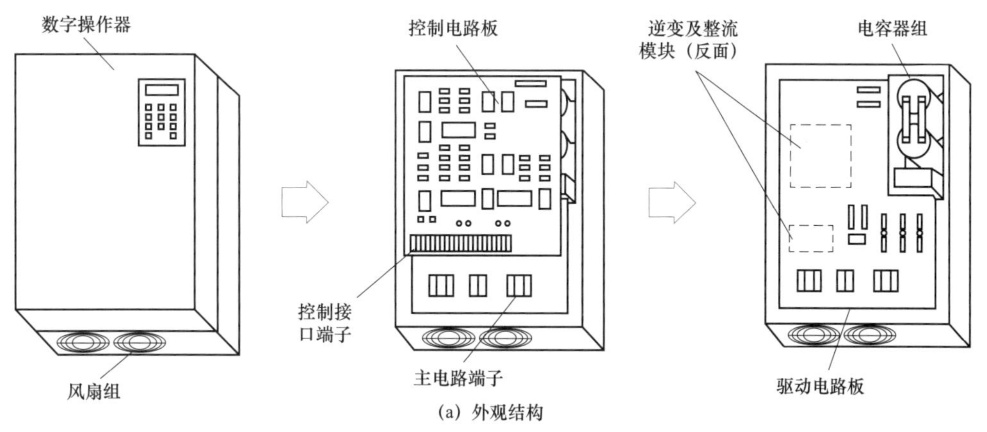

图 7–2　变频器的基本结构（一）

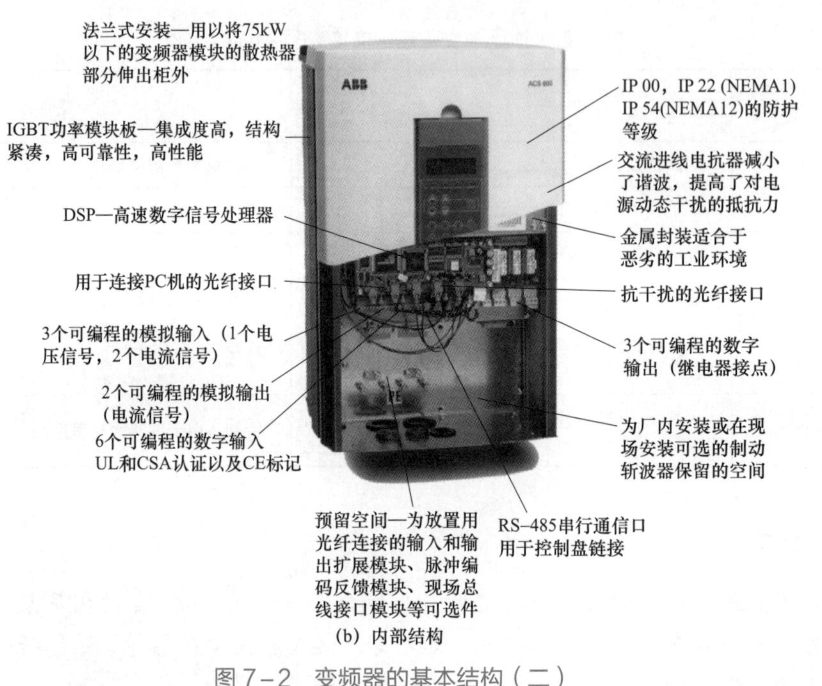

图 7-2　变频器的基本结构（二）

2. 电路结构

变频器的电路结构如图 7-3 所示，主要包括三个部分：一是主电路接线端，包括接工频电网的输入端（R、S、T），接电动机的频率、电压连续可调的输出端（U、V、W）；二是控制端子，包括外部信号控制端子、变频器工作状态指示端子、变频器与微机或其他变频器的通信接口；三是操作面板，包括液晶显示屏和键盘。

通用变频器由主电路和控制电路组成，其基本构成如图 7-4 所示。其中，给异步电动机提供调压调频电源的电力变换部分称为主电路，主电路包括整流器、中间直流环节（又称平波回路）和逆变器等。

（1）整流器。电网侧的变流器为整流器，其作用是把工频电源变换成直流电源。三相交流电源一般需经过压敏电阻网络引入到整流桥的输入端。压敏电阻网络的作用是吸收交流电网浪涌过电压，从而避免浪涌侵入，导致过电压而损坏变频器。

整流电路按其控制方式可以是直流电压源，也可以是直流电流源。电压型变频器的整流电路属于不可控整流桥直流电压源，当电源线电压为 380V 时，整流器件的最大反向电压一般为 1000V，最大整流电流为通用变频器额定电流的 2 倍。

（2）逆变器。负载侧的变流器为逆变器。与整流器的作用相反，逆变器是将直流功率变换为所需求频率的交流功率。

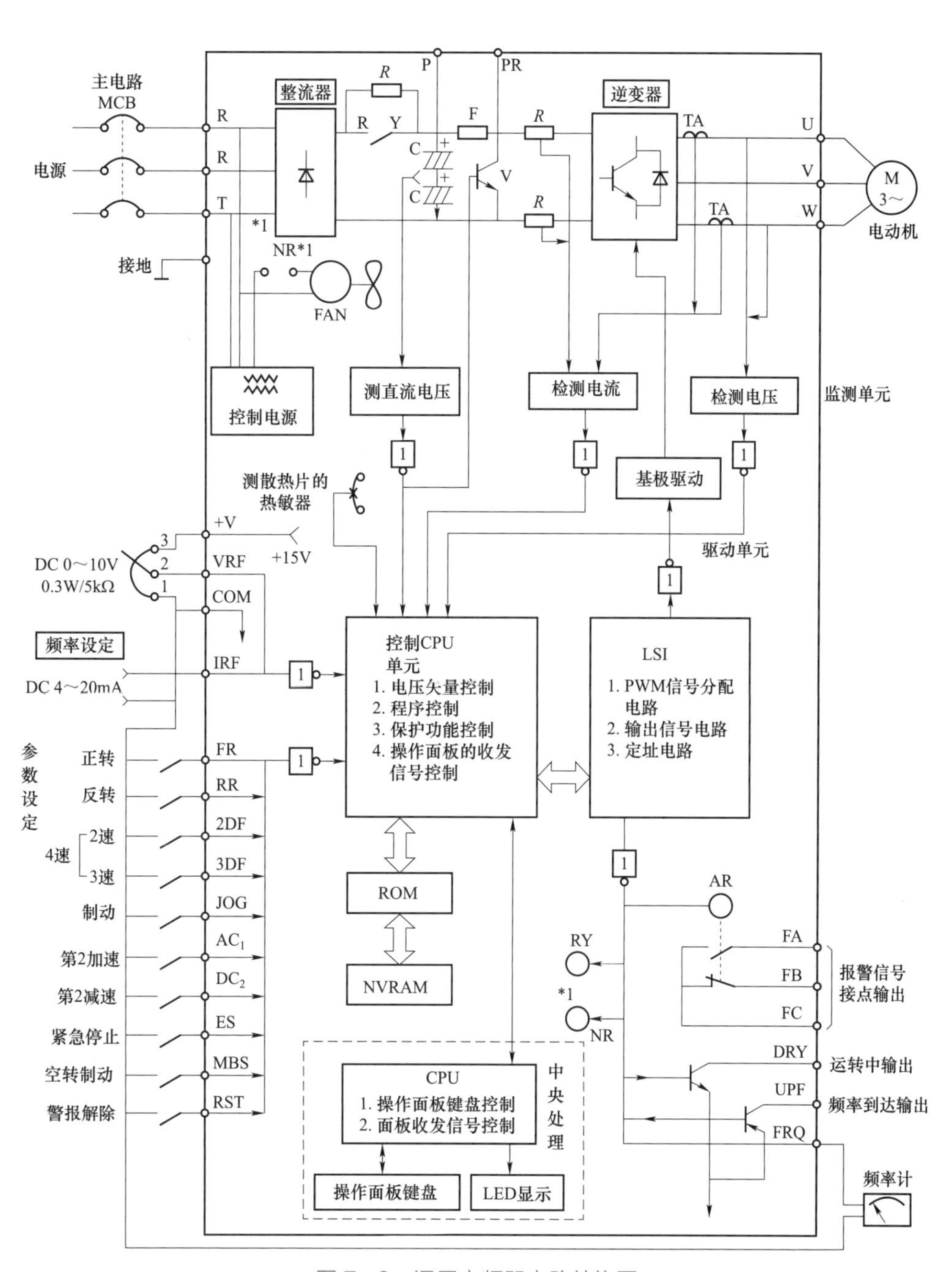

图7－3　通用变频器电路结构图

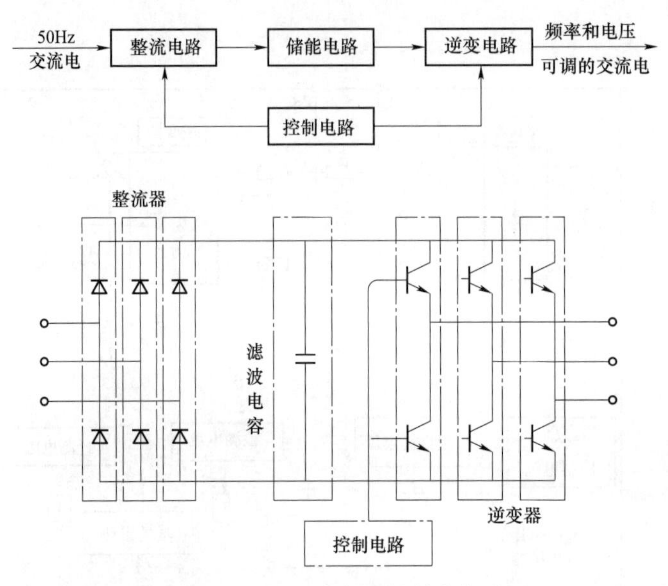

图 7-4 通用变频器的基本构成

逆变器最常见的结构形式是利用6个半导体主开关器件组成的三相桥式逆变电路。通过有规律地控制逆变器中主开关的导通和关断，可以得到任意频率的三相交流输出波形。

（3）控制电路。控制电路常由运算电路，检测电路，控制信号的输入、输出电路，驱动电路和制动电路等构成。其主要任务是完成对逆变器的开关控制，对整流器的电压控制，以及完成各种保护功能等。

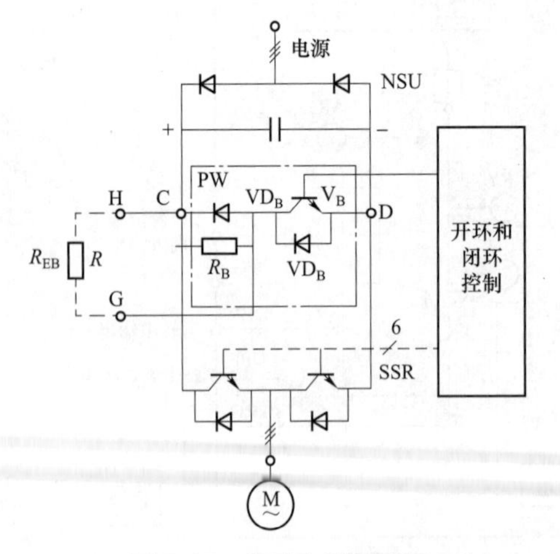

图 7-5 制动电路原理图

（4）中间直流环节。变频器的中间直流环节电路有滤波电路和制动电路等。

变频器的滤波电路可以吸收由整流器和逆变器电路产生的电压脉动，也称储能电路，起抗干扰及无功能量缓冲作用。滤波电路主要有电容器滤波和电感器滤波两种。其中，电容器滤波适用于电压型变频器，电感器滤波适用于电流型变频器。

制动电路由制动电阻或动力制动单元构成，图 7-5 所示为制动电路的原理图。制动电路介于整流器和逆变器之间，图 7-5 中的制动单元包括晶体管 V_B、二极管 VD_B 和制动电阻 R_B。如果回馈能量较大或要求强制动，还可以选用接于 H、G 两点上的外接制动电阻 R_{EB}。

3. 交－直－交变频器的基本工作原理

交－直－交变频器首先要把三相或单相交流电变换为直流电（DC），然后再把直流电（DC）变换为三相或单相交流电（AC）。变频器同时改变输出频率与电压。因此变频器可以使电机以较小的电流，获得较大的转矩，即变频器可以重载负荷。

4. 交－交变频器的基本工作原理

交－交变频器是指无直流中间环节，直接将电网固定频率的恒压恒频（CVCF）交流电源变换成变压变频（VVVF）交流电源的变频器，因此称之为“直接”变压变频器或交－交变频器。

在有源逆变电路中，若采用两组反向并联的晶闸管整流电路，适当控制各组晶闸管的关断与导通，就可以在负载上得到电压极性和大小都改变的直流电压。若再适当控制正反两组晶闸管的切换频率，在负载两端就能得到交变的输出电压，从而实现交－交直接变频。交－交变频器的主电路原理如图 7－6 所示。

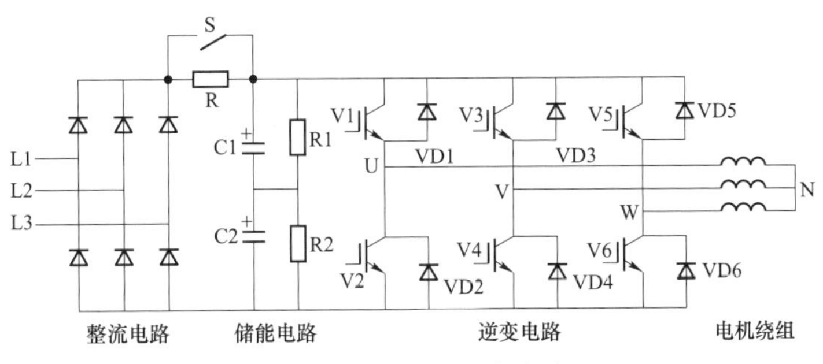

图 7－6　交－交变频器主电路原理

特别提醒

交－交变频器主要用于大容量交流电动机调速，几乎没有采用单相输入的，主要采用三相输入。主回路有三脉波零式电路（有 18 个晶闸管）、三脉波带中点三角形负载电路（有 12 个晶闸管）、三脉波环路电路（有 9 个晶闸管）、六脉波桥式电路（有 36 个晶闸管）、十二脉波桥式电路等多种形式。

5. 变频调速控制方式

变频调速控制方式主要有 *U*/*f* 控制方式和矢量控制方式两种。

（1）*U*/*f* 控制方式。*U*/*f* 控制方式是指在变频调速过程中为了保持主磁通的恒定，而使 *U*/*f*=常数的控制方式，这是变频器的基本控制方式，也是一种粗略的简单的控制方式。*U*/*f* 控制曲线如图 7－7 所示。

（2）矢量控制方式。矢量控制（VC）就是将交流电机调速通过一系列等效变换，等效成直流电机的调速特性。矢量控制方式是变频器的高性能控制方式，特别是低频转矩性能优于 *U*/*f* 控制方式。

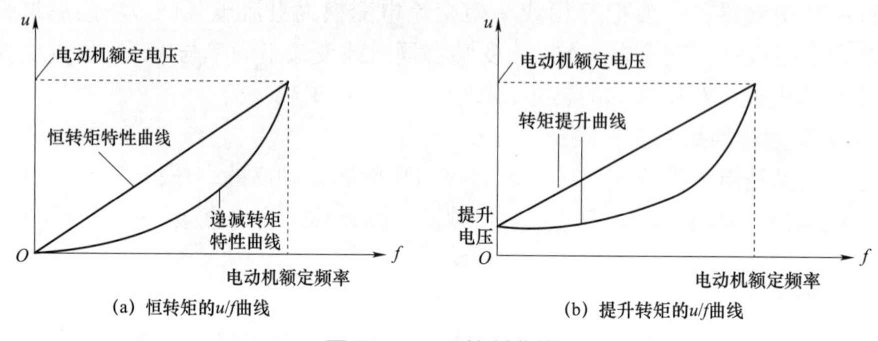

(a) 恒转矩的u/f曲线　(b) 提升转矩的u/f曲线

图7-7　u/f控制曲线

7.1.3　变频器的指标及应用

1. 额定值

（1）输入侧的额定值。输入侧的额定值主要是电压和相数。我国的中小容量变频器中，输入电压的额定值有以下几种情况（均为线电压）：

1）380V/50Hz，三相，用于绝大多数电器中。

2）220～230V/50Hz 或 60Hz，三相，主要用于某些进口设备中。

3）200～230V/50Hz，单相，主要用于精细加工和家用电器中。

（2）输出侧的额定值。

1）输出电压额定值 U_N。因为变频器在变频的同时也要变压，所以输出电压的额定值是指输出电压中的最大值。在大多数情况下，它就是输出频率等于电动机额定频率时的输出电压值。通常，输出电压的额定值总是和输入电压相等。

2）输出电流额定值 I_N。输出电流的额定值是指允许长时间输出的最大电流，是用户在选择变频器时的主要依据。

3）输出容量 S_N（kVA）。S_N 与 U_N 和 I_N 的关系为

$$S_N = \sqrt{3}U_N I_N$$

（3）配用电动机容量 P_N（kW）。变频器说明书中规定的配用电动机容量，其计算式为

$$P_N = S_N \eta_M \cos\phi_M$$

式中　η_M——电动机的效率；

$\cos\phi_M$——电动机的功率因数。

因为电动机容量的标称值是比较统一的，而 η_M 和 $\cos\phi_M$ 值却很不一致，所以容量相同的电动机配用的变频器容量往往是不相同的。

变频器铭牌上的“适用电动机容量”是针对四极的电动机而言，若拖动的电动机是六极或其他电动机，那么相应的变频器容量应加大。

（4）过载能力。变频器的过载能力是指其输出电流超过额定电流的允许范围和时间。大多数变频器都规定为 150%I_N，60s，或 180%I_N，0.5s。

2. 变频器的频率指标

（1）频率范围。频率范围即变频器能够输出的最高频率 f_{max} 和最低频率 f_{min}。各种变频器规定的频率范围不尽一致。通常，最低工作频率为 0.1～1Hz，最高工作频率为 120～650Hz。

（2）频率精度。频率精度是指变频器输出频率的准确程度。用变频器的实际输出频率与设定频率之间的最大误差与最高工作频率之比的百分数表示。

例如，用户给定的最高工作频率为 $f_{max}=120\text{Hz}$，频率精度为 0.01%，则最大误差为：

$$\Delta f_{max}=0.000\,1\times 120=0.012\text{Hz}$$

（3）频率分辨率。频率分辨率是指输出频率的最小改变量，即每相邻两挡频率之间的最小差值。一般分模拟设定分辨率和数字设定分辨率两种。

例如，当工作频率为 $f_x=25\text{Hz}$ 时，如变频器的频率分辨率为 0.01Hz，则上一挡的最小频率（f_x'）和下一挡的最大频率（f_x''）分别为

$$f_x'=25+0.01=25.01\ (\text{Hz})$$

$$f_x''=25-0.01=24.99\ (\text{Hz})$$

3. 变频器的应用领域

近几年来，变频器在国民经济各部门得到了迅速的推广和应用，按照负载机械的种类来分，其应用的领域主要有风力水力机械类、工作机械类、搬运机械类、食品加工机械类、木工机械类、化学制品机械类和纤维机械类，见表 7－3。

表 7－3　变频器的应用领域

序号	类别		应用情况
1	风力水力机械类	冷却塔冷却水温度控制	用温度传感器检测出冷却水温度，用以控制冷却风扇的转速（变频调速），使冷却水温自动地保持一定，可节电和降低噪声
		农业栽培用房室内温度与采光控制	用风量的大小改变反光板的角度，以控制室内温度与采光量，促进作物生长。如加光电传感器控制变频器的输出频率而改变风机转速，可实现自动控制
		畜舍用换气风扇的风量控制	现代养猪、养鸡场中，在畜舍内加装温度传感器，随温度的变化，自动地改变换气风扇的转速（例如温度为 30℃时，100%额定转速；夜间 25℃时，则降为 75%额定转速），使畜类有最合适的环境，并可以节能，降低噪声
		制冰机鼓风量控制	在制冰过程中，为了使冰中不要有气泡，以便制出透明冰块，就要改变冷风的风量：在冷冻初期，加大冷风量；而在冷冻的中期和后期，将冷风量降到 50%以下，使冰透明

续表

序号	类别		应用情况
1	风力水力机械类	工厂操作台有害气体排气风机的控制	当一个操作台上有人正在操作，有有害气体放出时，操作台上方抽风风道的阀门即打开，同时送出一个调频调速信号。根据风道阀门开闭的多少调节抽风机的转速。这样既可充分地排出有害气体，又可节电；同时也避免了因风道阀门闭合，但抽风机转速不变而产生的刺耳的尖噪声
		自动给水装置的恒压给水控制	例如，学校的自来水，在课间休息时间和晚间洗漱时间用水量增大，而夜间则减至最少。用水压传感器检测水压，通过变频调速以恒压供水，可以节电，并防止夜间因水压过高而导致水管破裂漏水
		水塔水位自动控制	检测水箱水位的高低，调节扬水泵的转速，使水位保持一定。这样既可以防止水箱内的水溢出，又可防止枯水，同时又可以节电
2	工作机械类	轧滚整形机	由一台变频器同时带动 2 台电动机同速运转，电动机带动滚道轧滚将钢板整形。按板材厚薄、整形要求以及尺寸可任意设定滚道的速度
		平面磨床	用变频器驱动平面磨床的磨头电动机。在研磨超硬质材料时，必须高速研磨。这时使用专用高速电动机，要求变频器的输出频率达一百至数百赫兹。使用变频器不但可以方便地获得可调的高速，而且可以提高加工精度
		冲压机	传统的冲压机电动机为直流电动机或滑差电动机。改为标准的交流电动机，由变频器驱动后，不但可根据冲压材料的材质、板厚和加工内容，任意地调节冲压速度，而且安全、节电
		机床工作台走行装置	机床工作台走行装置原由变极电动机驱动。改用普通电动机由变频器驱动后，可平滑地调速，使操作性能提高，并且使电动机小型化、轻量化
3	搬运机械类	传送带驱动	多台电动机用 1 台变频器驱动，可控制传送速度协调一致，使生产操作方便，并可根据不同的产品调节传送的速度
		起重机运行小车电动机的控制	起重机（行车）运行小车的电动机改用变频器供电驱动后，可平稳地启动和停车，避免因启动和突停造成起吊重物的摆动；可低速移动，使起吊重物正确地定位，同时可降低噪声
		饲料粉碎机送料量的控制	检测粉碎机电动机的电流，用以控制送料量，因为该电流的大小反映了送料量的多少。这样，可避免因送料太多造成粉碎机电动机过载，使整机运转稳定、可靠
		液体搬运台车的驱动	用变频器驱动液体搬运台车，由于可以平滑地加速、减速运转，可防止液体振荡溢出
4	食品加工机械类	肉类搅拌机驱动	做香肠、火腿肠等的肉类需要搅拌、混合着味。由一台变频器驱动两台电动机，通过摩擦轮带动肉槽旋转，可根据肉的种类不同和处理过程不同任意地调节转速
		轧面机与后续传送带的协调控制	由两台变频器分别驱动轧面机与传送带传动电机，根据轧面机的压面厚薄的不同，使两者协调运转
5	木工机械类	木工车床主轴的驱动	用变频器驱动木工车床主轴电动机。根据木材的种类不同，以及加工形状的要求，调节主轴的转速，可提高加工精度和工作效率。电动机要采用全封闭、外风扇式电动机，变频器也要使用全封闭式，以适应木工厂的环境

续表

序号	类别		应用情况
5	木工机械类	木工数字铣床的驱动	木材的雕刻、铣钻孔等数控车床，其主轴驱动需要高速。用变频器和高速电动机可以很容易实现。原来多使用电动发电机组得到高频电源，其设备大、能耗高，噪声大。使用变频调速可克服原来的缺点
6	化学制品机械类	制药混合装置的驱动	在制药工业的丸剂、锭剂加工中，将药粉与黏着剂倒入混合槽中搅拌，根据黏度的不同需要调节搅拌的转速。使用变频器驱动可使设备小型化，提高了操作的灵活性
		流体混合机的驱动	在化学药品制造过程中，由于有易爆气体，用变频器与防爆电动机组合驱动，将变频器置于远离危险区的安全场所，使操作安全并且灵活
		挤出成型造粒机驱动	在原料粉末中加入水或某种液体，进行充分地混合，然后以强压力由喷头压出、切断，制成颗粒。造粒机的电动机由变频器驱动，检测挤出压力进行闭环控制，可保持压力一定，并可选择最适合的线速度
7	纤维机械类	精纺机的驱动	纤维原料通过喷头拉成细丝，卷到纺锤上。纺锤的驱动电动机由变频器供电，可按纤维丝的种类不同而调节转速。启动时，为防止瞬时冲击力拉断纤维丝，可适当设定变频器的软启动时间
		刺绣机驱动	用变频器驱动在布料上刺绣的工业刺绣机，可平滑地调速；可缩短刺绣针上、下动作时间，提高产品质量

7.1.4 变频器的正确使用

1. 变频器使用的注意事项

（1）正确接线。

1）主电路接线：R、S、T 为电源进线，U、V、W 为电源出线。电缆选择按照变频器说明要求规格和线径。

2）控制电路接线。

a. 模拟信号控制线：给定信号，反馈信号，输出频率和电流等模拟信号。这些弱电控制距离电力电源线至少 100mm 以上，且不可放在同一导线槽中，模拟信号的配线必须采用屏蔽线或双绞线，屏蔽层一头接地，一头悬空。

7.2 变频器的使用

b. 开关量控制线：如启动、停止、点动、多挡速控制等的控制线，都是开关量控制线。因为其抗干扰能力较强，所以在距离不远时，允许不用屏蔽线；但距离远时，必须经过相关器件中转。

c. 大电感线圈在接通和断开的瞬间，在电路中会形成较高的浪涌电压，容易引起误动作，因此要采用阻容吸收电路。

注意：控制电路配线和主电路配线相交时，要成直角相交。

（2）功率因数。变频器输入电路的无功功率是由高次谐波电流产生的，因此功率因数较低，需要改善，一般在输入侧加入交流电抗器和直流回路加入直流电抗器。一般来说，在直流回路加入直流电抗器，可使功率因数提高到约0.95；在输入侧加入交流电抗器，滤波效果略差，功率因数提高到0.75～0.85。

（3）变频系统调试。变频系统的调试，总体上遵循“先空载，继轻载，后重载”的原则。

1）变频器的通电。变频器在通电时，一般输出端可先不接电动机，按说明书要求进行启/停的基本操作，观察变频器U、V、W电压是否平衡。

2）电动机空载。输出端接上电动机，电动机尽可能空载，通电调试，设置参数，运行，观察电动机的旋转方向，变频器U、V、W电压，电流等参数是否正常。

3）电动机带载。电动机带载，按负载工艺等情况设置参数（有些参数要在运行调试中确定）进行试运转，观察运行情况，最终确定有效的参数值。

2. 变频器使用的外部因素

（1）环境温度。温度太高且温度变化较大时，变频器内部易出现结露现象，其绝缘性能就会大大降低，甚至可能引发短路事故。必要时，必须在箱中增加干燥剂和加热器。

（2）腐蚀性气体。使用环境如果腐蚀性气体浓度大，不仅会腐蚀元器件的引线、印刷电路板等，而且还会加速塑料器件的老化，降低绝缘性能。在这种情况下，应把控制箱制成封闭式结构，并进行换气。

（3）振动和冲击。装有变频器的控制柜受到机械振动和冲击时，会引起电气接触不良。这时除了提高控制柜的机械强度、远离振动源和冲击源外，还应使用抗震橡皮垫固定控制柜外和内电磁开关之类产生振动的元器件。设备运行一段时间后，应对其进行检查和维护。

（4）电磁波干扰。变频器在工作中由于整流和变频，周围产生了很多的干扰电磁波，这些高频电磁波对附近的仪表、仪器有一定的干扰。因此，柜内仪表和电子系统，应该选用金属外壳，屏蔽变频器对仪表的干扰。所有的元器件均应可靠接地，除此之外，各电气元件、仪器及仪表之间的连线应选用屏蔽控制电缆，且屏蔽层应接地。如果处理不好电磁干扰，往往会使整个系统无法工作，导致控制单元失灵或损坏。

（5）输入端过电压。变频器电源输入端往往有过电压保护，但是，如果输入端高电压作用时间长，会使变频器输入端损坏。因此，在实际运用中，要核实变频器的输入电压、单相还是三相和变频器使用额定电压。特别是电源电压极不稳定时要有稳压设备，否则会造成严重后果。

（6）正确接地。变频器正确接地是提高控制系统灵敏度、抑制噪声能力的重要手段，变频器接地端子E（G）接地电阻越小越好，接地导线截面积应不小于2mm^2，长度应控制在20m以内。变频器的接地必须与动力设备接地点分开，不能共地。信号输入线的屏蔽层，应接至E（G）上，其另一端绝不能接于地端，否则会引起信号变化波动，使系统振荡不止。变频器与控制柜之间应电气连通，如果实际安装有困难，可利用铜芯导线跨接。

（7）防雷。在变频器中，一般都设有雷电吸收网络，主要防止瞬间的雷电侵入，使变频器损坏。但在实际工作中，特别是电源线架空引入的情况下，单靠变频器的吸收网络是不能满足要求的。在雷电活跃地区，这一问题尤为重要，如果电源是架空进线，在进线处装设变

频专用避雷器（选件），或有按规范要求在离变频器 20m 的远处预埋钢管做专用接地保护。如果电源是电缆引入，则应做好控制室的防雷系统，以防雷电窜入破坏设备。实践表明，这一方法基本上能够有效解决雷击问题。

3. 变频器操作面板的组成

变频器的操作显示面板（简称面板），与控制线路之间通过插针或通信电缆连接，是一种人机交互界面，可以将变频器的运行数据，如运行电流值、直流电压值、输出频率值，由 MCU（指主板上的微控制器）上传至面板，由数码显示器显示其数值，并做出工作状态指示，如运行、停机、故障指示；也可以将按键操作信号下传至 MCU，用于启动、停止操作或修改运行参数。

变频器的操作面板（BOP）由键盘和显示屏组合而成。

（1）显示屏。显示屏是变频器显示工作状态的窗口，分为 LED 数码显示屏和 LCD 液晶显示屏。通过显示屏可以观察菜单及其说明，设定功能参数，查询运行参数和故障信息。正常运行时，显示屏可显示运行参数，如频率、速度、电流等运行参数的现时值。

1）LED 数码显示屏。LED 数码显示屏可显示无单位的输出频率、输入（输出）电流、输入（输出）电压、输出功率等量，这些量的单位由显示屏旁的发光二极管指示，如标有“Hz”的发光二极管点亮，则表示显示屏显示的为输出频率；如标有“A”的发光二极管点亮，则表示显示屏显示的输出电流（或输入电流，由功能码参数设定）。

LED 数码屏显示除了显示数字量之外，还可以显示英文代码，如设置参数的功能代码、各种报警信息代码等。报警信息代码在各种变频器的使用说明书都有说明，当在预置操作中出现了预置错误或变频器工作中出现了报警信息，可查取说明书进行消除或复位。

2）LCD 液晶显示屏。LCD 液晶显示屏属于高级显示屏，显示运行状态和功能数据等各种信息，LCD 最低行以轮换方式显示操作指导信息。

（2）键盘。键盘供用户进行菜单选择、设定和查询功能参数，向机内主控板发出各种指令。

键盘由若干个按键组成，操作功能键的主要任务是运行操作和功能预置。

特别提醒

变频器的键盘面板有丰富的功能，不同厂家、不同型号的变频器的操作功能键有较大的差异，主要包括程序键、增/减键、移动键、复位键、正/反运行键、停止键和功能数据切换键等。

7.3 西门子 MM440 变频器调试

4. 常用变频器的操作面板

（1）西门子 MM440 变频器的操作面板。西门子通用型变频器 MM440 的操作面板如图 7－8 所示，利用操作面板（BOP）可以更改变频器的各个参数，BOP 具有五位数字的七段显示，用于显示参数的序号和数值、报警和故障信息，以及该参数的设定值和实际值。

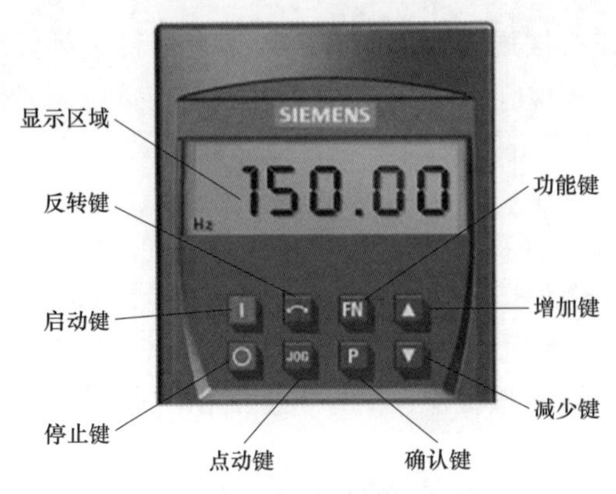

图 7-8　西门子 MM440 的操作面板

MM440 的操作面板按键及功能说明见表 7-4。

表 7-4　　　　　MM440 的操作面板按键及功能说明

显示/按钮	功能	功能说明
r0000	状态显示	LCD 显示变频器当前的设定值
I	变频器	按此键变频器。缺省值运行时此键是被封锁的。为了使此键的操作有效，应设定 P0700=1
0	停止变频器	OFF1：按此键，变频器将按选定的斜坡下降速率减速停车，缺省值运行时此键被封锁；为了允许此键操作，应设定 P0700=1。 OFF2：按此键两次（或一次，但时间较长）电动机将在惯性作用下自由停车。此功能总是“使能”的
	改变电动机的转动方向	按此键可以改变电动机的转动方向。电动机的反向用负号（-）表示或用闪烁的小数点表示。缺省值运行时此键是被封锁的，为了使此键的操作有效，应设定 P0700=1
jog	电动机点动	在变频器无输出的情况下按此键，将使电机按预设定的点动频率运行。释放此键时，变频器停车。如果电动机正在运行，按此键将不起作用
Fn	功能浏览	此键用于浏览辅助信息。 变频器运行过程中，在显示任何一个参数时按下此键并保持不动 2s，将显示以下参数值（在变频器运行中，从任何一个参数开始）： （1）直流回路电压（用 d 表示，单位：V）； （2）输出电流（A）； （3）输出频率（Hz）； （4）输出电压（用 o 表示，单位：V）； （5）由 P0005 选定的数值（如果 P0005 选择显示上述参数中的任何一个（3，4 或 5），这里将不再显示）。 连续多次按下此键，将轮流显示以上参数。 跳转功能： 在显示任何一个参数（r×××× 或 P××××）时短时间按下此键，将立即跳转到 r0000，如果需要的话，可以接着修改其他的参数。跳转到 r0000 后，按此键将返回原来的显示点。 故障确认： 在出现故障或报警的情况下，按下此键可以对故障或报警进行确认

续表

显示/按钮	功能	功能说明
P	访问参数	按此键即可访问参数
▲	增加数值	按此键即可增加面板上显示的参数数值
▼	减少数值	按此键即可减少面板上显示的参数数值

（2）三菱 FR－E500 变频器的操作面板。三菱 FR－E500 的操作面板如图 7－9 所示，可以进行运行频率的设定、运行指令监视、参数设定、错误表示。

三菱 FR－E500 的操作面板按键及功能说明见表 7－5，面板显示状态及说明见表 7－6。

表 7－5　操作面板按键及功能说明

按键	功能说明
RUN 键	正转运行指令键
MODE 键	选择操作模式或设定模式
SET 键	用于确定频率和参数的设定
▲/▼键	用于连续增加或降低运行频率，按下这个键可改变频率。 在设定模式中按下此键，则可连续设定参数
FWD 键	用于给出正转指令
REV 键	用于给出反转指令
STOP/RESET 键	停止/复位键，用于停止运行，或用于保护功能动作输出停止时复位变频器

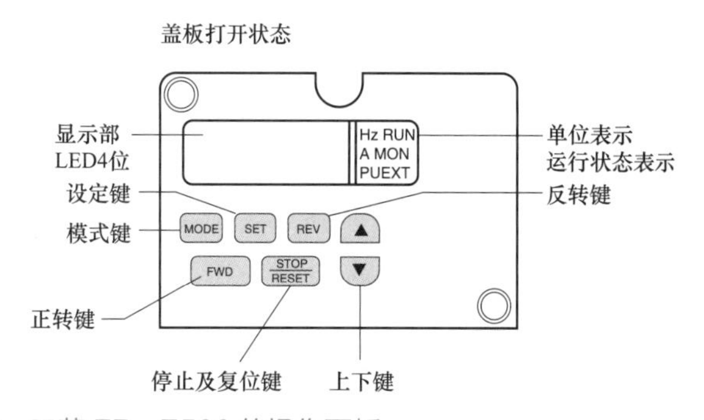

图 7－9　三菱 FR－E500 的操作面板

表 7－6　　面板显示状态及说明

显示	显示意义（功能）
Hz	表示频率时，灯亮
A	表示电流时，灯亮
RUN	变频器运行时灯亮。正转时/灯亮，反转时/闪亮
MON	监视显示模式时灯亮
PU	PU 操作模式时灯亮
EXT	外部操作模式时灯亮

（3）富士 FRENIC5000G11 变频器的操作面板。富士 FRENIC5000G11 变频器操作面板主要由 LED 显示屏器、LED 辅助指示二极管、LCD 液晶显示屏、控制操作键和功能操作键等组成，如图 7－10 所示。

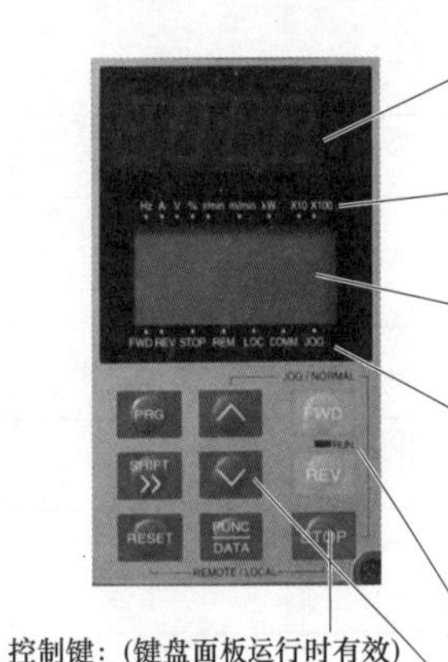

图 7－10　FRENIC5000G11 变频器的操作面板

FRENIC5000G11 的操作按键的主要功能及说明见表 7－7。

表 7－7　　操作按键的主要功能及说明

按键	主要功能
PRG 键	由现行画面转换为菜单画面，或者在运行/跳闸模式转换至其初始画面。此时，显示屏的显示更换，设定频率存入，功能代码数据存入
▲ ▼键	数据变更，游标上、下移动（选择），画面轮换。此时，显示屏在数据变更时数位移动，功能组跳越（同时按此键和增/减键）
RESET 键	数据变更取消，显示画面转换，报警复位
STOP＋▲	通常运行模式和点动运行模式可相互切换（模式相互切换）。模式在 LCD 监视器中显示。本功能仅在键盘面板运行时（F02＝0）有效

续表

按键	主要功能
STOP+RESET	键盘面板和外部端子信号运行方法的切换（设定数据保护时无法切换）。同时对应功能码的数据也相互在 1 和 0 之间切换。所选模式显示于 LCD 监视器

（4）艾默生 TD3000 变频器的操作面板。艾默生 TD3000 变频器的操作面板主要由 LED 数码管、LED 指示灯、LCD 液晶显示屏和按键 4 部分组成，如图 7-11 所示。

7.4　艾默生 TD3000 变频使用说明

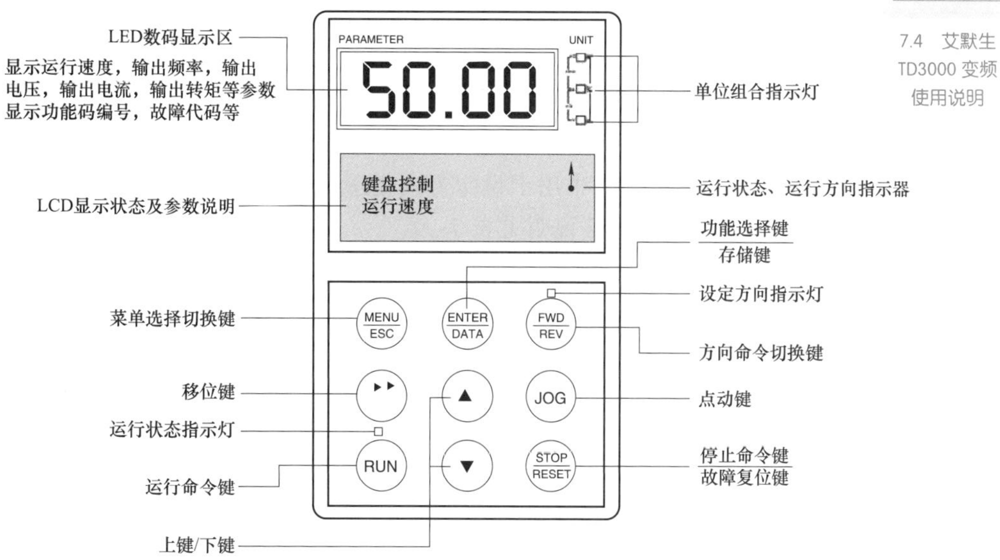

图 7-11　艾默生 TD3000 的操作面板

艾默生 TD3000 的操作按键的主要功能及说明见表 7-8。

表 7-8　艾默生 TD3000 按键主要功能及说明

按键	名称	主要功能
MENU/ESC	菜单选择切换键	编程状态与其他状态的切换键，进行参数显示与编程菜单的切换。在编程菜单状态下操作该键则返回到前一级菜单
ENTER/DATA	功能选择键/存储键	在编程状态下进入下一级菜单。在三级菜单状态下完成参数的存储操作
▲	上键	功能码、菜单组、或设定参数值递增
▼	下键	功能码、菜单组、或设定参数值递减
▶▶	移位键	在运行状态或停机状态时，可循环切换 LED 的显示参数；在编程状态下设置数据时，可以改变设置数据的修改位

续表

按键	名称	主要功能
RUN	运行命令键	在键盘控制方式下，用于起动变频器；在进行电机自动调谐时，用于起动调谐过程
STOP/RESET	停止命令/故障复位键	变频器运行时用于停机操作；双击为紧急停机（急停）；故障报警状态时为复位操作键。在非键盘运行控制时，该键的功能可定义，请参见 FA.02 功能码的说明
JOG	点动键	变频器点动运行控制。按住该键进行点动运行，松开则停机
FWD/REV	方向命令切换键	在键盘运行命令控制方式时，将当前的运行方向命令取反

1）操作面板的 LED 指示灯。操作面板共有 5 个 LED 指示灯，其中三个用于单位组合指示，一个用于运行状态指示，一个用于设定方向指示。LED 指示灯具有点亮、熄灭、闪烁三种状态。操作面板 LED 指示灯说明见表 7-9。

表 7-9 操作面板 LED 指示灯说明

序号	指示灯	说明
1	单位组合指示灯	位于 LED 数码管的右侧，其不同组合分别对应六种单位，全灭表示无单位，第一个亮对应“Hz”，第二个亮对应“A”，第三个亮对应“V”，上面两个亮对应“r/min”，下面两个亮对应“ms”，第一个和第三个亮对应“%”
2	设定方向指示灯	位于 FWD/REV 键正上方，有点亮、熄灭、闪烁三种状态。点亮对应正转，熄灭对应反转，闪烁对应停机
3	运行状态指示灯	位于 RUN 键正上方，有点亮、熄灭两种状态，点亮表明运行或者调谐，熄灭表示停机

2）操作面板的工作状态。操作面板的工作状态有上电初始化状态、停机状态、运行状态和故障报警状态，见表 7-10。

表 7-10 操作面板的工作状态

序号	工作状态	说明
1	上电初始化状态	变频器上电时，操作面板大约进行 5s 的初始化过程，在这个过程中，操作面板 LCD 液晶屏显示“EV3000 ENYDRIVE”，LED 数码管则稳定显示“8888”。在初始化过程中，操作面板指示灯全部处于熄灭状态
2	停机状态	在变频器停机时，LED 数码管闪烁显示缺省停机状态参数，其右侧的单位组合指示灯指示参数的单位，LCD 液晶屏第一行显示当前变频器的运行控制方式（键盘控制、端子控制，或者通信控制），右侧是停机标志。LCD 液晶屏第二行处于两个画面的定时切换状态中，一个画面为 LED 显示参数的名称，如“设定速度”等，另一个画面为按键操作说明，如“MIE 进入菜单”。提示按“MENUIESC”键可进入编程菜单，进行参数设置。 停机时运行状态指示灯处于熄灭状态。此时按“>>”键，LED 可以循环切换显示停机状态参数

续表

序号	工作状态	说明
3	运行状态	在停机状态下，变频器接到运行命令后，进入运行状态，此时，LED 数码管和右面的单位组合指示灯显示参数及单位，LCD 的第一行显示变频器的运行信息，如"开环矢量""闭环矢量""VF 控制""PLC""PID""点动""转矩控制"等。LCD 第一行的右侧显示运行方向，其旋转方向表示变频器的实际运转方向，顺时针为正方向，反时针为逆方向。LCD 第二行处于参数信息和操作说明两个画面的切换状态中，一个画面为 LED 数码管显示参数的名称，如"频率设定"等；另一个画面为按键操作说明，如"8 切换参数"，表示该按键 LED 可以循环切换显示运行状态参数。 在运行状态下，运行状态指示灯一直点亮，设定方向指示灯表示变频器运转方向，点亮正转，在该状态下，按"MENUIESC"键可以进入编程菜单，进行参数查看等操作
4	故障报警状态	变频器处于停机状态、运行状态、编程状态时，如果检测到故障，就会报出相应的故障信息，此时 LED 数码管闪烁显示故障代码，LCD 侧就会显示相应的故障说明信息。 在出现故障时，EV3000 变频器可以通过"MENUIESC"键进入编程菜单，查询故障状态记录参数（E023 键盘读写故障除外）。 出现故障报警时，在切换到报警显示画面后，按"STOPIRESET"可进行复位，如果该故障已消失，则返回到正常状态；如果故障继续存在，则重新显示故障代码

3）操作面板的自检。操作面板自检就是对 LED 数码管、LED 单位指示灯、LCD 显示器、按键、键盘寄存器 E^2PROM 等的检测。变频器停机状态下，按下 MENU/ESC 和 STOP/RESET 键，便可进入操作面板自检状态，操作面板自检分四步进行：

第一步，分高位、低位逐段点亮 LED 数码管，可以非常清楚地判断数码管是否正常。

第二步，每隔半秒时间，点亮一个 LED 单位指示灯，此步骤结束时，所有的 LED 单位指示灯应全亮。

第三步，从左到右整屏刷黑 LCD 显示屏，此步骤结束时，LCD 显示屏应全黑。

第四步，对操作面板的存储器 E^2PROM 的每个存储单元进行读写校验检测。当 E^2PROM 中，存储了功能码参数时，自检将自动跳过第四步。以防止破坏参数。

特别提醒

操作面板在自检过程中，不要运行变频器。

（5）欧姆龙 3G3JV 变频器的操作面板。欧姆龙 3G3JV 变频器具有便捷多样的功能，通过正面调节旋钮，可实现速度调整，投入电源后能立即进行运行。其操作面板如图 7－12 所示。

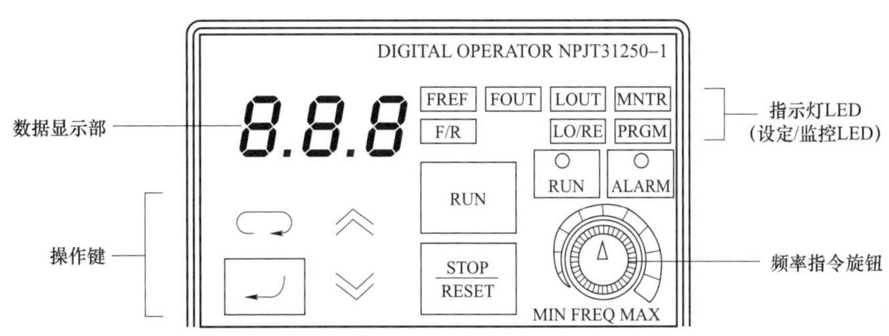

图 7－12　欧姆龙 3G3JV 的操作面板

3G3JV 变频器操作按键的主要功能及说明见表 7-11。

表 7-11　3G3JV 变频器操作按键的主要功能及说明

显示/按钮	名称	主要功能
8.8.8	数码管	显示频率指令值、输出频率数值及参数常数设定值等相关数据
MIN MAX FREQUENCY	频率指令旋钮	通过调节旋钮，设定频率。 旋钮的设定范围可在 0Hz 到最高频率之间变动
FREF	频率指令	LED 灯亮时，可以设定或监控频率指令
FOUT	输出频率	LED 灯亮时，可以监控变频器的输出频率
LOUT	输出电流	LED 灯亮时，可以监控变频器的输出电流
MNTR	多功能控制键	LED 灯亮时，可以对照 U01～U10 的监控值
F/R	正转/反转选择	LED 灯亮时，可以选择用 RUN 键控制运转时的运转方向
LO/RE	本地/远程选择	LED 灯亮时，从数字操作器的操作切换成按照已设定好的参数进行常数操作。 在变频器运转中，只能进行对照。另外，此时 LED 灯亮时，即使输入运转指令也不会被执行
PRGM	参数常数设定	LED 灯亮时，可以设定/对照 n01～n79 的参数常数。 在变频器运转中，只能执行部分对照及设定值变更。 另外，此时 LED 灯亮时，即使输入运转指令也不会被执行
	状态键	简易 LED（设定/监控 LED）按顺序切换。 在参数常数设定过程中，按此键则为跳过功能
	增加键	增加多功能监控 No.的数值、参数常数 No.的数值、参数常数的设定值
	减少键	减少多功能监控 No.的数值、参数常数 No.的数值、参数常数的设定值
	输入键	多功能监控 No.、参数常数 No.及内部数据值的切换。 另外，确认变更后的参数常数设定值时，按此键
RUN	RUN 键	变频器（但仅限于使用数字操作器选择操作/运转时）
STOP/RESET	STOP/RESET 键	使变频器停止运转，但参数 n06 设定为［STOP 键无效］时不停止。 在变频器发生异常时，可作为复位键使用

特别提醒

为了安全起见，输入运转指令（正转/反转）时，复位功能不起作用。应将运转指令 OFF 后，再进行操作。

5. 操作面板的操作方法

不同品牌、不同型号的变频器，其操作面板的功能及操作方法不尽相同，下面以三菱 FR－DU04 变频器的操作面板为例，介绍利用操作面板进行变频器运行操作的方法。

7.5 三菱 FR－DU04 变频器的调试

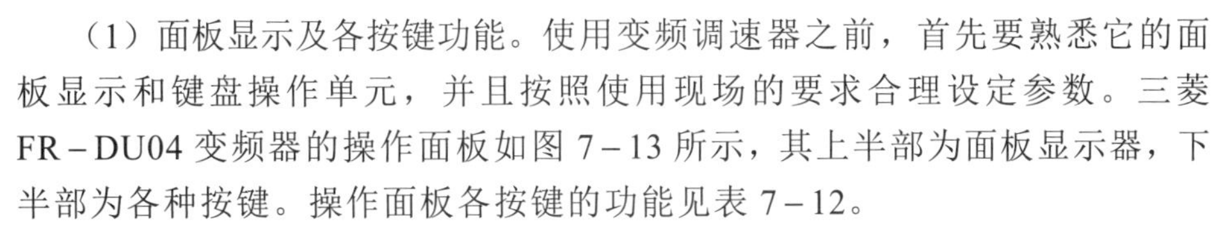

（1）面板显示及各按键功能。使用变频调速器之前，首先要熟悉它的面板显示和键盘操作单元，并且按照使用现场的要求合理设定参数。三菱 FR－DU04 变频器的操作面板如图 7－13 所示，其上半部为面板显示器，下半部为各种按键。操作面板各按键的功能见表 7－12。

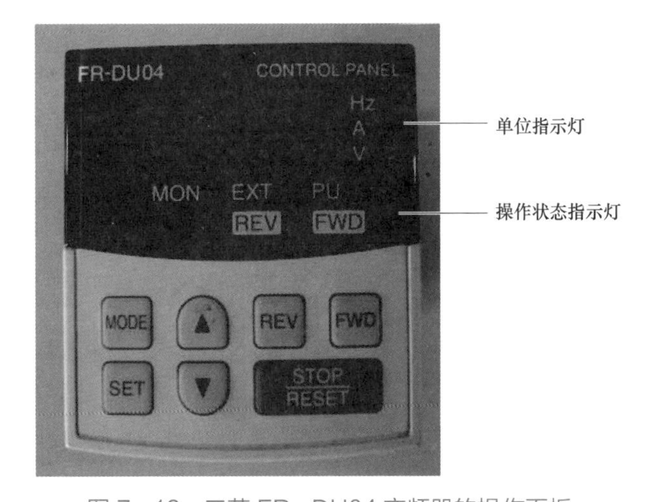

图 7－13 三菱 FR－DU04 变频器的操作面板

表 7－12 操作面板各按键功能

按 键	说明
MODE 键	用于选择操作模式或设定模式
SET 键	用于确定频率和参数的设定
▲ / ▼ 键	用于连续增加或降低运行频率
FWD 键	用于给出正转指令
REV 键	用于给出反转指令
STOP/RESET 键	用于停止运行/保护功能动作输出停止时复位变频器

（2）操作面板单位表示及运行状态。FR－DU04 操作面板单位表示及运行状态表示见表 7－13。

表 7-13　　操作面板单位表示及运行状态表示

符号	说明
Hz	表示频率，灯亮
A	表示电流时，灯亮
V	表示电压时，灯亮
MON	监控显示模式时，灯亮
PU	PU 操作模式时，灯亮
EXT	外部操作模式时，灯亮

（3）操作模式显示。操作模式显示的改变方法，如图 7-14 所示。

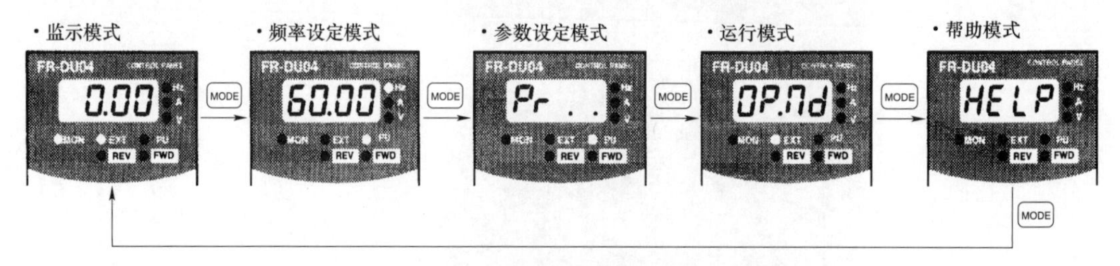

图 7-14　操作模式显示的改变方法

（4）监控显示。监控显示运行中也可改变，改变方法如图 7-15 所示。

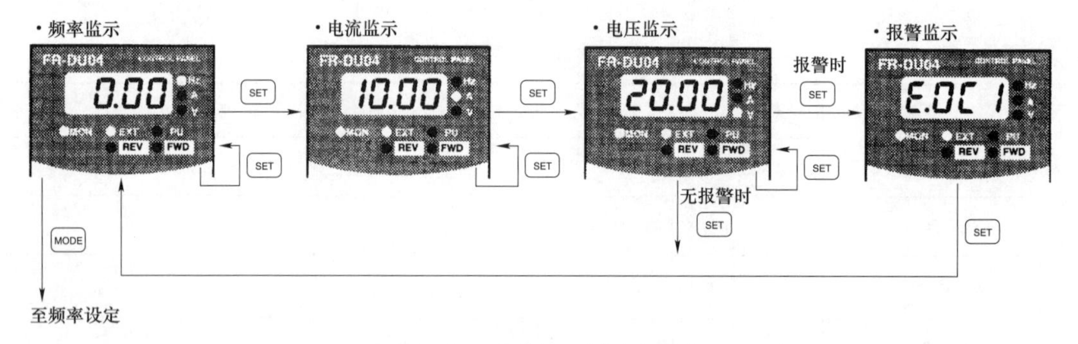

图 7-15　监控显示的改变方法

（5）频率设定。在 PU 操作模式下用 SET 键和▲/▼键设定运行频率。设置定方法如图 7-16 所示。

（6）参数设定。在操作变频器时，通常要根据负载和用户的要求向变频器输入一些指令，如上限和下限频率的大小、加速和减速时间的长短等。另外，要完成某种功能，例如采用组合操作方式，也要输入相应的指令。

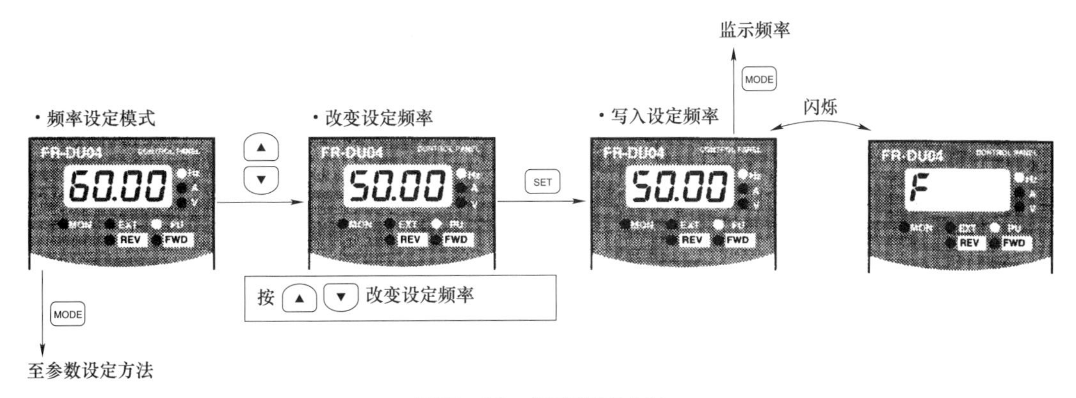

图 7-16 频率设定方法

如果须将操作模式设定为 PU 操作模式，即 Pr.79=1，可按如图 7-17 所示方法进行。

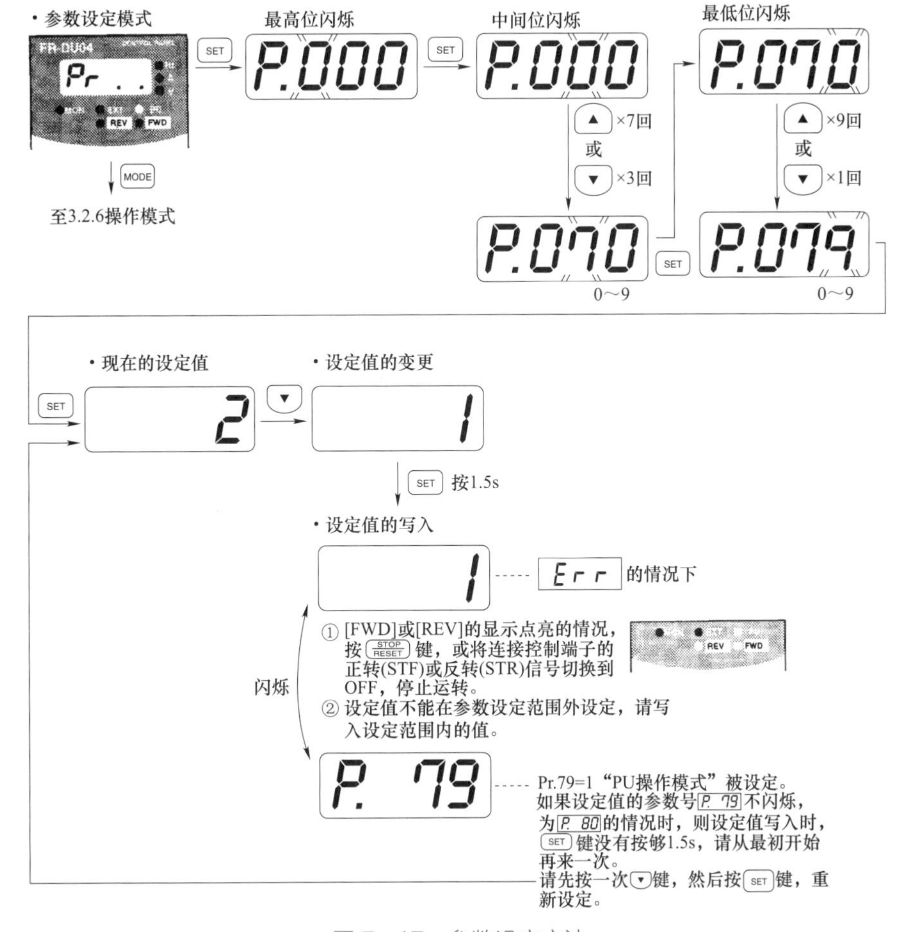

图 7-17 参数设定方法

按［MODE］键改变设定模式，使显示器显示为“参数设定模式”；按［SET］键和▲/▼键设定 Pr.79＝1；按［SET］键 1.5s 写入设定。

如果此时显示器交替显示参数号，即 Pr.79 和参数 1，则表示参数设定成功。否则设定失败，须重新设定。

（7）操作模式的切换。

操作模式的切换方法如图 7－18 所示。

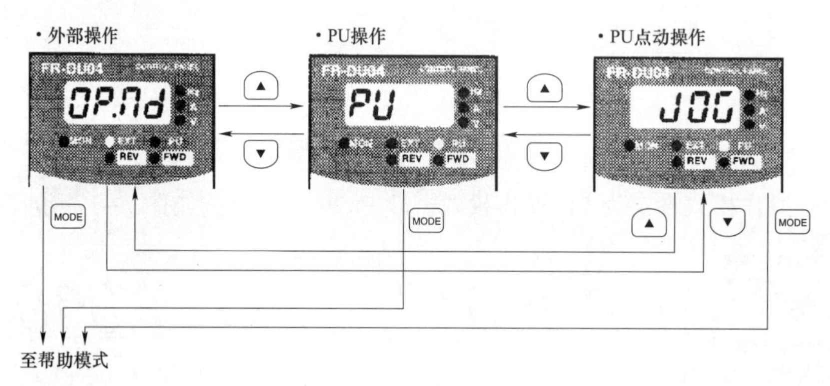

图 7－18　操作模式的切换方法

（8）帮助模式操作。

帮助模式操作如图 7－19 所示。

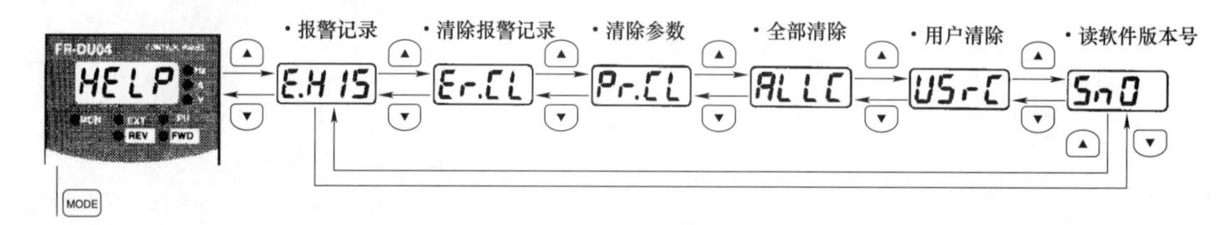

图 7－19　帮助模式操作

7.6　变频器安装与接线

7.1.5　变频器的接线

1. 变频器的外部接口

随着变频器的发展，其外部接口的功能也越来越丰富。变频器和外部信号的连接则需要通过相应的接点或接口进行，外部接口电路的主要作用就是为了使用户能够根据系统的不同需要对变频器进行各种操作，并和其他电路一起构成高性能的自动控制系统。

通用变频器外部接口的主要作用是使用户能够根据系统的不同需要进行各种功能组态与操作，并与其他电路一起构成自动控制系统。通用变频器的外部接口电路通常包括控制电路接口、模拟量输入/输出电路、过程参数监测信号电路、通信接口电路和数字信号输入/输出电路等，如图 7－20 所示。

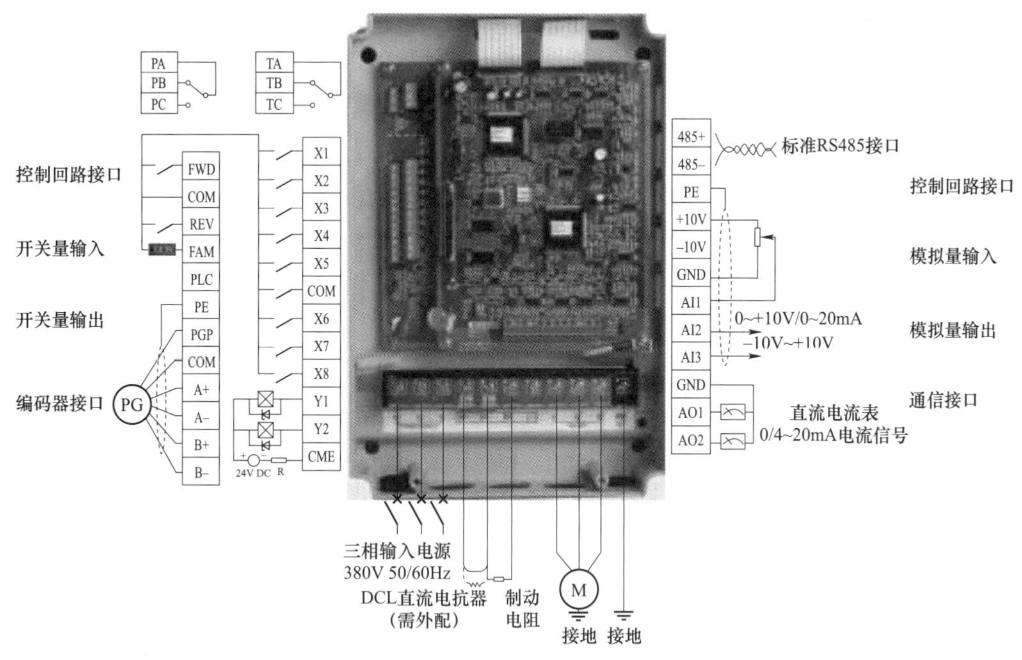

图 7-20 变频器的外部接口

不同品牌通用变频器的外部接口电路的配置是各不相同的，有些通用变频器的外部接口是可编程的，通过编程来定义接口功能。随着通用变频器的发展，其外部接口电路的功能也越来越丰富。

（1）多功能输入/输出接口。新型通用变频器中具有多种输入端子和输出端子，多数是可编程自定义的，因此也称为多功能输入/输出端子。外接输入控制信号可以是开关量信号、数字量信号和模拟量信号等。在通用变频器内，外接控制信号是由光耦合器接收和传送的，可以根据需要设定并改变这些端子的功能，以满足不同控制需要（如逻辑控制输入端子，频率控制输入/输出端子、运行控制端子和多段速控制端子等）。其中，运行控制端子主要有正向运行（FX）、反向运行（RX）、故障复位（RST）、紧急停止（BX）、点动（JOG）、多功能输入端（P）、多功能输出端（MO）、故障输出等。

尽管不同品牌的通用变频器的输入和输出接口的种类、数量、排列和符号等是不同的，但相同用途的端子功能基本类似。多功能控制端子的使用功能是通过程序由用户自定义的。有的端子可通过若干个开关的不同组合来设定多挡工作功能，通过设定可以在不同的控制程序段得到不同的转速；若定义多挡加/减速时间端子，可在各程序段之间切换转速时分别设定其升速与降速时间。有的通用变频器只用一个开关来设定第二升/降速时间。有的通用变频器则用两个开关的状态来设定 4 挡升、降速时间等。

通用变频器对外部提供的多功能输出信号端一般为晶体管输出，只能接在低压直流电路中，用于监视通用变频器的运行状态。若运行过程中晶体管导通，利用该信号可监视通用变频器的输出频率到达，特定频率，脉冲频率，过载和堵转保护状态，过电压和低电压检测，热检测，指令丢失检测，变频器运行、停止、稳速检测、速度搜索，在自动模式下的多段速和顺序检测，变频器准备就绪等。

另外，还有报警信号端子，该端子一般是继电器输出，其接点可直接接入220V交流电路，当通用变频器发生故障时，继电器动作。测量信号端子可供外接显示仪表用，如频率信号，可外接频率表远距离监视电动机的运行速度。通用变频器的测量信号端一般有1～3个，但测量的内容却很丰富，可由用户自行设定。

（2）多功能模拟量输入/输出接口。通用变频器的模拟量输入信号通常是过程工艺参数，如温度、压力、流量、位置等，信号种类通常是0～10V、0～20mA、4～20mA等标准工业信号。模拟量输出信号主要包括输出电流、电压、转矩检测、输出频率检测、PID反馈量监测等。多功能模拟输入/输出信号接点的作用就是可以将上述信号输入到通用变频器中作为运行指令，并利用模拟量输出信号监视通用变频器的工作状态。

（3）数字输入/输出接口。通用变频器的数字输入/输出接口主要用于多端频率设定、外部报警、报警宣传及连接控制仪表，编码器、可编程序控制器（PLC）等数字设备。通用变频器可以根据数字信号指令运行，而数字输出接口的作用则主要是通过脉冲计数器给出通用变频器的输出频率监视信号等。

（4）通信接口。通用变频器一般都具有RS 232或RS 485串行通信接口及现场总线模块。

通过通信接口和通信模块可与计算机、可编程序控制器、通用变频器及其他可通信设备连接。

通过通信接口可采用计算机用户程序调试和运行通用变频器，也可以通过现场总线、工业控制计算机或PLC进行网络通信，并可按照工业控制计算机或PLC的指令完成所需的功能。

通过与远程控制系统的连接可以实现通用变频器离线编程和调试、在线控制参数的调整及控制，实现通用变频器的远程监控和管理。

对于通用变频器的通信功能，应用时一般应服从于控制环境。选择相应的通信接口或通信模块以满足控制系统的通信要求。除此之外，应从所交换数据的特性、数量、响应时间、通信距离、灵活性、实用性等方面综合考虑。

特别提醒

各个变频器厂家都备有作为选件的各种接口电路卡。用户可以根据自己的需要选用所需选件来为变频器追加自己所需要的功能。

2. 变频器的接线端子

变频器的外部连接端子分为主电路端子和控制电路端子。把变频器后上盖打开，即可看到主回路端子和控制回路端子。如图 7－21 所示是变频器的典型接线图。

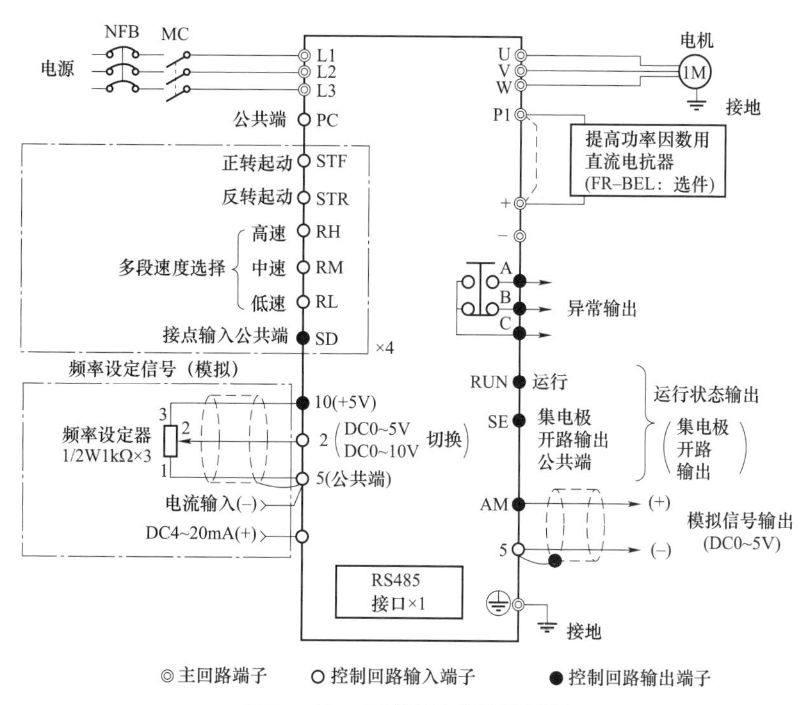

图 7－21　变频器的典型接线图

不同品牌变频器接线端子的数目、端子符号标注可能有所不同。

（1）主电路端子。变频器通过主电路端子与外部连接，主电路端子及其功能见表 7－14。

表 7－14　变频器主电路端子及其功能

端子标记	端子名称	内容
L1、L2、I3	为主电源输入	接三相 380V 工频电源的三根相线
U、V、W	为变频器输出	必须连到三相异步电动机（U、V、W）三相上，不可接到三相电源上，否则会烧坏变频器
—	直流电压公共端	直流电压的公共端子，电源及变频器输出没有绝缘
+，P1	直流电抗器连接端	连接改善功率因数用直流电抗器（拆开连接端子的短路片）
⊥	接地端	变频器外壳接地，必须接大地

（2）控制回路端子。变频器控制回路端子及功能见表 7－15。

表 7-15　　变频器控制回路端子及功能

<table>
<tr><th colspan="3">端子记号</th><th>端子名称</th><th colspan="2">内容</th></tr>
<tr><td rowspan="9">输入信号</td><td rowspan="3">接点输入</td><td>STF</td><td>正转起动</td><td>STF 信号 ON 时为正转，OFF 时为停止指令</td><td rowspan="2">STF、STR 信号同时为 ON 时，为停止指令</td></tr>
<tr><td>STR</td><td>反转起动</td><td>STR 信号 ON 时为反转，OFF 时为停止指令</td></tr>
<tr><td>RH
RM
RL</td><td>多段速度选择</td><td>可根据端子 RH、RM、RL 信号的短路组合，进行多段速度的选择
速度指令的优先顺序是 JOG，多段速设定（RH、RM、RL、REX），AU 的顺序</td><td>根据输入端子功能选择（Pr.60～Pr.63）可改变端子的功能（*4）</td></tr>
<tr><td colspan="2">SD（*1）</td><td>接点输入公共端（漏型）</td><td colspan="2">此为接点输入（端子 STF、STR、RH、RM、RL）的公共端子
端子 5 和端子 SE 被绝缘</td></tr>
<tr><td colspan="2">PC（*1）</td><td>外部晶体管公共端
DC 24V 电源
接点输入公共端（源型）</td><td colspan="2">当连接程序控制器（PLC）之类的晶体管输出（集电极开路输出）时，把晶体管输出用的外部电源接头连接到这个端子，可防止因回流电流引起的误动作
PC-SD 间的端子可作为 DC 24V、0.1A 的电源使用
选择源型逻辑时，此端子为接点输入信号的公共端子</td></tr>
<tr><td colspan="2">10</td><td>频率设定用电源</td><td colspan="2">DC 5V。容许负荷电流 10mA</td></tr>
<tr><td rowspan="2">频率设定</td><td>2</td><td>频率设定（电压信号）</td><td colspan="2">输入 DC 0～5V（0～10V）时，输出成比例；输入 5V（10V）时，输出为最高频率
5V/10V 切换用 Pr.73“0～5V，0～10V 选择”进行
输入阻抗 10kΩ。最大容许输入电压为 20V</td></tr>
<tr><td>4</td><td>频率设定（电流信号）</td><td colspan="2">输入 DC 4～20mA。出厂时调整为 4mA 对应 0Hz，20mA 对应 60Hz 最大容许输入电流为 30mA，输入阻抗约为 250Ω
电流输入时，请把信号 AU 设定为 ON
AU 信号用 Pr.60～Pr.63（输入端子功能选择）设定</td></tr>
<tr><td colspan="2">5</td><td>频率设定公共输入端</td><td colspan="2">此端子为频率设定信号（端子 2.4）及显示计端子“AM”的公共端子。端子 SD 和端子 SE 被绝缘。请不要接地</td></tr>
<tr><td rowspan="4">输出信号</td><td colspan="2">ABC</td><td>报警输出</td><td>变频器的保护功能动作，表示输出停止的 1c 接点输出。AC 230V，0.3A；DC 30V，0.3A。报警时 B-C 之间不导通（A-C 之间导通），正常时 B-C 之间导通（A-C 间不导通）（*6）</td><td rowspan="2">根据输出端子功能选择（Pr.64，Pr.65，可以改变端子的功能（*5）</td></tr>
<tr><td>集电极开路</td><td>运行</td><td>变频器运行中</td><td>变频器输出频率高于启动频率时（出厂为 0.5Hz 可变动）为低电平，停止及直流制动时为高电平（*2）。容许负荷 DC 24V、0.1A</td></tr>
<tr><td colspan="2">SE</td><td>集电极开路公共</td><td colspan="2">变频器运行时端子 RUN 的公共端子。端子 5 及端子 SD 被绝缘</td></tr>
<tr><td>模拟</td><td>AM</td><td>模拟信号输出</td><td>从输出频率，电机电流选择一种作为输出。输出信号与各监示项目的大小成比例</td><td>出厂设定的输出项目：频率容许负荷电流 1mA 输出信号 DC 0~5V</td></tr>
<tr><td>通信</td><td colspan="2">—</td><td>RS 485 接头（*3）</td><td colspan="2">用参数单元连接电缆（FR-CB 201～205），可以连接参数单元（FR-PU04）。可用 RS 485 进行通信运行</td></tr>
</table>

 特别提醒

在具体使用时，有些功能并不需要，应根据实际使用要求进行配线，不需要的控制端可以空着不用。

控制回路接线必须与主回路分开，否则会引起干扰，使控制功能失灵。根据使用要求，设计控制回路接线，不需要的端子可以空开不用。

7.1.6　变频器维护保养

7.7　变频器保养维护

1. 电磁噪声的抑制

（1）在设备排列布置时，应该注意将变频器单独布置，尽量减少可能产生的电磁辐射干扰。尽可能将容易受干扰的弱电控制设备与变频器分开，例如将动力配电柜放在变频器与控制设备之间。

（2）变频器电源的输入侧应采用容量适宜的断路器作为短路保护，但切记不可频繁操作。由于变频器内部有大电容，其放电过程较为缓慢，频繁操作将造成过电压而损坏内部元件。

（3）控制变频调速电动机的启动/停止通常由变频器自带的控制功能来实现，不要通过接触器实现启动/停止。否则，频繁的操作可能损坏变频器的内部元件。

（4）注意大功率变频器运行时产生的高次谐波可能造成电网电压降很大、电网功率因数很低。解决的方法主要有采用无功自动补偿装置以调节功率因数，同时可以根据具体情况在变频器电源进线侧加电抗器以减少对电网产生的影响，而进线电抗器可以由变频器供应商配套提供，但在订货时要加以说明。

（5）尽量减少变频器与控制系统不必要的连线，以避免传导干扰。除了控制系统与变频器之间必须的控制线外，其他如控制电源等应分开。

（6）变频器柜内除本机专用的断路器外，不宜安置其他操作性开关电器，以免开关噪声入侵变频器，造成误动作。

（7）注意限制最低转速。在低转速时，电动机噪声增大、冷却能力下降，若负载转矩较大或满载，可能烧毁电动机。确需低速运转的高负荷变频电动机，应考虑加大额定功率，或增加辅助的强风冷却。

（8）注意防止发生共振现象。由于定子电流中含有高次谐波成分，电动机转矩中含有脉动分量，有可能造成电动机与机械设备产生共振，振动使设备出现故障。应在预先找到负载固有的共振频率后，利用变频器频率跳跃功能设置，躲开共振频率点。

2. 高次谐波的对策

一般来讲，变频器对容量相对较大的电力系统影响不很明显，而对容量小的系统，高次谐波产生的干扰就不可忽视，高次谐波电流和高次谐波电压的出现，对公用电网是一种污染，它使用电设备所处的环境恶化，给周围的通信系统和公用电网及以外的设备带来危害。

一方面，变频器在给人们带来极大的方便、高效率和巨大的经济效益的同时，对电网注入了大量的高次谐波和无用功，使供电质量不断恶化。另一方面，随着以计算机为代表的大量敏感设备的普及应用，人们对公用电网的供电质量要求越来越高，许多国家和地区已经制定了各自的高次谐波标准，以限制供电系统及用电设备的高次谐波污染。

（1）选用适当的电抗器。

1）在电源与变频器输入侧之间串联交流电抗器，这样可使整流阻抗增大，从而有效抑制高次谐波电流，减少电源浪涌对变频器的冲击，改善三相电源的不平衡性，提高输入电源的功率因数（提高到 0.75～0.85），这样进线电流的波形畸变降低 30%～50%，是不加电抗器时谐波电流的一半左右。

由于交流电抗器体积较大、成本较高，当变频器功率大于 30kW 时才考虑配置交流电抗器。

2）在直流中间环节母线中（端子正、负之间）串联直流电抗器，可减小输入电流的高次谐波成分，提高输入电源的功率因数（提高到 0.95）。

此电抗器可与交流电抗器同时使用，当变频器功率大于 30kW 时才考虑配置。

3）输出电抗器（电动机电抗器）。由于电动机与变频器之间的电缆存在分布电容，尤其是在电缆距离较长且电缆较粗时，变频器经逆变输出后调制方波会在电路上产生一定的过电压，使电动机无法正常工作，可以通过在变频器和电动机间连接输出电抗器来进行限制。

（2）选用适当的滤波器。在变频器输入、输出电路中有许多高频谐波电流，滤波器可用于抑制变频器产生的电磁干扰噪声的传导，也可抑制外界无线电干扰以及瞬时冲击、浪涌对变频器的干扰。根据使用位置的不同可以分为输入滤波器和输出滤波器。

对于小容量、多台安装的变频装置，单独增加滤波设备显然投入太大，且现有空间有限，因此应考虑在低压母线上直接安装有源滤波器。

（3）采用多相脉冲整流。在条件允许或是要求谐波限制在比较小的情况下，可采用多相整流的方法。12 相脉冲整流的畸变为 10%～15%，18 相的畸变为 3%～8%，完全满足国际标准的要求。其缺点是需要专用变压器，不利于设备的改造，成本费用较高。

（4）选用 D－YN11 接线组别的三相配电变压器。三相变压器中把一次侧绕组接成三角形，二次侧绕组为星形且中性点和“11”连接，以保证相电动势的波形接近于正弦波形，从而避免了相电动势波形畸变的影响。此时，由地区低压电网供电的 220V 负荷线路电流不会超过 30A，可用 220V 单相供电，否则应以 220/380V 三相四线供电。

（5）减少或削弱变频器谐波的其他方法。

1）当电动机电缆长度大于 50m 或 80m（非屏蔽）时，为了防止电动机启动时的瞬时过零电压，在变频器与电动机之间安装交流电抗器。

2）当设备附近环境有电磁干扰时，加装抗射频干扰滤波器。

3）使用具有隔离功能的变压器，可以将电源侧绝大部分的传导干扰隔离在变压器之前。

4）合理布线，屏蔽辐射。在电动机与变频器之间的电缆应穿钢管敷设或用铠装电缆，并和其他弱电信号线分走不同的电缆沟敷设，降低线路干扰，变频器使用专用接地线。

5）选用具有开关电源的仪表等低压电器。

6）在使用单片机、PLC 等为核心的控制系统中，在编制软件的时候适当增加对检测信号和输出控制部分的信号滤波，以增加系统自身的抗干扰能力。

3. 变频器日常检查项目

变频器日常检查，包括不停止变频器运行或不拆卸其盖板进行通电和启动试验，通过目测变频器的运行状况，确认有无异常情况，通常检查如下内容：

（1）键盘面板显示是否正常，有无缺少字符。仪表指示是否正确，是否有振动、振荡等现象。

（2）冷却风扇部分是否运转正常，是否有异常声音等。

（3）变频器及引出电缆是否有过热、变色、变形、异味、噪声、振动等异常情况。

（4）变频器周围环境是否符合标准规范，温度与湿度是否正常。

（5）变频器的散热器温度是否正常，电动机是否有过热、异味、噪声、振动等异常情况。

（6）变频器控制系统是否有集聚尘埃的情况。

（7）变频器控制系统的各连接线及外围电器元件是否有松动等异常现象。

（8）检查变频器的进线电源是否异常，电源开关是否有电火花、缺相，引线压接螺栓是否松动，电压是否正常等。

4. 变频器定期检查项目

根据使用情况，每3个月或1年对变频器进行一次定期检查。定期检查须在变频器停止运行，切断电源，再打开机壳后进行。但必须注意，变频器即使切断了电源，主电路直流部分滤波电容器放电也需要时间，须待充电指示灯熄灭后，用万用表等确认直流电压已降到安全电压（DC 25V 以下），然后再进行检查。变频器在运行期间定期停机检查的项目见表7－16。

表7－16 变频器定期检查

序号	定期检查项目	异常对策
1	输入、输出端子及铜排是否过热变色，变形。输入R、S、T与输出U、V、W端子座是否有损伤	更换端子
2	R、S、T和U、V、W与铜排连接是否牢固	用螺钉旋具拧紧
3	主回路和控制回路端子绝缘是否满足要求	处理绝缘，使其达到要求
4	电力电缆和控制电缆有无损伤或老化变色	更换电缆
5	功率元器件、印制电路板、散热片等表面有无粉尘、油雾吸附，有无腐蚀及锈蚀现象	如有污损，用抹布沾上中性化学剂擦拭；如有粉尘；可用吸尘器吸去粉尘
6	检查滤波电容和印制板上电解电容有无鼓肚变形现象，有条件时可测定实际电容值	更换电容器
7	对长期不使用的变频器，应进行充电试验，使变频器主回路电解电容器的充放电特性得以恢复。充电时，应使用调压器慢慢升高变频器的输入电压直至额定电压，通电时间应在2h以上，可以不带负载。充电试验至少每年一次	定期充电试验
8	散热风机和滤波电容器属于变频器的损耗件，有定期强制更换的要求	定期更换
9	冷却风扇是否有异常声音、异常振动	更换冷却风扇

5. 变频器的日常保养

各行各业变频器的大量使用，随着使用时间推移引起的变频器元器件老化，使用不当引起的故障，除了需要及时的维修外，在日常使用时也需要多加注意变频器的保养，这样才能够延长变频器的寿命，才能更加长远的使用。

（1）变频器每季度要清灰保养1次。要清除变频器内部和风路内的积灰、脏物，将变频器表面擦拭干净；同时要仔细看变频器内有无发热变色部位，水泥电阻有无开裂现象，电解电容有无膨胀漏液、防爆孔突出等现象，PCB板是否异常，有没有发热烧黄部位。

（2）变频器不要装在有振动的设备上，因为这样变频器里面的主回路连接螺钉容易松动，有不少变频器就是因此而损坏的。

（3）经常要急停车的变频器最好不要依靠变频器本身停车，应另加制动电阻或采用机械制动，否则变频器经常受电机反电动势冲击，故障率会大大提高。

（4）如果变频器经常在10Hz以下运行，则电机要另加散热风扇或者选用变频电机。

（5）灰尘与潮湿是变频器的最大杀手。最好能将变频器安装在空调房间里，或装在有滤尘网的电气柜里，要定时清扫电路板及散热器上的灰尘；停机一段时间的变频器在通电前最好用电吹风吹一下电路板。

（6）防雷也很重要。虽然这种情况很少发生，但变频器一旦遭雷击，将损坏严重。恒压供水的变频器最容易被雷击，因为其有一条伸向天空的引雷水管。

（7）当变频器坏了以后，要交给有维修经验的人修理，否则可能越修越坏！

7.2 PLC 应用基础

7.8 认识PLC

7.2.1 PLC简介

PLC，即可编程控制器，是指以计算机技术为基础的新型工业控制装置。它采用一类可编程的存储器，用于其内部存储程序、执行逻辑运算、顺序控制、定时、计数与算术操作等面向用户的指令，并通过数字或模拟式输入/输出控制各种类型的机械或生产过程。

1. PLC的主要作用

（1）用于顺序控制。顺序控制是根据有关输入开关量的当前与历史的状况，产生所要求的开关量输出，以使系统能按一定顺序工作。这是PLC最基本、最广泛的应用领域，它取代传统的继电器电路，实现逻辑控制、顺序控制，既可用于单台设备的控制，也可用于多机群控及自动化流水线。如注塑机、印刷机、订书机械、组合机床、磨床、包装生产线、电镀流水线等。常用的顺序控制方式见表7-17。

表7－17　　常用顺序控制方式

序号	控制方式	说明
1	随机控制	根据随机出现的条件实施控制
2	动作控制	根据动作完成的情况实施控制
3	时间控制	根据时间推进的进程实施控制
4	计数控制	根据累计计数的情况实施控制
5	混合控制	包含以上几种控制的组合

使用PLC实现顺序控制是PLC的初衷，也是它的强项。在顺序控制领域，至今还没有别的控制器能够取代它。

（2）用于过程控制。过程控制的目的是根据有关模拟量（如电流、电压、温度、压力等）的当前与历史的输入状况，产生所要求的开关量或模拟量输出，以使系统工作参数能按一定要求工作。其是连续生产过程最常用的控制。过程控制的类型很多。

由于各种过程控制模块的开发与应用，以及相关软件的推出及使用，用PLC进行各种过程控制已变得很容易，其编程也很简便。

过程控制在冶金、化工、热炉控制等场合有着非常广泛的应用。

（3）用于运动控制。运动控制主要是指对工作对象的位置、速度及加速度所作的控制。可以是单坐标，即控制对象做直线运动；也可是多坐标的，控制对象的平面、立体，以至于角度变换等运动。有时，还可控制多个对象，而这些对象间的运动可能还要有协调。

各主要PLC厂家的产品几乎都有运动控制功能，广泛用于各种机械、机床、机器人、电梯等场合。

（4）用于信息控制。信息控制也称数据处理，是指数据采集、存储、检索、变换、传输及数据表处理等。随着技术的发展，PLC不仅可用作系统的工作控制，还可用作系统的信息控制。

PLC用于信息控制有两种：专用（用作采集、处理、存储及传送数据）、兼用（在PLC实施控制的同时，也可实施信息控制）。

随着计算机控制的发展，工厂自动化网络发展得很快，各PLC厂商都十分重视PLC的通信功能，纷纷推出各自的网络系统。新近生产的PLC都具有通信接口，通信非常方便。

（5）用于远程控制。远程控制是指对系统远程部分的行为及其效果实施检测与控制。PLC有多种通信接口，有很强的联网、通信能力，并不断有新的联网的模块与结构推出。所以，PLC远程控制是很方便的。例如：PLC与PLC可组成控制网；PLC与智能传感器、智能执行装置（如变频器），也可联成设备网；PLC与可编程终端也可联网、通信；PLC可与计算机通信，加入信息网；利用PLC的以太网模块，可用其使PLC加入互联网，也可设置自己的网址与网页。

以上介绍的五大控制，前三个是为了使不同的系统都能实现自动化。信息控制是为了实现信息化，其目的是使自动化能建立在信息化的基础上，实现管理与控制结合，进而做到供、产、销无缝连接，确保自动化效益。远程控制则是使在信息化基础上的自动化能远程化。

2. PLC 的类型

（1）按结构分为整体型和模块型两类。整体型 PLC 的 I/O 点数固定，因此用户选择的余地较小，用于小型控制系统，如图 7－2（a）所示。

模块型 PLC 提供多种 I/O 卡件或插卡，因此，用户可较合理地选择和配置控制系统的 I/O 点数，功能扩展方便灵活，一般用于大、中型控制系统，如图 7－22（b）所示。

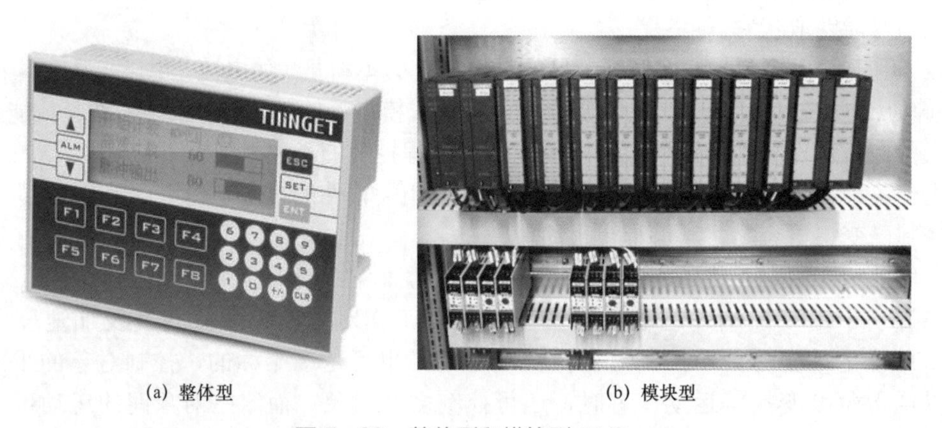

(a) 整体型　　(b) 模块型

图 7－22　整体型和模块型 PLC

由模块联结成系统有三种方法。

1）无底板，靠模块间接口直接相联，然后再固定到相应导轨上。OMRON 公司的 CQM1 机就是这种结构，比较紧凑。

2）有底板，所有模块都固定在底板上。OMRON 公司的 C200Ha 机，CV2000 等中、大型机就是这种结构。它比较牢固，但底板的槽数是固定的，如 3、5、8、10 槽等。槽数与实际的模块数不一定相等，配置时难免有空槽，造成浪费。

3）用机架代替底板，所有模块都固定在机架上。这种结构比底板式的复杂，但更牢靠。一些特大型的 PLC 用的多为这种结构。

（2）按应用环境，可分为现场安装和控制室安装两类。

（3）按 CPU 字长，可分为 1，4，8，16，32，64 位等。从应用角度出发，通常可按控制功能或输入输出点数选型。

（4）按控制规模分。控制规模主要是指控制开关量的入、出点数及控制模拟量的模入、模出，或两者兼而有之（闭路系统）的路数。但主要以开关量计。模拟量的路数可折算成开关量的点，大致一路相当于 8～16 点。依这个点数，PLC 大致可分为微型机、小型机、中型机，以及大型机和超大型机。

微型机控制点仅几十点；小型机控制点可达 100 多点；中型机控制点数可达近 500 点，以至于千点；大型机的控制点数一般在 500 点以上；超大型机的控制点数可达万点，以至于几万点，如图 7－23 所示。以上这种划分是不严格的，只是大致的，目的是便于系统的配置及使用。

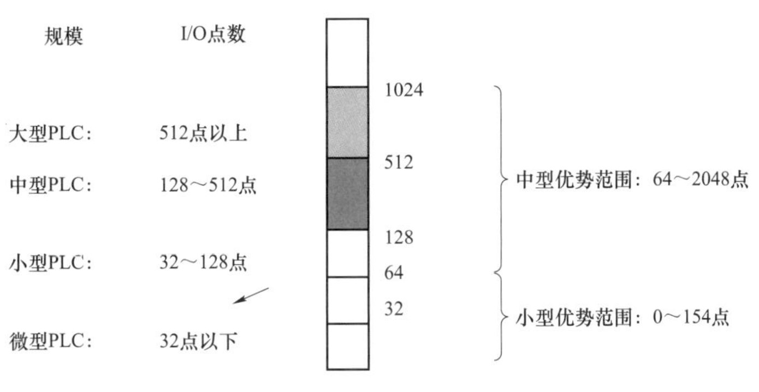

图 7－23 PLC 按 I/O 点数分类

3. PLC 的应用领域

目前，只要是涉及工业控制的任何地方，都可以采用 PLC 来控制。PLC 在国内外已广泛应用于钢铁、石油、化工、电力、建材、机械制造、汽车、轻纺、交通运输及文化娱乐等各个行业。

PLC 的应用领域仍在扩展，已从传统的产业设备和机械的自动控制，扩展到以下应用领域：中小型过程控制系统、远程维护服务系统、节能监视控制系统，以及与生活关联的机器、与环境关联的机器，而且均有急速的上升趋势。

4. PLC 的优缺点

PLC 技术之所以高速发展，除了工业自动化的客观需要外，主要是因为它具有可靠性高、编程简单、安装维护方便、能耗低等许多独特的优点，较好地解决了工业领域中普遍关心的可靠性、安全性、灵活性、方便性、经济性等问题。

PLC 的缺点主要是各 PLC 厂家的硬件体系互不兼容，编程语言及指令系统也各异，当用户选择了一种 PLC 产品后，必须选择与其相应的控制规程，并且学习特定的编程语言。

7.2.2 PLC 硬件系统

PLC 实质上是一种工业专用的计算机，它比一般的计算机具有更强的与工业过程相连接的接口，更能适应于工业控制要求的编程语言。PLC 系统的组成与计算机控制系统的组成基本相同，即由硬件系统和软件系统两大部分组成。但是，其结构与一般微型计算机又有所区别。

7.9 PLC 内部主要部件

PLC 采用了典型的计算机结构，主要由中央处理模块、电源模块、存储模块、输入/输出模块和外部设备（编程器和专门设计的输入/输出接口电路等）组成，如图 7－24 所示为典型的 PLC 硬件结构图。

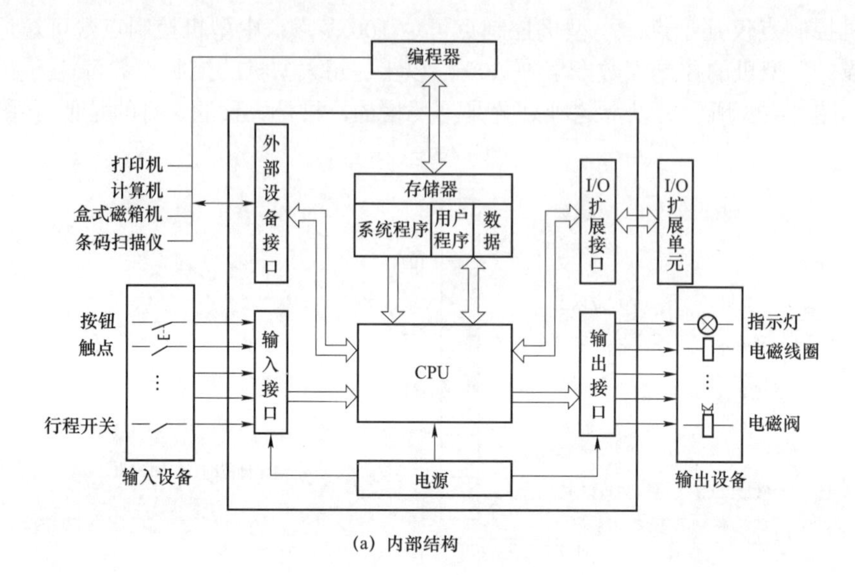

(a) 内部结构

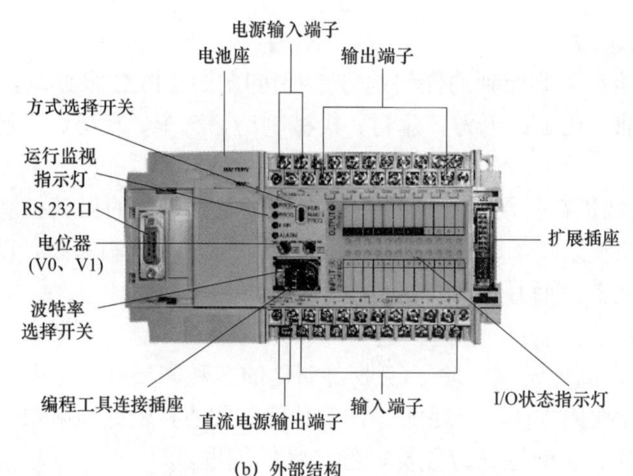

(b) 外部结构

图 7-24 典型 PLC 的基本结构

主机内的各个部分通过电源总线、控制总线、地址总线连接。根据实际控制对象的需要，配置不同的外部设备，可构成不同档次的 PLC 控制系统。

1. 中央处理模块（CPU）

（1）CPU 的功能。中央处理模块（CPU）是 PLC 的核心，负责指挥与协调 PLC 的工作。CPU 模块一般由控制器、运算器和寄存器组成，这些电路集成在一个芯片上。其主要功能如下：

1）接收并存储从编程器输入的用户程序和数据。

2）用扫描的方式接收现场输入设备状态或数据，并存入输入映像寄存器或数据寄存器中。

3）检查电源、PLC 内部电路工作状态和编程过程中的语法错误等。

4）PLC 进入运行状态后，从存储器中读取用户程序并进行编译，执行并完成用户程序中规定的逻辑或算术运算等任务。

5）根据运算的结果，完成指令规定的各种操作，再经输出部件实现输出控制、制表打印或数据通信等功能。

（2）CPU 的种类。PLC 常用的 CPU 主要采用通用微处理器、单片微处理器芯片、双极型位片式微处理器三种。

1）通用微处理器，常用的是 8 位机和 16 位机，如 Z80A、8085、8086、6502、M6800、M6809、M68000 等。

2）单片微处理器芯片，常用的有 8039、8049、8031、8051 等。

3）双极型位片式微处理器，常用的有 AMD2900、AMD2903 等。

2. 存储模块

存储模块是具有记忆功能的半导体电路，PLC 的存储器是用来存储系统程序及用户的器件，主要有两大类。一种是可进行读/写操作的随机存取的存储器 RAM；另一种为只能读出不能写入的只读存储器 ROM，包括 PROM、EPROM、EEPROM。

PLC 配置有系统程序存储器（EPROM 或 EEPROM）和用户程序存储器（RAM）。

（1）系统存储器。系统存储器用于存储系统和监控程序，存储器固化在只读存储器 ROM 内部，芯片由生产厂家提供，用户只能读出信息而不能更改（写入）信息。其中：

监控程序——用于管理 PLC 的运行；

编译程序——用于将用户程序翻译成机器语言；

诊断程序——用于确定 PLC 的故障内容。

（2）用户存储器。用户存储器包括用户程序存储区和数据存储区，用来存放编程器（PRG）或磁带输入的程序，即用户编制的程序。

1）用户程序存储区的内容可以由用户任意修改或增删。用户程序存储器的容量一般代表 PLC 的标称容量，通常小型机小于 8KB，中型机小于 64KB，大型机在 64KB 以上。

2）用户数据存储区用于存放 PLC 在运行过程中所用到的和生成的各种工作数据。用户数据存储区包括输入数据映像区、输出数据映像区、定时器、计算器的预置值和当前值的数据区和存放中间结果的缓冲区等。这些数据是不断变化的，但不需要长久保存，因此采用随机读写存储器 RAM。随机读写存储器 RAM 是一种挥发性的器件，即当供电电源关掉后，其存储的内容会丢失，因此在实际使用中通常为其配备掉电保护电路。当外接电源关断后，由备用电池为它供电，保护其存储的内容不丢失。

PLC 中已提供了一定容量的存储器供用户使用。若不够用，大多数 PLC 还提供了存储器扩展功能。

特别提醒

当用户程序确定不变后，可将其固化在只读存储器中。写入时加高电平，擦除时用紫外线照射。而 EEPROM 存储器除可用紫外线照射擦除外，还可用电擦除。

3. 输入/输出模块（I/O 模块）

输入/输出模块是 CPU 与现场 I/O 装置或其他外部设备之间的连接部件。PLC 提供了各种操作电平与驱动能力的 I/O 模块和各种用途的 I/O 组件供用户选用。如输入/输出电平转换、电气隔离、串/并行转换数据、误码校验、A/D 或 D/A 转换，以及其他功能模块等。

I/O 模块将外界输入信号变成 CPU 能接收的信号，或将 CPU 的输出信号变成需要的控制信号去驱动控制对象（包括开关量和模拟量），以确保整个系统正常工作。

输入的开关量信号接在 IN 端和 0V 端之间，PLC 内部提供 24V 电源，输入信号通过光电隔离，通过 R/C 滤波进入 CPU 控制板，CPU 发出输出信号至输出端。

（1）输入接口电路。PLC 的输入接口有直流输入接口、交流输入接口、交流/直流输入接口三种，如图 7－25 所示。

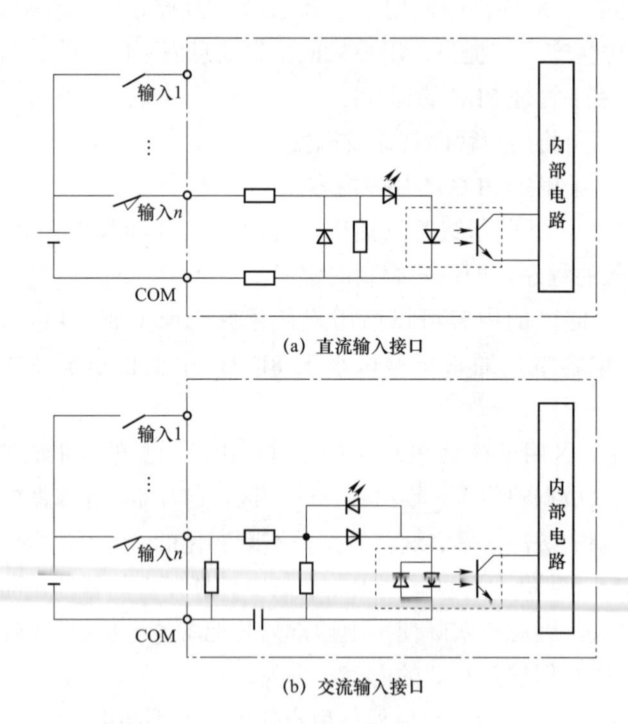

图 7－25　PLC 的输入接口电路（一）

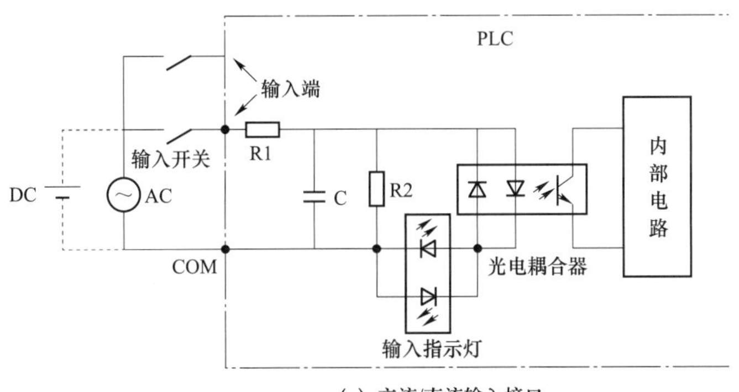

(c) 交流/直流输入接口

图 7－25 PLC 的输入接口电路（二）

（2）PLC 输出接口。PLC 输出接口的作用是将 PLC 的输入信号，即用户程序的逻辑运算结果传给外部负载即用户输出设备，并将 PLC 内部的低电平信号转换为外部所需电平的输出信号，并具有隔离 PLC 内部电路与外部执行元件的作用。

PLC 输出接口电路有三种方式：晶体管方式、晶闸管方式和继电器方式，如图 7－26 所示。

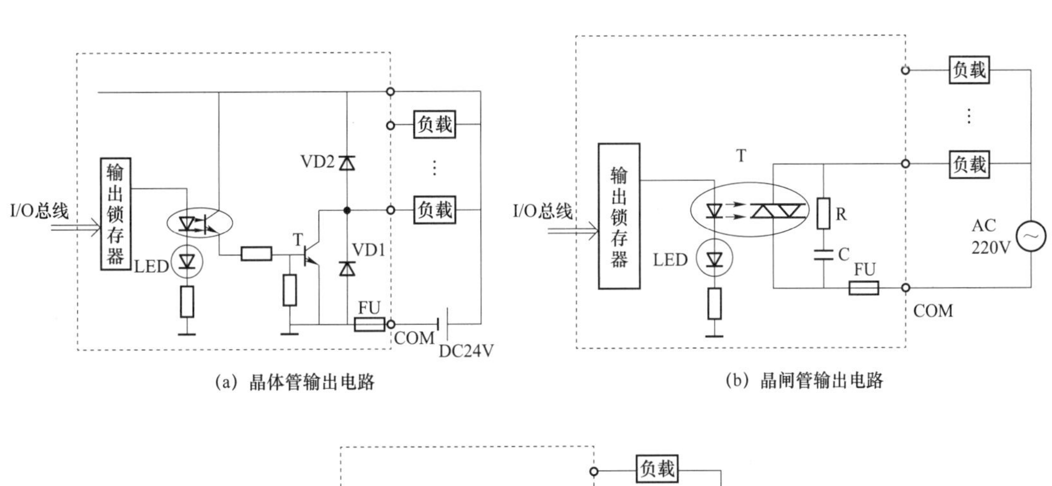

(a) 晶体管输出电路　　(b) 晶闸管输出电路

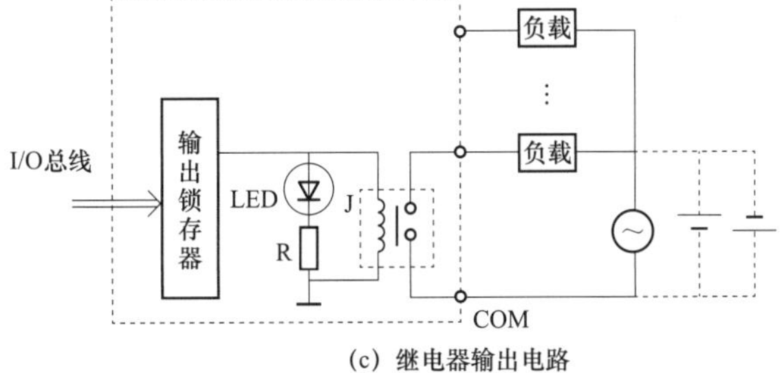

(c) 继电器输出电路

图 7－26 输出接口电路

1）晶体管输出方式（直流输出接口）。当需要某一输出端产生输出时，由 CPU 控制，将用户程序数据区域相应的运算结果调至该路输出电路，输出信号经光电耦合器输出，使晶体管导通，并使相应的负载接通，同时输出指示灯亮，指示该路输出端有输出。负载所需直流电源由用户提供。

2）晶闸管输出方式（交流输出接口）。当需要某一输出端产生输出时，由 CPU 控制，将用户程序数据区域相应的运算结果调至该路输出电路，输出信号经光电耦合器输出，使晶闸管导通，并使相应的负载接通，同时输出指示灯亮，指示该路输出端有输出。负载所需交流电源由用户提供。

3）继电器输出方式（交/直流输出接口）。采用继电器作开关器件，既可带直流负载，也可带交流负载。

为了满足工业自动化生产更加复杂的控制需要，PLC 还配有很多 I/O 扩展模块接口，如图 7－27 所示为 FX_{2N} 系列 PLC 的 I/O 扩展模块接口。

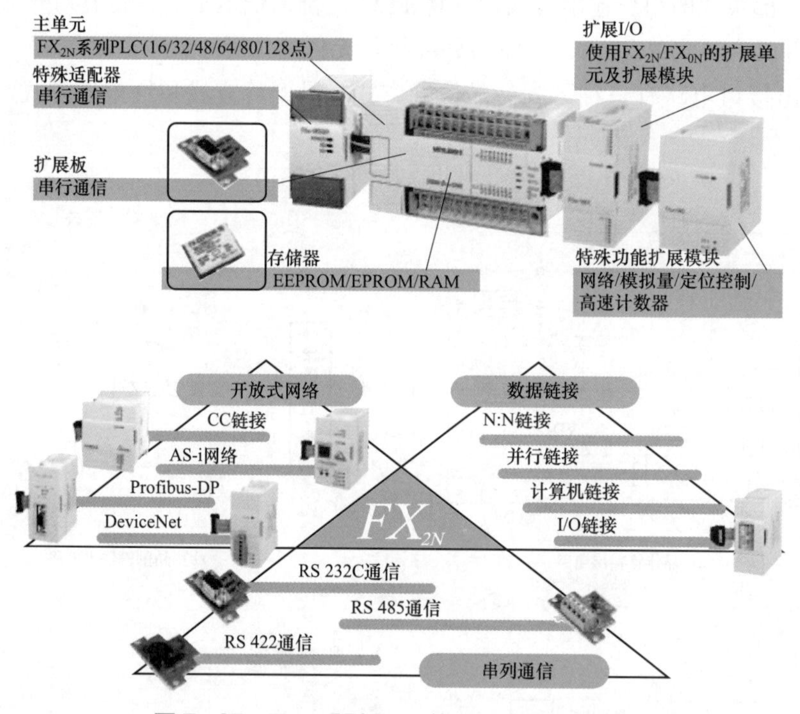

图 7－27　FX_{2N} 系列 PLC 的 I/O 扩展模块接口

4. 电源模块

PLC 电源模块的作用是将电网中的交流电转换成 PLC 内部电子电路工作所需的直流稳压电源（直流 5、±12、24V），供 PLC 各个单元正常工作。一般采用开关电源，因此对外部电源的稳定性要求不高，一般允许外部电源电压的额定值在±10%的范围内波动。

有些 PLC 的电源模块能向外提供直流 24V 稳压电源，用于对外部传感器供电（仅供输入端子使用，驱动 PLC 负载的电源由用户提供）。

特别提醒

为了防止在外部电源发生故障的情况下，PLC 内部程序和数据等重要信息的丢失，PLC 用锂电池做停电时的后备电源。在停电更换电池时，首先要备份用户程序。

PLC 一般使用 3.6V 的锂电池，要想不丢失程序就要保证电池电压足够，建议在 PLC 通电情况下更换电池。

5. 外部设备

（1）编程器。编程器是 PLC 系统的人机接口，用户可以利用编程器对 PLC 进行程序的输入、编辑、修改和调试，还可以通过其键盘去调用和显示 PLC 的一些内部状态和系统参数。它通过通讯端口与 CPU 联系，从而完成人机对话。

编程器上有供编程用的各种功能键和显示灯，以及编程、监控转换开关。编程器的键盘采用梯形图语言键符式命令语言助记符，也可以采用软件指定的功能键符，通过屏幕对话方式进行编程。

编程器分为简易型和智能型两类。前者只能联机编程，而后者既可联机编程又可脱机编程。同时前者输入梯形图的语言键符，后者可以直接输入梯形图。根据不同档次的 PLC 产品选配相应的编程器。

编程器有手持式和台式两种，最常用的是手持式编程器，如图 7-28 所示。

(a) 实物图

连接用接插件
MELSEC FX-20P
MTTSUBISHI
液晶显示屏（16字符×4行带后照明）
W 1234 LD M 55
1235 ANI X 107
1236 OR Y 37
▶ 1237 NOP
其他键
功能键
清除键
专用键
辅助键
空格键
步序键
指令键 元件符号键 数字键
光标键
执行键
RD/WR LNS/ENT MET TEST OUHER CLEAR
LD X AND M OR Z/V FNC K/H HELP
LDI Y ANI S ORI T – P/I • SP
OUT C ANB D QRB E END F STEP
SET 8 PLS 9 MC A STL B ↑
RST 4 PLF 5 MCR 6 RET 7 ↓
NOP 0 MPS 1 MRD 2 MPP 3 GO

(b) 结构图

图 7-28　三菱 FX 系列手持式编程器（一）

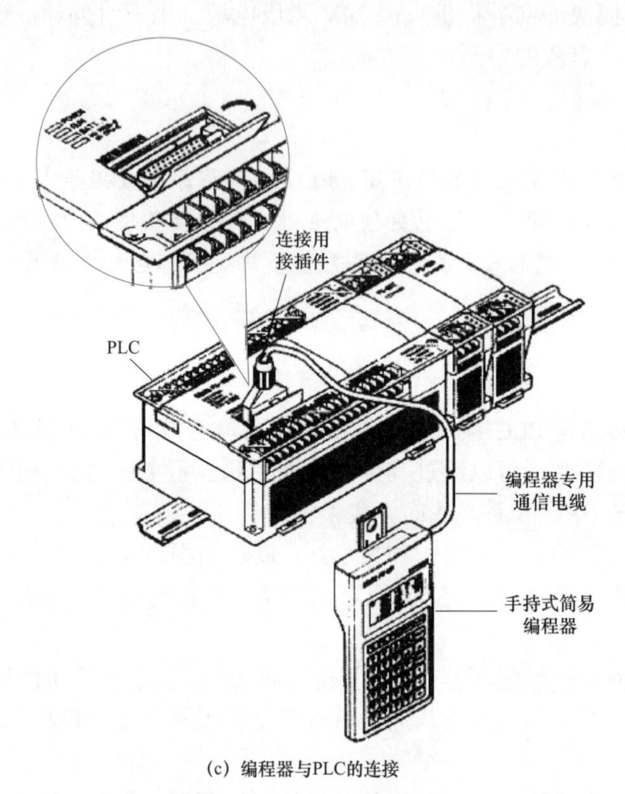

(c) 编程器与PLC的连接

图7-28 三菱FX系列手持式编程器（二）

特别提醒

PLC 编程器是工业自动控制的专用装置，不同品牌的 PLC 编程软件不通用，相同品牌不同系列的 PLC 都有可能采用各自独立的 PLC 编程软件。

（2）其他外部设备。外部设备已发展成为 PLC 系统的不可分割的一个部分。一般 PLC 都配有打印机、存储设备、监控设备（小的有数据监视器，可监视数据；大的还可能有图形监视器）等外部设备。

7.2.3 PLC 软件系统

PLC 软件系统包括系统软件和应用软件（用户程序）两大部分。系统软件用于控制 PLC 的运作；应用软件（用户程序）由使用者编制录入，保存在用户存储器中，用于控制外部对象的运行。

1. PLC 的系统软件

系统软件是系统的管理程序、用户指令解释程序和一系列用于系统调用的标准程序块等。系统软件由 PLC 制造厂家编制并固化在 ROM 中，ROM 安装在 PLC 上，随产品提

供给用户。即系统软件在用户使用系统前就已经安装在 PLC 内，并永久保存，用户不能更改。

特别提醒

改进系统软件可以在不改变硬件系统的情况下大大改善 PLC 的性能，所以 PLC 制造厂家对系统软件的编制极为重视，使产品的系统软件不断升级和改善。

2. PLC 的应用软件

应用软件又称用户程序，是由用户根据生产过程的控制要求，采用 PLC 编程语言自行编制的应用程序。

用户程序包括开关量逻辑控制程序、模拟量运算程序、闭环程序和操作站系统应用程序等。

（1）开关量逻辑控制程序。开关量逻辑控制程序是 PLC 中最重要的一部分，一般采用梯形图、助记符或功能表图等编程语言编制。不同 PLC 生产厂家提供的编程语言有不同的形式，至今还没有一种能全部兼容的编程语言。

（2）模拟量运算程序及闭环控制程序。通常，它们是在大 PLC 上实施的程序，由用户根据需要按 PLC 提供的软件和硬件功能进行编制，编程语言一般采用高级语言或汇编语言。

（3）操作站系统应用程序。它是大型 PLC 系统经过通信联网后，由用户为进行信息交换和管理而编制的程序，包括各类画面的操作显示程序，一般采用高级语言实现。

PLC 的编程语言主要有梯形图语言（LD）、指令表语言（IL）、功能模块图语言（FBD）、顺序功能流程图语言（SFC）和结构化文本语言（ST）5 种，可归纳两种类型：一是采用字符表达方式的编程语言，如语句表等；二是采用图形符号表达方式编程语言，如梯形图等。

如图 7－29 所示为电动机正反转控制电路，分别用继电－接触器控制原理图和梯形图绘制的。仔细对比，这两种控制电路还是有许多区别。

1）本质区别：继电控制原理图使用的是硬件继电器和定时器等，靠硬件连接组成控制线路；而 PLC 梯形图使用的是内部软继电器、定时器等，靠软件实现控制，因此 PLC 的使用具有更高的灵活性，修改控制过程非常方便。

2）梯形图由触点、线圈和应用指令等组成。梯形图中的触点代表逻辑输入器件，例如外部的开关、按钮和内部条件等。梯形图中的线圈可以用圆圈（内部有文字标记，如 Y0、Y1 等）表示，通常代表内部继电器线圈、输出继电器线圈或定时/计数器的逻辑运算结果，用来控制外部的指示灯、交流接触器和内部的输出标志位等。应用指令就是梯形图中的应用程序，它将梯形图中的触点、线圈等按照设计的控制要求联系在一起，完成相应的控制功能。

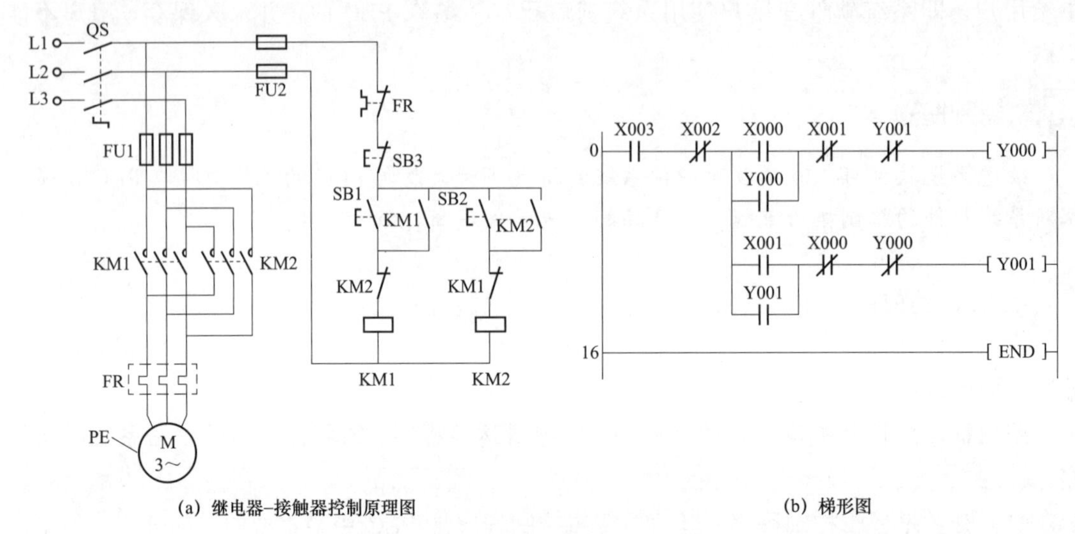

(a) 继电器–接触器控制原理图　　(b) 梯形图

图 7–29　电动机正反转控制电路

3）梯形图中的软继电器不是物理继电器，每个软继电器为存储器中的一位，相应位为"1"，表示该继电器线圈得电，因此称其为软继电器。用软继电器就可以按继电器控制系统的形式来设计梯形图。

4）梯形图中流过的"电流"是"能量流"，"能量流"不允许倒流，它只能从左到右、自上而下流动。"能量流"到，表示线圈接通。"能量流"流向的规定表示出 PLC 的扫描是自左向右、自上而下顺序地进行；而继电器控制系统中的电流是不受方向限制的，导线连接到哪里，电流就可流到哪里。

7.10　PLC 主要性能指标

特别提醒

一个完整的用户程序应当包含一个主程序、若干子程序和若干中断程序三大部分。

7.2.4　PLC 的性能指标及工作原理

1. 描述 PLC 性能指标的常用术语

在描述 PLC 的性能时，经常用到位（Bit）、数字（Digit）、字节（Byte）及字（Word）等术语，见表 7–18。知晓了这些术语的含义，才能正确理解 PLC 的性能指标的含义。

表 7–18　描述 PLC 性能指标的常用术语

术语名称	术语含义及说明
位（Bit）	位指二进制数的一位，仅有 1、0 两种取值。位是电子计算机中最小的数据单位。 一个位对应 PLC 的一个软继电器，某位的状态为 1 或 0，分别对应该继电器线圈得电（ON）或失电（OFF）

续表

术语名称	术语含义及说明
数字（Digit）	4位二进制数构成一个数字，这个数字可以是0000～1001（十进制数），也可是0000～1111（十六进制数）
字节（Byte）	2个数字或8位二进制数构成一个字节。1个字节可以储存1个英文字母或者半个汉字
字（Word）	2个字节构成一个字。 在PLC术语中，字也称为通道。一个字含16位，或者说一个通道含16个继电器

特别提醒

1字=2字节；1字节=8位。

2. PLC主要技术性能指标

PLC的种类很多，各个厂家的PLC产品技术性能不尽相同，表7-19列出了PLC的一些常用的基本技术性能指标。

表7-19 PLC的常用基本技术性能指标

性能指标	说明
存储容量	一般以PLC所能存放的用户程序的多少来衡量（也就是说，存储容量指的是用户程序存储器的容量）。用户程序存储器容量决定了PLC可以容纳用户程序的长短，一般以字为单位来计算、每1024个字为1k字。中、小型PLC的存储容量一般在8k以下，大型PLC的存储容量可达到256k～2M。也有的PLC用存放用户程序的指令条数来表示容量
I/O点数	输入/输出点，I代表INPUT，指输入；O代表OUTPUT，指输出。输入/输出都是针对控制系统而言，输入是指从仪表进入控制系统的测量参数，输出是指从控制系统输出到执行机构的参量，一个参量称为一个点。一个控制系统的规模有时按照它最大能够控制I/O点的数量来定的I/O点数，即PLC面板上的输入、输出端子的个数。 I/O点数是衡量PLC性能的重要指标之一。I/O点数越多，外部可接的输入器件和输出器件就越多，控制规模就越大
扫描速度	扫描速度是指PLC执行程序的速度，是衡量PLC性能的重要指标。一般以扫描1k字所用的时间来衡量扫描速度，通常以ms/kB为单位。通过比较各种PLC执行相同的操作所用的时间，可衡量其扫描速度的快慢
指令系统	PLC编程指令种类越多，软件功能越强，其处理能力及控制能力就越强；用户的编程越简单、方便，越容易完成复杂的控制任务。 指令系统是衡量PLC能力强弱的主要指标
内部器件的种类和数量	内部器件包括各种继电器、计数器/定时器、数据存储器等。其种类越多、数量越大，存储各种信息的能力和控制能力就越强
扩展能力	PLC的扩展能力包括I/O点数的扩展、存储容量的扩展、联网功能的扩展，以及各种功能模块的扩展等。在选择PLC时，常常要考虑PLC的扩展能力
特殊功能模块的数量	PLC除了主控模块外，还可以配置各种特殊功能模块。特殊功能模块种类的多少和功能的强弱是衡量PLC产品水平高低的一个重要指标
通信功能	通信可分为PLC之间的通信和PLC与其他设备之间的通信两类。通信主要涉及通信模块、通信接口、通信协议和通信指令等内容。PLC的组网和通信能力也是PLC产品水平的重要衡量指标之一

7.11 PLC工作原理

3. PLC 的工作方式

PLC 的工作原理可以简单地表述为在系统程序的管理下，通过运行应用程序完成用户任务。个人计算机与 PLC 的工作方式有所不同，计算机一般采用等待命令的工作方式。而 PLC 在确定了工作任务，装入了专用程序后成为一种专用机，它采用循环扫描工作方式，系统工作任务管理及应用程序执行都是循环扫描方式完成的。

最初研制生产的 PLC 主要用于代替传统的由继电器接触器构成的控制装置，但这两者的运行方式是不相同的。

继电器控制装置采用硬逻辑并行运行的方式，即如果这个继电器的线圈通电或断电，该继电器所有的触点（包括其常开或常闭触点）在继电器控制线路的哪个位置上都会立即同时动作。

PLC 的 CPU 则采用顺序逻辑扫描用户程序的运行方式，即如果一个输出线圈或逻辑线圈被接通或断开，该线圈的所有触点（包括其常开或常闭触点）不会立即动作，必须等扫描到该触点时才会动作。

为了消除二者之间由于运行方式不同而造成的差异，考虑到继电器控制装置各类触点的动作时间一般在 100ms 以上，而 PLC 扫描用户程序的时间一般均小于 100ms，因此，PLC 采用了一种不同于一般微型计算机的运行方式——扫描技术。这样在对于 I/O 响应要求不高的场合，PLC 与继电器控制装置的处理结果上就没有什么区别了。

（1）扫描工作方式。PLC 运行时，用户程序中有许多操作需要去执行，但一个 CPU 每一时刻只能执行一个操作而不能同时执行多个操作，因此 CPU 按程序规定的顺序依次执行各个操作。这种多个作业依次按顺序处理的工作方式被称为扫描工作方式。这种扫描是周而复始无限循环的，每扫描一次所用的时间称为扫描周期。

当 PLC 投入运行后，其工作过程一般分为三个阶段，即输入采样、用户程序执行和输出刷新三个阶段，如图 7-30 所示。完成上述三个阶段称作一个扫描周期。在整个运行期间，PLC 的 CPU 以一定的扫描速度重复执行上述三个阶段。

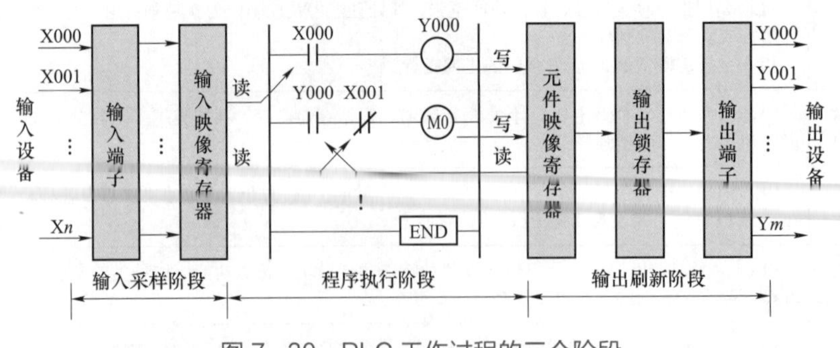

图 7-30　PLC 工作过程的三个阶段

扫描工作方式是 PLC 的基本工作方式。这种工作方式会对系统的实时响应产生一定滞后的影响。有的 PLC 为了满足某些对响应速度有特殊需要的场合，特别指定了特定的输入/输出端口以中断的方式工作，大大提高了 PLC 的实时控制能力。

（2）PLC 扫描工作流程。在 PLC 中，用户程序是按先后顺序存放的。在没有中断或跳转指令时，PLC 从第一条指令开始顺序执行，直到程序结束符后又返回到第一条指令，如此周而复始地不断循环执行程序。PLC 的工作采用循环扫描的工作方式。顺序扫描工作方式简单直观，程序设计简化，并为 PLC 的可靠运行提供保证。有些情况下需要插入中断方式，允许中断正在扫描运行的程序，以处理紧急任务。

不同型号的 PLC 扫描工作方式有所差异。典型 PLC 扫描工作流程如图 7－31 所示。

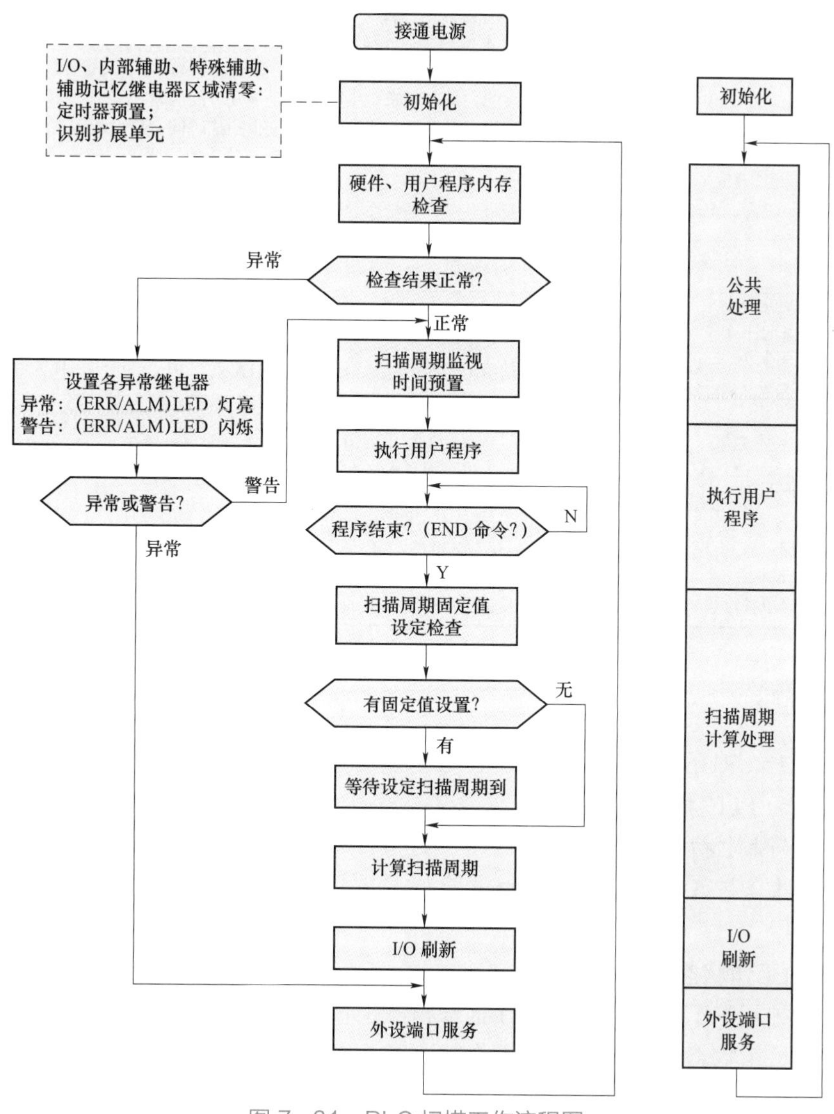

图 7－31 PLC 扫描工作流程图

PLC 上电后，首先进行初始化，然后进入顺序扫描工作过程。一次扫描过程可归纳为公共处理阶段、程序执行阶段、扫描周期计算处理阶段、I/O 刷新阶段和外设端口服务阶段等 5 个工作阶段，各阶段要完成的任务见表 7-20。

表 7-20　　PLC 扫描工作过程各阶段的任务

序号	扫描阶段	任务
1	公共处理阶段	公共处理是每次扫描前的再一次自检，如果有异常情况，除了故障显示灯亮以外，还判断并显示故障的性质。一般性故障，则只报警不停机，等待处理。属于严重故障，则停止 PLC 的运行。 公共处理阶段所用的时间一般是固定的，不同机型的 PLC 有所差异
2	程序执行阶段	在程序执行阶段，CPU 对用户程序按先左后右、先上后下的顺序逐条地进行解释和执行。 CPU 从输入映像寄存器和元件映像寄存器中读取各继电器当前的状态，根据用户程序给出的逻辑关系进行逻辑运算，运算结果再写入元件映像寄存器中。 执行用户程序阶段的扫描时间长短主要取决以下几方面因素： （1）用户程序中所用语句条数的多少。为了减少扫描时间，应使所编写的程序尽量简洁。 （2）每条指令的执行时间不同。在实现同样控制功能的情况下，应选择那些执行时间短的指令来编写程序。 （3）程序中有改变程序流向的指令。 由此可见，执行用户程序的扫描时间是影响扫描周期时间长短的主要因素。而且，在不同时段执行用户程序的扫描时间也不尽相同
3	扫描周期计算处理阶段	若预先设定扫描周期为固定值，则进入等待状态，直至达到该设定值时扫描再往下进行。若设定扫描周期为不确定的，则要进行扫描周期的计算。 扫描周期计算处理所用的时间非常短，对 CPM1A 系列 PLC，可将其视为零
4	I/O 刷新阶段	在 I/O 刷新阶段，CPU 要做两件事情。一是刷新输入映像寄存器的内容，即采样输入信号；二是输出处理结果，即将所有输出继电器的元件映像寄存器的状态传送到相应的输出锁存电路中，再经输出电路的隔离和功率放大部分传送到 PLC 的输出端，驱动外部执行元件动作。这步骤操作称为输出状态刷新。 I/O 响应时间是指从 PLC 的某一输入信号变化开始到系统有关输出端信号的改变所需的时间。I/O 刷新阶段的时间长短取决于 I/O 点数的多少
5	外设端口服务阶段	在本阶段里，CPU 完成与外设端口连接的外围设备的通信处理

特别提醒

PLC 在运行（RUN）模式，反复不停地重复表 7-20 所示的 5 个阶段的任务。不要把 PLC 机器周期和 PLC 扫描周期的概念混淆了，这是截然不同的两个概念。扫描周期内包含许多内容，例如上电初始化、CPU 自诊断、通信、外设信息交换、用户程序执行一遍、I/O 刷新，这些步骤合起来的时间是一个扫描周期。

4. PLC 的工作状态

PLC 有两种基本工作状态，即运行状态和停止状态。

（1）运行工作状态。当处于运行工作状态时，PLC 的工作过程可分为内部处理、通信服务、输入处理、程序执行、输出处理 5 个阶段。

在运行工作状态下，PLC 通过反复执行反映控制要求的用户程序来实现控制功能，为

了使 PLC 的输出及时地响应随时可能变化的输入信号，用户程序不是只执行一次，而是不断地重复执行，直至 PLC 停机或切换到 STOP 工作模式。

（2）停止状态。当处于停止工作状态时，PLC 只进行内部处理和通信服务等内容。

在内部处理阶段，PLC 检查 CPU 模块的硬件是否正常，复位监视定时器，以及完成一些其他内部工作。在通信服务阶段，PLC 与一些智能模块通信，响应编程器键入的命令，更新编程器的显示内容等。

7.2.5　PLC 的通信

1. PLC 的通信接口

7.12　PLC 通信与接口

PLC 串行通信里，分为 D 口和 USB 口。D 口有三种协议，分别为 RS 232，RS 422 和 RS 485。不同的通信协议，链接方式也不一样，常用的标准接口有 RS 232C 接口、RS 485 接口和 RS 422A 接口。

（1）RS 232C 接口。RS 232C 接口一般使用 9 针和 25 针 D 型连接器，其中 9 针连接器最常用。

当通信距离比较近时，通信设备进行一对一的通信可以直接连接，最简单的方法只需要 3 根线（发送线、接收线和信号地线）便可以实现全双工异步串行通信。RS 232C 采用负逻辑，用 –15～–5V 表示逻辑状态“1”，用 +15～+5V 表示逻辑状态“0”，最大通信距离为 15m，最高传输速率为 20kbit/s。PLC 通过 RS 232C 与 PC 连接接线图如图 7–32 所示。

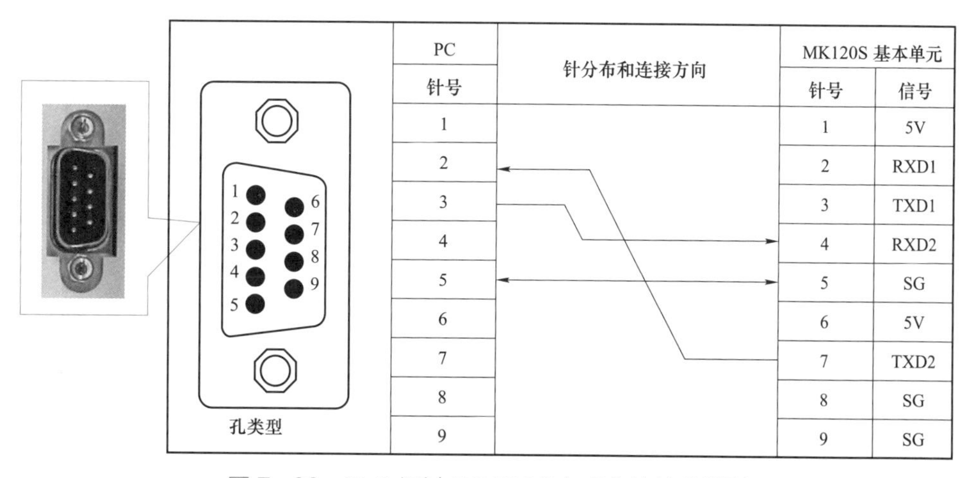

图 7–32　PLC 通过 RS 232C 与 PC 连接接线图

（2）RS 485 接口。RS 485 接口为半双工方式，只有一对平衡差分信号线，不能同时发送和接收。

使用 RS 485 通信接口和双绞线可以组成串行通信网络（见图 7–33），构成分布式系统，系统中最多可以有 32 个站，新的接口器件已允许连接 128 个站。

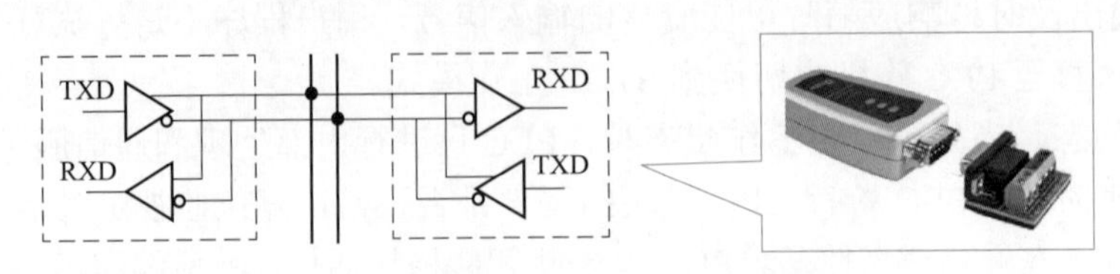

图 7-33　RS 485 接口的连接

（3）RS 422A 接口。RS 422A 接口采用平衡驱动、差分接收电路，从根本上取消了信号地线。RS 422A 接口的连接方式如图 7-34 所示，图中的小圆圈表示反相。

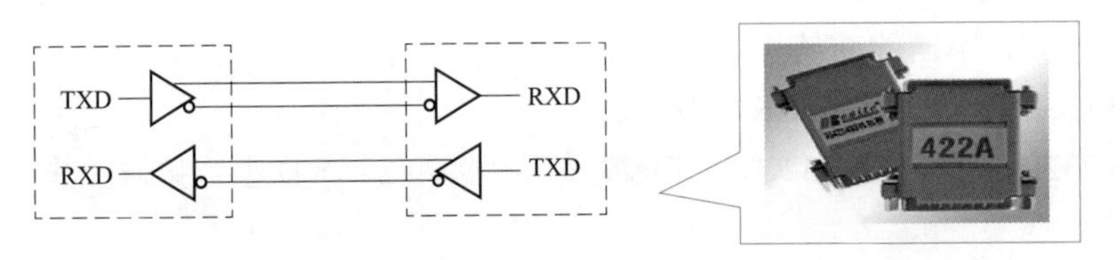

图 7-34　RS 422A 接口的连接

只要接收器有足够的抗共模干扰能力，就能从干扰信号中识别出驱动器输出的有用信号，从而克服外部干扰的影响。

RS 422A 在最大传输速率（10Mbit/s）时允许的最大通信距离为 12m，传输速率为 100kbit/s 时最大通信距离为 1200m，一台驱动器可以连接 10 台接收器。

特别提醒

PLC 与上位机之间的通信一般是通过 RS 232C 接口或者 RS 422A 接口来实现的。

2. PLC 通信的任务

当任意两台设备之间有信息交换时，它们之间就产生了通信。PLC 通信是指 PLC 与 PLC、PLC 与计算机、PLC 与现场设备或远程 I/O 之间的信息交换。

PLC 通信的任务就是将地理位置不同的 PLC、计算机、各种现场设备等，通过通信介质连接起来，按照规定的通信协议，以某种特定的通讯方式高效率地完成数据的传送、交换和处理，如图 7-35 所示。

PLC 数据通信方式主要有并行通信和串行通信。

3. PLC 的通信方式

（1）并行通信。并行通信是以字节或字为单位的数据传输方式，除了 8 根或 16 根数据线、1 根公共线外，还需要通信双方联络用的控制线。

并行通信时，一个数据的所有位同时传送，因此，每个数据位都需要一条单独的传输线，信息有多少二进制位组成就需要多少条传输线，如图 7-36 所示。

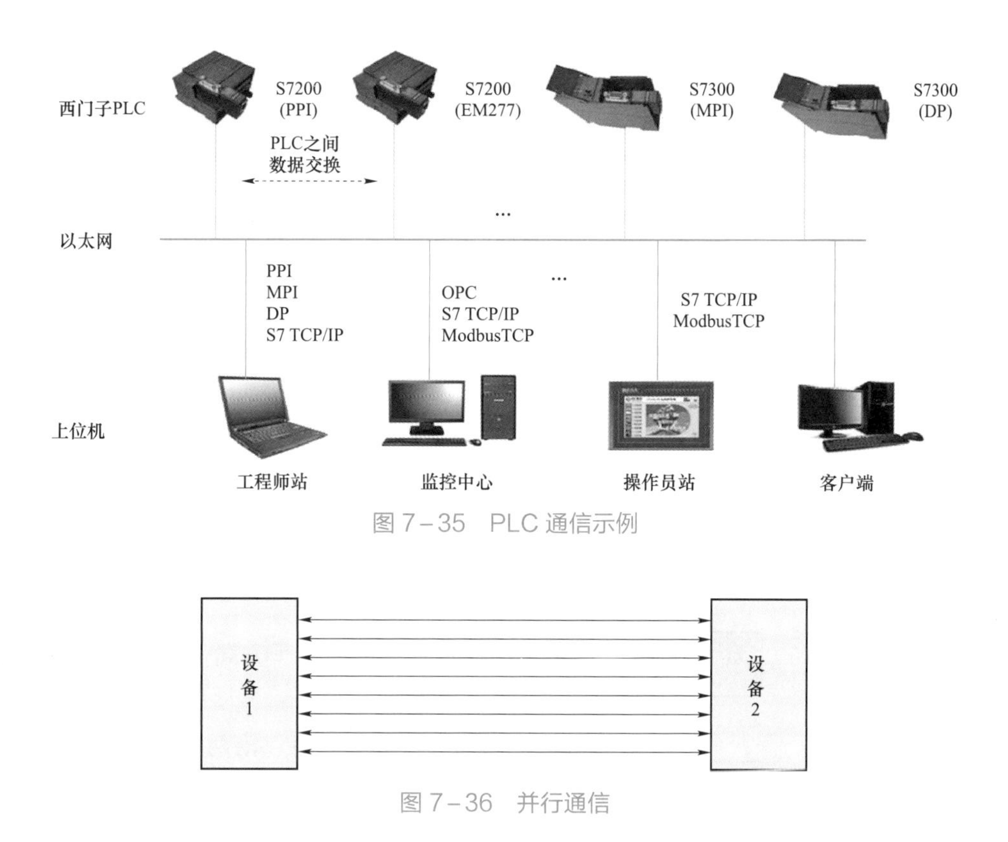

图 7－35 PLC 通信示例

图 7－36 并行通信

并行通信的传送速度快，但传输线的根数多，抗干扰能力较差。

特别提醒

并行通信一般用于 PLC 的内部，如 PLC 内部元件之间、PLC 主机与扩展模块之间，或近距离智能模块的处理器之间的数据通信。

（2）串行通信。串行数据通信是以二进制的位（bit）为单位的数据传输方式，每次只传送一位，最少只需要两根线（双绞线）就可以连接多台设备，组成控制网络。计算机和 PLC 都有通用的串行通信接口，例 RS 232C 或 RS 485 接口。

串行通信需要的信号线少，但传送速度较慢。

串行通信时，数据的各个不同位分时使用同一条传输线，从低位开始一位接一位按顺序传送，数据有多少位就需要传送多少次，如图 7－37 所示。

在串行通信中，传输速率（又称波特率）的单位是 bit/s，即每秒传送的二进制位数。常用的标准传输速率为 300～38 400bit/s 等。不同的串行通信网络的传输速率差别极大，有的只有数百位每秒，高速串行通信网络的传输速率可达 1Gbit/s。

4. 串行通信的方式

计算机和 PLC 都备有通用的串行通信接口，工业控制中一般使用串行通信。串行通信多用于 PLC 与计算机之间、多台 PLC 之间的数据通信。

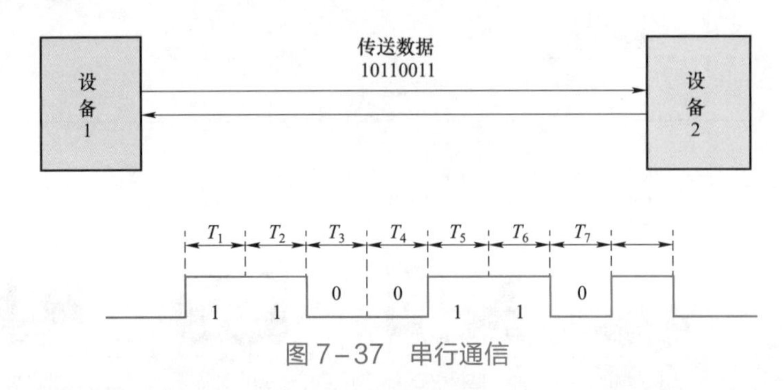

图 7－37　串行通信

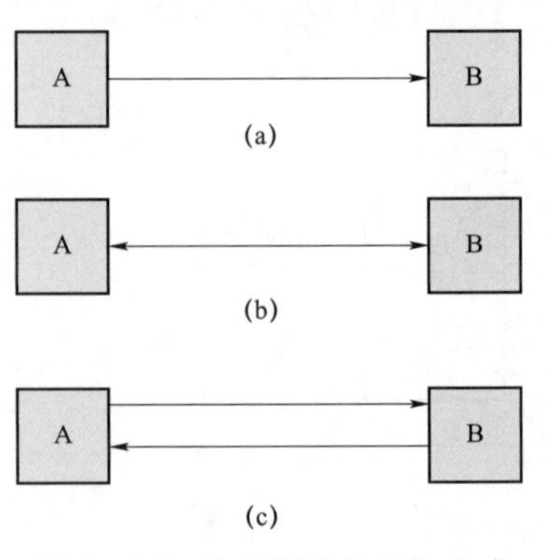

图 7－38　串行通信的工作方式

（1）单工通信与双工通信。串行通信按信息在设备间的传送方向又分为单工、半双工和全双工三种方式，如图 7－38 所示。

1)单工通信方式只能沿单一方向传输数据，如图 7－38（a）所示。

2）双工通信方式的信息可以沿两个方向传送，每一个站既可以发送数据，也可以接收数据。双工方式又分为全双工和半双工。

a. 半双工方式用同一组线接收和发送数据，通信的双方在同一时刻只能发送数据或只能接收数据，如图 7－38（b）所示。

b. 全双工方式中数据的发送和接收分别由两根或两组不同的数据线传送，通信的双方都能在同一时刻接收和发送信息，如图 7－38（c）所示。

特别提醒

在 PLC 通信中，常采用半双工和全双工通信。

（2）异步通信与同步通信。在串行通信中，通信的速率与时钟脉冲有关，接收方和发送方的传送速率应相同。但是实际的发送速率与接收速率之间总是有一些微小的差别，如果不采取一定的措施，在连续传送大量的信息时，将会因积累误差造成错位，使接收方收到错误的信息。为了解决这一问题，需要使发送和接收同步。按同步方式的不同，串行通信分为异步通信和同步通信，见表 7－21。

表 7－21　　串行通信的收发方式

通信方式	说明
同步通信	同步通信以字节为单位（一个字节由 8 位二进制数组成），每次传送 1～2 个同步字符、若干个数据字节和校验字符。同步字符起联络作用，用它来通知接收方开始接收数据。在同步通信中，发送方和接收方要保持完全的同步，这意味着发送方和接收方应使用同一时钟脉冲。在近距离通信时，可以在传输线中设置一根时钟信号线。在远距离通信时，可以在数据流中提取出同步信号，使接收方得到与发送方完全相同的接收时钟信号。由于同步通信方式不需要在每个数据字符中加起始位、停止位和奇偶校验位，只需要在数据块（往往很长）之前加一两个同步字符，所以传输效率高，但是对硬件的要求较高，一般用于高速通信。 采用同步通信，传送数据时不需要增加冗余的标志位，有利于提高传送速度，但要求有统一的时钟信号来实现发送端和接收端之间的严格同步，而且对同步时钟信号的相位一致性要求非常严格
异步通信	异步通信的信息格式是发送的数据字符由一个起始位、7～8 个数据位、1 个奇偶校验位（可以没有）和停止位（1 位、1.5 位或 2 位）组成。通信双方需要对所采用的信息格式和数据的传输速率作相同的约定。接收方检测到停止位和起始位之间的下降沿后，将它作为接收的起始点，在每一位的中点接收信息。由于一个字符中包含的位数不多，即使发送方和接收方的收发频率略有不同，也不会因两台机器之间的时钟周期的误差积累而导致错位。异步通信传送附加的非有效信息较多，它的传输效率较低，一般用于低速通信，PLC 一般使用异步通信。 异步通信时，允许传输线上的各个部件有各自的时钟，在各部件之间进行通信时没有统一的时间标准，相邻两个字符传送数据之间的停顿时间长短是不一样的，它是靠发送信息时同时发出字符的开始和结束标志信号来实现的，如图 7－39 所示

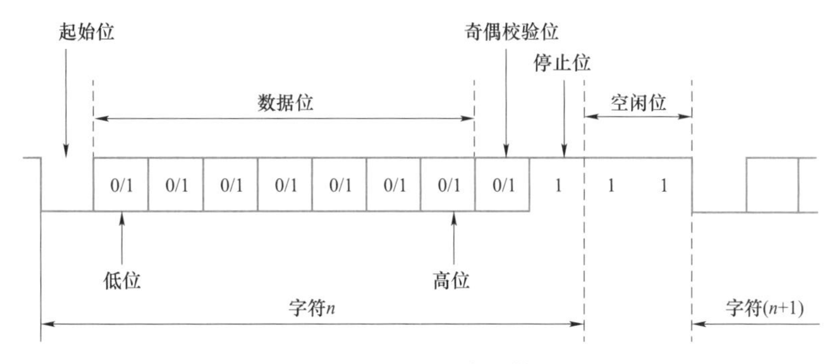

图 7－39　异步通信

5. 通信网络的数据传输形式

通信网络中的数据传输形式基本上可分为两种：基带传输和频带传输。

（1）基带传输。基带传输是按照数字信号原有的波形（以脉冲形式）在信道上直接传输，它要求信道具有较宽的通频带。基带传输不需要调制解调，设备花费少，适用于较小范围的数据传输。

基带传输时，通常对数字信号进行一定的编码，常用数据编码方法有非归零码、曼彻斯特编码和差分曼彻斯特编码等。后两种编码不含直流分量、包含时钟脉冲、便于双方自同步，所以应用广泛。

（2）频带传输。频带传输是一种采用调制解调技术的传输形式。发送端采用调制手段，对数字信号进行某种变换，将代表数据的二进制“1”和“0”，变换成具有一定频带范围的模拟信号，以适应在模拟信道上传输；接收端通过解调手段进行相反变换，把模拟的调制信号复原为“1”或“0”。

常用的调制方法有频率调制、振幅调制和相位调制。具有调制、解调功能的装置称为调制解调器，即 Modem。频带传输较复杂，传送距离较远，若通过市话系统配备 Modem，则传送距离可不受限制。

特别提醒

PLC 通信中，基带传输和频带传输两种传输形式都有采用，但多采用基带传输。

7.2.6 PLC 联网

7.13 PLC 联网

为提高控制性能，往往要把处于不同地理位置的 PLC 与 PLC、PLC 与计算机，或 PLC 与智能装置间通过传输介质连接起来实现通信，以构成功能更强、性能更好的控制系统，这一般称为 PLC 联网。若不是多台 PLC 和计算机，而是两个 PLC 或一个 PLC 和计算机的连接则称为链接。PLC 联网后还可以进行网与网互联，以组成更为复杂的 PLC 控制系统。

1. PLC 联网的作用

（1）提高控制范围及规模。PLC 多安装在工业现场用于本地控制，进行联网则可实现远程控制。近距离的可到几十米、几百米；远距离的可达上千米或更远，这样可大大提高 PLC 的控制范围。联网后还可增加 PLC 的控制点数，虽然每台 PLC 控制的本地点数不变，但通过远程单元可增加 I/O 点数。

（2）实现综合及协调控制。用 PLC 实现对单台设备的控制是很方便的，但是若干个设备协调工作用 PLC 控制较好的办法是联网，即每个设备各用一台 PLC 控制，而这些 PLC 再进行联网。设备间的工作协调，则靠联网后的 PLC 间数据交换来解决，以达到协调控制的目的。

（3）实现计算机的监控及管理。当 PLC 和计算机连接后，使用相应的编程软件可直接编程。使用计算机编程，可对所编的程序进行语法检查，方便调试。

2. PLC 联网的功能

由于计算机有强大的信息处理和信息显示功能，工业控制系统已越来越多地利用计算机对系统进行监控和管理，PLC 和计算机联网可以实现以下功能：

（1）读取 PLC 的工作状态及 PLC 控制的 I/O 位的状态。

（2）读取 PLC 采集的数据并进行处理存储、显示及打印。

（3）改变 PLC 的工作状态，向 PLC 发送数据，这可改变 PLC 所控制的设备的工作状况，或改变位状态，起到人工干预控制的作用。

（4）可简化布线。PLC 和 PLC 间尽管要交换的数据有很多，但线仅两根。而且联网后的各 PLC 可独立工作，只要协调好了，个别站出现故障并不影响其他站的工作，更不至于全局瘫痪。

（5）可对现场智能装置、智能仪表、温控表、智能传感器等进行通信管理。

3. PLC 的网络结构

PLC 的网络平台的结构有简单网络结构和多级网络结构两种。

（1）简单网络结构。多台设备通过传输线相连，可以实现多设备间的通信，形成网络结构。如图 7-40 所示是一种最简单的网络结构，它由单个主设备和多个从设备构成。

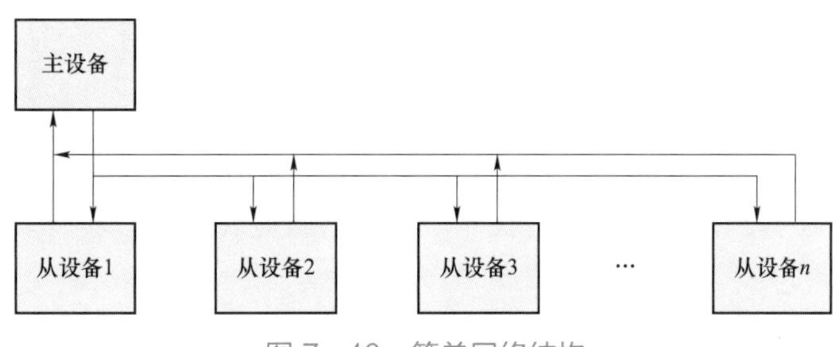

图 7-40 简单网络结构

（2）多级网络结构。现代大型工业企业中，一般采用多级网络的形式，PLC 制造商经常用生产金字塔结构来描述其产品可实现的功能。这种金字塔结构的特点是：上层负责生产管理，底层负责现场检测与控制，中间层负责生产过程的监控与优化。国际标准化组织（ISO）对企业自动化系统确立了初步的模型，如图 7-41 所示。

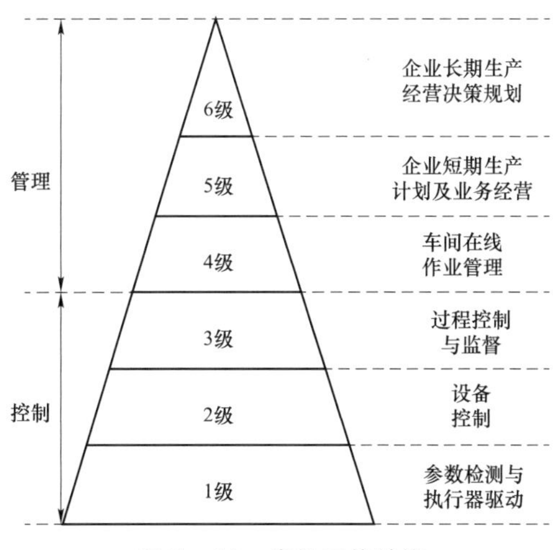

图 7-41 多级网络结构

7.2.7 PC与PLC互联通信

7.14 PC与PLC通信

在计算机监控系统中，只有通信问题解决了，才有可能实现计算机PC对PLC整个工作系统的监控。

1. PC机与PLC实现通信的条件

带异步通信适配器的计算机PC机与PLC只有满足以下3个条件，才能互联通信。

（1）带有异步通信接口的PLC才能与带异步通信适配器的PC机互联。还要求双方采用的总线标准一致，否则要通过"总线标准变换单元"变换之后才能互联。

（2）双方均初始化，使波特率、数据位数、停止位数、奇偶校验都相同。

（3）要对PLC的通信协议分析清楚，严格地按照协议的规定及帧格式编写PC机的通信程序。PLC配有通信机制，一般不需要用户编程。

特别提醒

如果只是下载程序和上传程序，一般电脑里边装上它的编辑软件就可以连上了，如果是想进行比较复杂的控制，需要安装组态软件，通过电脑的RS 232C接口实现。

2. PC和PLC之间的数据流通信方式

目前PC与PLC互联通信方式主要有以下几种：

（1）通过PLC开发商提供的系统协议和网络适配器，构成特定公司产品的内部网络其通信协议不公开。互联通信必须使用开发商提供的上位组态软件，并采用支持相应协议的外设。这种方式其显示画面和功能往往难以满足不同用户的需要。

（2）购买通用的上位组态软件，实现PC与PLC的通信。这种方式除了要增加系统投资外，其应用的灵活性也受到一定的局限。

（3）利用PLC厂商提供的标准通信口或由用户自定义的自由通信口实现PC与PLC互联通信。这种方式不需要增加投资，有较好的灵活性，特别适合于小规模控制系统。

计算机PC和PLC之间的数据流通信有3种形式：计算机从PLC中读取数据，计算机向PLC中写入数据，PLC向计算机中写入数据。

（1）PC读取PLC的数据。PC从PLC中读取数据的过程分为以下3步。

1）PC向PLC发送读数据命令。

2）PLC接收到命令后，执行相应的操作，将PC要读取的数据发送给它。

3）PC在接收到相应的数据后，向PLC发送确认响应，表示数据已接收到。

（2）PC向PLC中写入数据。PC向PLC中写入数据的过程分为以下两步。

1）PC首先向PLC发送写数据命令。

2）PLC接收到写数据命令后，执行相应的操作。执行完成后向PC发送确认信号，表示写数据操作已完成。

（3）PLC 发送请求式（on-demand）数据给 PC。PLC 直接向上位 PC 发送数据，PC 收到数据后进行相应的处理，然后向 PLC 发送确认信号。

3. PC 与 PLC 的连接方式

根据需要，PC 与计算机 PLC 的连接有一对一连接方式和一对多连接方式，如图 7-42 所示。

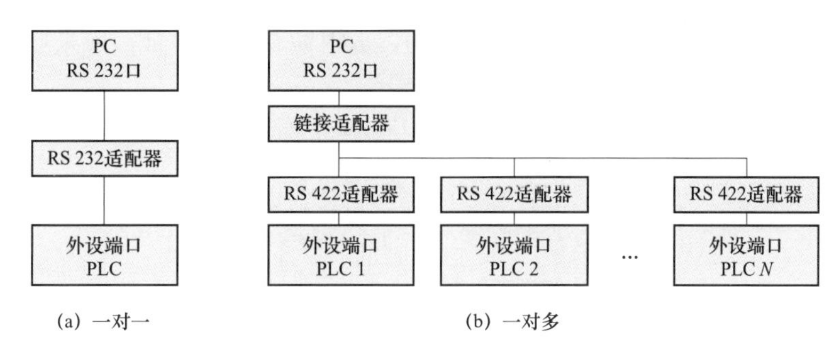

图 7-42　PC 与 PLC 的连接方式

（1）一对一连接方式。通信时，上位机发出指令信息给 PLC，PLC 返回响应信息给上位机。这时，上位机可以监视 PLC 的工作状态，例如可跟踪监测、进行故障报警、采集 PLC 控制系统中的某些数据等。还可以在线修改 PLC 的某些设定值和当前值，改写 PLC 的用户程序等。

（2）一对多连接方式。一对多通信时，一台上位机最多可以连接 32 台 PLC。在这种通信方式下，上位机要通过链接适配器与 PLC 连接，每台 PLC 都要在通信口配一个 RS 422 适配器。这种通信方式，可以用一台上位机监控多台 PLC 的工作状态，实现集散控制。

7.2.8　PLC 的维护

PLC 构成的控制系统可以长期稳定和可靠的工作，虽然 PLC 的故障率很低，但对它进行维护和检查是必不可少的。

1. 日常检查

PLC 的日常准备工作，首先要熟悉工艺流程，其次是熟悉 PLC 各种模块的说明资料，再次是要了解现场布局，最后确保自己的各种检测工具要完好无误。PLC 的日常维护保养主要包括以下内容：

（1）检查 PLC 的工作环境，查看周围环境温度和湿度是否超出允许范围。如超出，应采取降温和降湿措施。

（2）检查通风散热情况，必须保证 PLC 机架之间的净空距离，一般情况下应为 70～120mm。进、出线布线不应妨碍 PLC 的散热。若 PLC 的外部环境温度高于规定值或是将 PLC 安装在封闭的机箱内，则需安装风机进行冷却，PLC 一般要求垂直安装，以利于散热。

（3）做好除尘工作，及时清洁滤尘网。

（4）检查 PLC 周围有无杂物堆放。若有，应及时清除。

（5）检查 PLC 安装场所有无导电粉尘及腐蚀性气体。若有，应加以消除，或采取隔离措施。

（6）检查 PLC 的安装位置是否存在强电磁场等情况。PLC 不能安装在装有高压设备的控制屏上；PLC 的安装位置至少离供电电源线 200mm 以上。

（7）在 PLC 有可能遭受到静电、强电磁场、放射源辐射的场合，应采取相应的静电防护、磁场和放射源的屏蔽，以及抗干扰措施。

（8）检查电源电压波动是否在允许的范围。若不符合要求，则应调节变压器抽头或采用 UPS 稳压电源。

（9）检查蓄电池监控辅助继电器的状态，及时更换过期服役的蓄电池。蓄电池寿命约为 5 年（25℃）。

（10）注意检查蓄电池引线插头与印制电路板的插座连接是否牢固。PLC 各模块与基板之间的连接是否可靠，电缆接头与端子排的连接是否可靠，各接地线连接是否可靠。检查熔断器等保护设备是否良好，选配及整定是否正确。

2. 周期性检查

一般每半年应对 PLC 系统进行一次周期性检查，检查内容及标准见表 7-22。

表 7-22　　PLC 周期性检查一览表

检查项目		检查内容	标准
供电电源	（1）供电电压； （2）稳定度	（1）测量加在 PLC 上的电压是否为额定值； （2）电压电源是否出现频繁急剧的变化； （3）I/O 端电压是否在工作要求的电压范围内	交流电源工作电压的范围为 85～264V，直流电源电压应为 24V； （1）电源电压必须在工作电压范围内； （2）电源电压波动必须在允许范围内
环境条件	（1）温度； （2）湿度； （3）振动； （4）粉尘	温度和湿度是在相应的范围内（当 PLC 安装在仪表板上时，仪表板的温度可以认为是 PLC 的环境温度）	（1）温度 0～55℃； （2）相对湿度 85%以下； （3）振幅小于 0.5mm（10～55Hz）； （4）无大量灰尘、盐分和铁屑
安装条件		（1）基本单元和扩展单元的连接电缆是否完全插好； （2）接线螺钉是否松动； （3）外部接线是否损坏； （4）基本单元和扩展单元是否安装牢固	（1）连接电缆不能松动； （2）连接螺钉不能松动； （3）外部接线不能有任何外观异常
使用寿命		（1）锂电池电压是否降低； （2）继电器输出触点	（1）工作 5 年左右（定期检测 CPU 的电池电压，正常情况下为 3V） （2）寿命 300 万次（35V 以上）

重要提醒

为确保 PLC 系统能够长期稳定工作，应定期对构成 PLC 系统的相关设备进行维护，定

期对控制软件进行人工备份。

3. 日常维护

PLC 除了锂电池和继电器输出触点外，基本没有其他易损元器件。

由于存放用户程序的随机存储器（RAM）、计数器和具有保持功能的辅助继电器等均用锂电池保护，锂电池的寿命大约 5 年，当锂电池的电压逐渐降低达一定程度时，PLC 基本单元上电池电压跌落指示灯亮，提示用户更换新电池。有锂电池所支持的程序还可保留一周左右。必须更换电池，这是日常维护的主要内容。更换锂电池步骤如下：

（1）在拆装前，应先让 PLC 通电 15s 以上（这样可使作为存储器备用电源的电容器充电，在锂电池断开后，该电容可对 PLC 做短暂供电，以保护 RAM 中的信息不丢失）。

（2）断开 PLC 的交流电源。

（3）打开基本单元的电池盖板。

（4）取下旧电池，装上新电池，如图 7－43 所示。

图 7－43　更换新电池

（5）盖上电池盖板。

重要提醒

要尽量缩短更换电池的操作时间，一般不超过 3min。如果时间过长，RAM 中的程序将消失。

更换 PLC 继电器时，先断开 PLC 的供电电源，再打开盖板，然后用厂家提供的专用工具取出损坏的继电器并装上新的继电器，最后装上盖板即可。

4. 输入回路的故障检测

输入回路的故障检测主要有：主令电器按钮是否正常接通断开、终端限位开关是否起到终端限位保护作用、线路是否有断开等情况。

故障检测：让 PLC 处于接通电源的状态下（这时最好在非运行状态，以防止设备误动作），PLC 对应输入端与 COM 端短接，按下启动按钮或手动接通输入点，启动按钮所接对应的 PLC 输入端指示灯亮，说明线路无故障正常运行，若指示灯不亮或错序显示，则说明线路有故障，可能是启动按钮损坏、线路接触不良或者线路有断线。

输入回路的检测利用万用表就能直观检测。假设启动按钮检测，可用万用表的两支表笔的其中一支表笔接 PLC 的输入端的 COM 端口上，另外一支表笔接 PLC 输入端。若这时 PLC 指示灯亮，说明所接线路中有故障点；若这时 PLC 指示灯不亮，则说明 PLC 输入端已经损坏。

5. 输出回路的检测

对于继电器输出型 PLC 输出回路的检测，通常用指示灯的亮与灭来判断 PLC 的输出回路的故障。当 PLC 处于运行的情况下，可用低压验电笔（俗称电笔）来测量 PLC 输出端。若电笔氖管亮，说明电源、线路正常；若电笔氖管不亮，说明故障点在上一级。这时可结合万用表来检测故障。

用万用表的一支表笔接输出 COM 端子上，另一支表笔接 PLC 的输出端上，若外部设备无反应，说明输出回路有故障。当电压为零或接近零，则说明 PLC 输出端正常，故障点在外部设备上。当电压值较高时，则说明所测量的接触点的接触电阻大，已损坏。当指示灯不亮，但对应的外部设备有动作，则说明此输出点因过载或短路已烧坏。这时应把此输出点的外接线拆下来，再用万用表电阻档去测量输出端与公共端的电阻，若电阻较小，说明此触点已坏；若电阻无穷大，说明此触点是好的，应是所对应的输出指示灯已坏。

6. 程序逻辑检测

目前，在工业控制领域使用 PLC 的越来越多。一般情况下，各种品牌的 PLC 梯形图指令都大同小异，如西门子、三菱、国产欧姆龙等。但对于要求高的场合，程序则要求用语言表来写，如西门子 S7－300。通常，在编写梯形图时都有中文注释，以便维护者阅读。当出现电气故障时，可以通过梯形图提示来逐条修改；或用万用表点测的方法由故障现象判定故障范围再通过万用表的测量确定故障点。

7. PLC 可编程控制器自身故障检测

通常，PLC 在使用过程中的稳定性和可靠性很高，很少出现故障，但也有因外部因素导致 PLC 损坏的情况发生。PLC 的硬件损坏的概率很低，常因短路事故的发生而损坏，出现硬件故障一般直接采取更换模块的方式维修。而 PLC 的输出继电器的端点常常会因外部设备短路故障或负载电流过大造成损伤。因此，PLC 在使用过程中，遇到的故障点大部分都在外部设备上，可以利用万用表的电压挡点测或欧姆挡断电检测线路的通断相结合来检测电气故障。

参　考　文　献

[1] 杨清德，高杰. 新手学电工. 北京：人民邮电出版社，2020.

[2] 杨清德，余明飞，孙红霞. 低压电工考证培训教程（视频版）. 北京：化学工业出版社，2020.